# 幻兽动物园

［英］利奥·鲁伊克比 著　玖羽 译

四川人民出版社　｜　后浪出版公司

献给比尔和伯妮斯，他们使这一切成为可能。
献给安切、摩甘娜和梅莉莎，她们使这一切都值得。

我只是把我听说的写下来而已。一切皆有可能。
——希罗多德,《历史》,IV.195,公元前 5 世纪

……自然所繁殖的,全是
极其狰狞、极其古怪的东西,
讨厌,不可名状,比神话寓言
所臆造的还要丑恶,其可怖
更甚于戈尔贡、海德拉和奇美拉。
——约翰·弥尔顿,《失乐园》,第二卷,1667 年

# 目　录

| | |
|---|---|
| 译者说明 / 玖羽 | 1 |
| 作者介绍 | 3 |
| 前　言 | 5 |

## A

| | |
|---|---|
| 阿纳沙 \| A'nasa | 1 |
| 阿特西 \| Aatxe | 2 |
| 阿巴塞 \| Abaasy | 2 |
| 阿巴达 \| Abada | 3 |
| 阿拜亚 \| Abaia | 4 |
| 阿巴特 \| Abath | 4 |
| 令人厌忌的雪人 \| Abominable Snowman | 5 |
| 阿克利斯 \| Achlis | 5 |
| 酒湖鸟 \| Adar Llwch Gwin | 6 |
| 黎安侬鸟 \| Adar Rhiannon | 7 |
| 阿凡克 \| Afanc | 7 |
| 阿斯特 \| Ahäst | 8 |
| 水猴 \| Ahuizotl | 8 |
| 阿亚塔 \| Ajatar | 9 |
| 阿克库 \| Akhekh | 9 |
| 阿尔斯 \| Alce | 9 |
| 阿勒利昂 \| Alerion | 9 |
| 外来大猫 \| Alien Big Cat | 10 |
| 驴头驼 \| Allocamelus | 10 |
| 阿尔芬 \| Alphyn | 11 |
| 阿鲁 \| Alu | 12 |
| 阿姆特 \| Ammut | 12 |
| 双头蛇 \| Amphisbaena | 12 |
| 安库 \| Anchu | 13 |
| 悖理动物 \| Animalia Paradoxa | 13 |
| 蚁类 \| Ant | 14 |
| 藏羚羊 \| Antelope Hodgsonii | 14 |
| 阿努比斯 \| Anubis | 15 |
| 安祖 \| Anzu | 16 |
| 阿匹卜 \| Apep | 16 |
| 阿庇斯 \| Apis | 16 |
| 阿斯庇德蛇 \| Aspides | 17 |
| 盾龟鱼 \| Aspidochelone | 17 |
| 阿斯庇斯蛇 \| Aspis | 19 |

| | |
|---|---|
| 奥吉斯凯 \| Aughisky | 20 |
| 阿瓦勒利昂 \| Avalerion | 20 |
| 阿兹·达哈克 \| Azi Dahak | 20 |

## B

| | |
|---|---|
| 巴克阿斯特 \| Bäckahäst | 23 |
| 巴格温 \| Bagwyn | 24 |
| 巴莱纳 \| Balaena | 25 |
| 犬魔 \| Barghest | 26 |
| 黑雁 \| Barnacle Goose | 27 |
| 鸡蛇 \| Basilisk | 28 |
| 巴斯穆 \| Bašmu | 32 |
| 角毒兽 \| Beannach-Nimhe | 33 |
| 《启示录》中的兽 \| Beast of the Apocalypse | 34 |
| 从海中上来的兽 \| Beast out of the Sea | 36 |
| 从地中上来的兽 \| Beast out of the Earth | 37 |
| 烧焦森林之兽 \| Beast of the Charred Forests | 37 |
| 热沃当兽 \| Beast of Gévaudan | 37 |
| 贝希摩斯 \| Behemoth | 38 |
| 贝尔 \| Beithir | 39 |
| 贝努 \| Bennu | 40 |
| 有角怪 \| Biasd-na-scrogaig | 41 |
| 大脚怪 \| Bigfoot | 41 |
| 布拉-格玛 \| Blá-góma | 42 |
| 黑犬 \| Black Dog | 42 |
| 黑犬魔 \| Black Shuck | 43 |
| 波纳苏斯 \| Bonasus | 43 |
| 包伯利 \| Boobrie | 44 |
| 巴拉格 \| Brag | 45 |
| 布兰 \| Bran | 45 |
| 巴克兰的不伦不类之物 \| Buckland's Nondescript | 45 |
| 班尼普 \| Bunyip | 47 |

## C

| | |
|---|---|
| 凯尔埃赫-乌斯吉 \| Cailleach-Uisge | 49 |
| 凯特·希 \| Cait Sith | 49 |
| 卡拉德里乌斯 \| Caladrius | 51 |
| 卡德里亚 \| Caldelia | 52 |
| 卡吕冬野猪 \| Calydonian Boar | 52 |
| 剑桥半人马 \| Cambridge Centaur | 52 |
| 鹿豹 \| Camelopard | 53 |
| 坎珀 \| Campe | 53 |
| 卡佩斯怀特 \| Capelthwaite | 54 |
| 夜鹰类 \| Caprimulgus | 54 |
| 翼猫 \| Cat, Winged | 55 |
| 卡托布列皮斯 \| Catoblepes | 56 |
| 革律翁的牛 \| Cattle of Geryon | 57 |
| 凯菲·杜尔 \| Ceffyl Dŵr | 57 |

| | | |
|---|---|---|
| 半人马 \| Centaur | 57 | |
| 肯提克尔 \| Centicore | 59 | |
| 凯弗斯 \| Cephus | 59 | |
| 角蝰 \| Cerastes | 59 | |
| 刻耳柏洛斯 \| Cerberus | 60 | |
| 刻律涅亚牝鹿 \| Ceryneian Hind | 61 | |
| 鹿斑狼 \| Chama | 62 | |
| 卡律布狄斯 \| Charybdis | 63 | |
| 刻尔希纳 \| Chersina | 64 | |
| 水陆蛇 \| Chelydros | 64 | |
| 奇美拉 \| Chimaera | 64 | |
| 哥勒 \| Chol | 65 | |
| 克律萨俄耳 \| Chrysaor | 66 | |
| 克律索马罗斯 \| Chrysomallus | 66 | |
| 卓柏卡布拉 \| Chupacabra | 67 | |
| 教堂牲灵 \| Church Grim | 68 | |
| 肉桂鸟 \| Cinnamologus | 68 | |
| 基雷因·基罗因 \| Cirein Cròin | 69 | |
| 能言鸡 \| Cock, Talking | 70 | |
| 蛇鸡 \| Cockatrice | 70 | |
| 鱼尾鸡 \| Cockfish | 71 | |
| 克里特公牛 \| Cretan Bull | 73 | |
| 克罗·希 \| Cro Sith | 73 | |
| 鳄鱼 \| Crocodile | 75 | |
| 克罗库塔 \| Crocotta | 76 | |
| 克罗米翁牝猪 \| Crommyonian Sow | 76 | |
| 库·希 \| Cu Sith | 77 | |

| | | |
|---|---|---|
| 短尾黑母猪 \| Cutty Black Sow | 78 | |
| 冥界犬 \| Cŵn Annwn | 78 | |
| 犬头人 \| Cynocephalus | 79 | |
| 苍蓝虫 \| Cyonoeides | 81 | |

## D

| | | |
|---|---|---|
| 大衮 \| Dagon | 83 | |
| 丹姆哈斯特（丹麦马）\| Dammhast (Dam-Horse) | 83 | |
| 丹迪犬 \| Dandy-Dog | 83 | |
| 德尔斐巨蛇 \| Delphine | 84 | |
| 威尔士红龙 \| Ddraig Goch | 84 | |
| 狄奥梅迪斯鸟 \| Diomedeae | 86 | |
| 多瓦库 \| Dobhar-Chú | 87 | |
| 犬 \| Dog | 89 | |
| 白领暗鸦 \| Dog-Collared Sombre Blackbird | 89 | |
| 龙 \| Dragon | 90 | |
| 《自然史》中的龙类 \| The Natural History of Dragons | 92 | |
| 动物寓言集中的龙 \| The Dragon in the Bestiaries | 94 | |
| 关于龙类的其他记载 \| The Evidence for Dragons | 95 | |
| 中国龙 \| Dragon, Chinese | 97 | |
| 德拉古埃 \| Drangue | 97 | |
| 达德利蝗虫 \| Dudley Locust | 98 | |

| | | | |
|---|---|---|---|
| 顿尼 \| Dunnie | 98 | 毛皮鳟鱼 \| Fur-Bearing Trout | 119 |

## E

| | | | |
|---|---|---|---|
| 埃赫-希 \| Each-Sith | 101 | | |
| 埃赫-乌斯吉 \| Each-Uisge | 101 | | |
| 耶尔 \| Eale | 102 | | |
| 厄克内斯 \| Echeneïs | 102 | | |
| 厄喀德娜 \| Echidna | 104 | | |
| 象 \| Elephant | 106 | | |
| 埃梅特 \| Emmet | 106 | | |
| 恩巴尔 \| Enbarr | 107 | | |
| 恩菲尔德 \| Enfield | 107 | | |
| 厄尔希尼 \| Ercinee | 108 | | |
| 厄律曼托斯野猪 \| Erymanthian Boar | 108 | | |
| 埃克索锡图斯 \| Exocoetus | 109 | | |
| 非凡之鱼 \| Extraordinary Fish | 109 | | |

## G

| | | | |
|---|---|---|---|
| 加百列猎犬 \| Gabriel's Hounds | 121 | | |
| 伽古鲁斯 \| Galgulus | 122 | | |
| 加里-特罗特 \| Gally-Trot | 123 | | |
| 加古伊尔 \| Gargouille | 123 | | |
| 加尔姆尔 \| Garmr | 124 | | |
| 迦楼罗 \| Garuda | 124 | | |
| 革律翁 \| Geryon | 125 | | |
| 吉格罗鲁姆 \| Gigelorum | 125 | | |
| 吉塔布利鲁 \| Girtablilu | 125 | | |
| 格莱斯提格 \| Glaistig | 126 | | |
| 格拉斯提 \| Glashtyn | 129 | | |
| 格里肯 \| Glycon | 129 | | |
| 吸山羊者 \| Goat-Sucker | 130 | | |
| 黄金帽贝 \| Golden Limpet | 131 | | |
| 格姆切 \| Goomcher | 131 | | |
| 醋栗妻 \| Gooseberry-Wife | 132 | | |
| 墓猪 \| Grave-Sow | 132 | | |
| 狮鹫 \| Griffin | 132 | | |
| 牲灵 \| Grim | 134 | | |
| 鸡鸭 \| Gruck | 134 | | |
| 格利鲁斯 \| Gryllus | 135 | | |
| 古尔法克西 \| Gullfaxi | 135 | | |
| 盖特拉斯 \| Guytrash | 136 | | |
| 暗黑犬 \| Gwyllgi | 137 | | |

## F

| | |
|---|---|
| 法乌恩 \| Faun | 111 |
| 可怕生物 \| Fearsome Critters | 111 |
| 凤凰 \| Feng Huang | 114 |
| 芬里尔 \| Fenrir | 115 |
| 火鸟 \| Fire Bird | 115 |
| 火龙 \| Fire-Drake | 117 |
| 蚁狮 \| Formicoleon | 118 |
| 福赫·弗里赫 \| Fuwch Frech | 118 |

## H

| | |
|---|---|
| 海莫罗霍伊斯蛇 \| Haemorrhois | 139 |
| 哈弗古法 \| Hafgufa | 139 |
| 海和尚 \| Hai He Shang | 140 |
| 翠鸟 \| Halcyon | 140 |
| 彭托皮丹海蛇 \| Halsydrus Pontoppidani | 141 |
| 哈比 \| Harpy | 142 |
| 哈弗斯坦布 \| Havestramb | 143 |
| 赫德利考 \| Hedley Kow | 143 |
| 赫尔赫斯特 \| Helhest | 144 |
| 赫普提特 \| Heptet | 144 |
| 厄尔希尼亚 \| Hercynia | 145 |
| 赫伦-苏格 \| Heren-Suge | 145 |
| 半鸡马 \| Hippalectryon | 146 |
| 半鱼马 \| Hippocampus | 147 |
| 人马 \| Hippocentaur | 148 |
| 鹫马 \| Hippogriff | 149 |
| 仙马 \| Hippoi Athanatoi | 149 |
| 马人 \| Hippotayne | 150 |
| 赫尼库尔 \| Hnikur | 150 |
| 霍奇森羚羊 \| Hodgson's Antelope | 150 |
| 霍瓦尔普尼尔 \| Hófvarpnir | 150 |
| 胡登马 \| Hooden Horse | 151 |
| 胡德温克 \| Hoodwink | 151 |
| 马 \| Horse | 152 |
| 马鳗 \| Horse-Eel | 153 |
| 荷鲁斯 \| Horus | 153 |
| 冥界猎犬 \| Hounds of Annwn | 154 |
| 赫莱-斯瓦尔格尔 \| Hrae-Svelgr | 154 |
| 赫罗克-阿尔 \| Hrōkk-Áll | 155 |
| 芬巴巴 \| Humbaba | 155 |
| 海德拉 \| Hydra | 156 |
| 西利曼海蛇 \| Hydrarchos Sillimannii | 156 |
| 鬣狗 \| Hyena | 158 |
| 胡赫·杜·古塔 \| Hwch Ddu Gwta | 159 |

## I

| | |
|---|---|
| 獴 \| Ichneumon | 161 |
| 鱼尾半人马 \| Ichthyocentaur | 162 |
| 伊尔赫维尔 \| Illhvel | 162 |
| 爱尔兰鳄鱼 \| Irish Crocodile | 163 |
| 岛鱼 \| Island Fish | 164 |

## J

| | |
|---|---|
| 鹿角兔 \| Jackalope | 167 |
| 投枪蛇 \| Jaculus | 167 |
| 贾勒巴 \| Jalebha | 168 |
| 贾拉-图兰伽 \| Jala-Turanga | 168 |
| 加斯科尼乌斯 \| Jasconius | 168 |
| 简尼·翰易韦 \| Jenny Haniver | 169 |
| 尤蒙刚德 \| Jörmungandr | 172 |

## K

| | | |
|---|---|---|
| 河童 \| Kappa | 173 | |
| 猫结 \| Katzenknäuel | 173 | |
| 凯尔派 \| Kelpie | 174 | |
| 紧那罗 \| Kinnara | 175 | |
| 查理一世的鹦鹉 \| King Charles I Parrot | 176 | |
| 教堂牺灵 \| Kirkegrim | 176 | |
| 教堂羊灵 \| Kirkelam | 177 | |
| 克拉帕波克 \| Klapperbock | 177 | |
| 克鲁德 \| Kludde | 178 | |
| 努克尔 \| Knucker | 179 | |
| 克拉肯 \| Kraken | 179 | |
| 克兰普斯 \| Krampus | 182 | |
| 库鲁鲁 \| Kulullu | 182 | |
| 库尔 \| Kur | 183 | |
| 库萨里克库 \| Kusarikku | 184 | |

## L

| | |
|---|---|
| 拉冬 \| Ladon | 185 |
| 拉赫穆 \| Lahmu | 185 |
| 莱德利虫 \| Laidley Worm | 186 |
| 黑喉鹛鹎 \| Lalage Melanothorax | 187 |
| 拉玛苏 \| Lamassu | 187 |
| 莱姆顿虫 \| Lambton Worm | 188 |
| 拉米亚 \| Lamia | 188 |
| 拉维兰 \| Lavellan | 190 |
| 无足极乐鸟 \| Legless Bird of Paradise | 190 |
| 半鱼狮 \| Leocampus | 191 |
| 莱昂托弗努斯 \| Leontophonus | 191 |
| 有角兔 \| Lepus Cornutus | 192 |
| 勒拿海德拉 \| Lernaean Hydra | 193 |
| 琉克罗库塔 \| Leucrocuta | 195 |
| 利维坦 \| Leviathan | 196 |
| 尸鸟 \| Lich-Fowl | 198 |
| 利科尔涅 \| Licorne | 199 |
| 利姆格瑞姆 \| Limgrim | 199 |
| 林德虫 \| Lindworm | 199 |
| 林顿虫 \| Linton Worm | 200 |
| 蜥头鱼 \| Lizard-Headed Fish | 200 |
| 水跃蛙 \| Llamhigyn Y Dwr | 201 |
| 尼斯湖水怪 \| Loch Ness Monster | 201 |
| 毛绒鳟鱼 \| Lod-Silungur | 202 |
| 狮头人 \| Löwenmensch | 202 |
| 路克提法 \| Luctifer | 203 |
| 鲁米寇伊拉 \| Lummekoira | 203 |
| 吕卡翁 \| Lycaon | 204 |
| 猞猁 \| Lynx | 204 |

## M

| | |
|---|---|
| 马克利斯 \| Machlis | 207 |
| 麦丁·玛拉 \| Maighdeann Mhara | 207 |
| 蝎尾狮 \| Manticore | 208 |

| | |
|---|---|
| 马拉松公牛 \| Marathonian Bull | 210 |
| 狄俄墨得斯的牝马 \| Mares of Diomedes | 210 |
| 玛格雅 \| Margya | 211 |
| 玛丽·卢伊德 \| Mari Llwyd | 212 |
| 墨勒阿革洛斯鸟 \| Meleagrides | 213 |
| 门农鸟 \| Memnonides | 213 |
| 人鱼 \| Mermaid | 214 |
| 斐济人鱼 \| Feejee Mermaid | 215 |
| 尼罗河老鼠 \| Mice of the Nile | 216 |
| 明迪 \| Mindi | 217 |
| 米诺陶 \| Minotaur | 217 |
| 密苏里兽 \| Missourium | 219 |
| 鼹鼠 \| Moldwarpe | 219 |
| 蒙古死亡蠕虫 \| Mongolian Death Worm | 220 |
| 一角兽 \| Monoceros | 220 |
| 月生者 \| Mooncalf | 221 |
| 莫尔 \| More | 221 |
| 印度蚂蚁 \| Myrmex Indikos | 221 |
| 狮蚁 \| Myrmecoleon | 225 |

## N

| | |
|---|---|
| 纳迦 \| Naga | 227 |
| 纳基 \| Näkki | 227 |
| 诺第留斯 \| Nautilos | 228 |
| 恩祖祖 \| Ndzoodzoo | 230 |
| 奈克 \| Neck | 230 |
| 尼米亚猛狮 \| Nemean Lion | 231 |
| 涅瑞伊得 \| Nereid | 231 |
| 尼西 \| Nessie | 232 |
| 尼克尔 \| Nicker | 232 |
| 尼德霍格 \| Níðhöggr | 235 |
| 夜鹰 \| Night-Hawk | 235 |
| 夜蜥蜴 \| Night-Lizard | 235 |
| 夜渡鸦 \| Night-Raven | 236 |
| 宁图 \| Nintu | 238 |
| 尼克谢 \| Nixie | 239 |
| 纽格尔 \| Njogel | 240 |
| 诺克提法 \| Noctifer | 241 |
| 诺克 \| Nök | 241 |
| 纳克拉维 \| Nuckelavee | 242 |

## O

| | |
|---|---|
| 俄安内 \| Oannes | 243 |
| 巨章鱼 \| Octopus, Giant | 243 |
| 暴牙虫 \| Odontotyrannos | 244 |
| 奥恩斯 \| Once | 245 |
| 昂库 \| Onchú | 245 |
| 奥皮尼库斯 \| Opinicus | 246 |
| 俄尔图斯 \| Orthus | 247 |
| 剑羚 \| Oryx | 247 |
| 奥夏尔特 \| Oschaert | 247 |
| 巨水獭 \| Otter, Giant | 248 |

| | |
|---|---|
| 水獭首领 \| Master Otter | 248 |

## P

| | |
|---|---|
| 垫脚狗 \| Padfoot | 251 |
| 潘 \| Pan | 252 |
| 月蚀凤蝶 \| Papilio Ecclipsis | 252 |
| 半鱼豹 \| Pardalocampus | 253 |
| 珀伽索斯 \| Pegasus | 254 |
| 不死鸟 \| Phoenix | 254 |
| 福耳库斯 \| Phorcys | 257 |
| 菲塞特尔 \| Physeter | 257 |
| 皮阿斯特 \| Piast | 258 |
| 皮克崔·巴拉格 \| Picktree Brag | 258 |
| 皮克特兽 \| Pictish Beast | 259 |
| 猪面女 \| Pig-Faced Lady | 260 |
| 皮斯米尔 \| Pismire | 260 |
| 彭戈 \| Pongo | 260 |
| 普利斯特斯 \| Pristes | 261 |
| 普瑞斯特尔蛇 \| Prester | 261 |
| 侏儒野牛 \| Pygmy Bison | 261 |
| 皮拉利斯 \| Pyralis | 262 |
| 皮同 \| Python | 262 |

## Q

| | |
|---|---|
| 奎扎尔科亚特尔 \| Quetzalcoatl | 265 |

## R

| | |
|---|---|
| 公羊鱼 \| Ram-Fish | 267 |
| 蛙鱼 \| Rana-Piscis | 267 |
| 鼠王 \| Rat King | 268 |
| 渡鸦 \| Raven | 269 |
| 欧文的渡鸦群 \| Ravens of Owain | 271 |
| 白渡鸦 \| Raven, White | 271 |
| 拉乌泽尔 \| Rawuzel | 272 |
| 瑞姆 \| Re'em | 273 |
| 犀牛鸟 \| Rhinoceros Bird | 273 |
| 河龙 \| River-Dragon | 273 |
| 河鲸 \| River-Whale | 274 |
| 大鹏 \| Roc | 275 |
| 洛尔-特洛德 \| Rore-Trold | 277 |

## S

| | |
|---|---|
| 沙拉曼达 \| Salamander | 279 |
| 萨尔普伽 \| Salpuga | 279 |
| 萨帕沙-希玛 \| Sapaksha-Simhah | 280 |
| 萨苏·乌努 \| Sassu Wunnu | 280 |
| 萨提尔 \| Satyr | 280 |
| 斯奇塔利斯蛇 \| Scitalis | 281 |
| 斯科普斯 \| Scopes | 281 |
| 蝎子 \| Scorpion | 282 |
| 斯库拉 \| Scylla | 283 |
| 斯库塔尔蛇 \| Scytale | 284 |
| 海主教 \| Sea Bishop | 284 |
| 海牛犊 \| Sea Calf | 285 |
| 海乳牛 \| Sea Cow | 285 |

| | | |
|---|---|---|
| 海犬 \| Sea Dog | 285 | |
| 海鹰 \| Sea Eagle | 287 | |
| 海中象 \| Sea Elephant | 287 | |
| 海兔 \| Sea Hare | 288 | |
| 海僧侣 \| Sea Monk | 288 | |
| 海怪 \| Sea Monster | 289 | |
| 海鼠 \| Sea Mouse | 292 | |
| 海蛇 \| Sea Serpent | 292 | |
| 塞琉希德斯 \| Seleucides | 293 | |
| 海豹人 \| Selkie | 294 | |
| 森穆夫 \| Senmurv | 294 | |
| 塞普斯蛇 \| Seps | 294 | |
| 塞拉皮斯 \| Serapis | 295 | |
| 蛇 \| Serpent | 295 | |
| 翼蛇 \| Serpent, Winged | 297 | |
| 塞尔凯特 \| Serqet | 298 | |
| 塞特 \| Set | 298 | |
| 七只吹哨鸟 \| Seven Whistlers | 299 | |
| 沙米尔 \| Shamir | 299 | |
| 舍杜 \| Shedu | 299 | |
| 披壳精 \| Shellycoat | 300 | |
| 肖皮尔提 \| Shoopiltee | 300 | |
| 西嘎弗噗 \| Siggahfoops | 300 | |
| 骏鹰 \| Simurgh | 301 | |
| 塞壬 \| Siren | 301 | |
| 斯约哈斯腾 \| Sjöhästen | 304 | |
| 斯克里克 \| Skriker | 304 | |
| 史莱普尼尔 \| Sleipnir | 304 | |
| 蛇类 \| Snake | 307 | |
| 蛇石 \| Snakestone | 307 | |
| 斯芬克斯 \| Sphinx | 308 | |
| 星蜥 \| Stellio | 310 | |
| 斯托尔虫 \| Stoorworm | 311 | |
| 鸮类 \| Strix | 312 | |
| 斯廷法罗斯湖怪鸟 \| Stymphalides | 314 | |
| 苏胡尔马苏 \| Suhurmasu | 315 | |
| 斯瓦迪尔法利 \| Svaðilfari | 315 | |

## T

| | | |
|---|---|---|
| 塔夏兰 \| Tacharan | 317 | |
| 塔哈什 \| Tahash | 317 | |
| 唐吉 \| Tangie | 317 | |
| 塔尼瓦 \| Taniwha | 318 | |
| 粉胸仙翡翠 \| Tanysiptera nympha | 318 | |
| 塔兰杜斯 \| Tarandus | 319 | |
| 塔兰图拉海蛛 \| Tarantula Sea Spider | 320 | |
| 塔拉斯奎 \| Tarasque | 320 | |
| 塔布-乌斯吉 \| Tarbh-Uisge | 320 | |
| 爪虫 \| Tatzelwurm | 321 | |
| 半鱼牛 \| Taurocampus | 322 | |
| 托斯 \| Thos | 322 | |

| | |
|---|---|
| 托特 \| Thoth | 322 |
| 雷电鸟 \| Thunder Bird | 323 |
| 提亚玛特 \| Tiamat | 323 |
| 梯林斯蛇 \| Tirynthian Serpent | 325 |
| 羊角鸟 \| Tragopanades | 326 |
| 特拉斯 \| Trash | 326 |
| 特里同 \| Triton | 327 |
| 巨龟 \| Turtle, Giant | 328 |
| 提丰 \| Typhon | 329 |

## U

| | |
|---|---|
| 瓦切特 \| Uatchet | 333 |
| 乌伽鲁 \| Ugallu | 333 |
| 独角兽 \| Unicorn | 334 |
|    非洲的独角兽 \| African Unicorn | 337 |
|    美洲的独角兽 \| American Unicorn | 338 |
|    现代的独角兽 \| Modern Unicorns | 339 |
| 独角鹿 \| Unicorn Stag | 340 |
| 乌拉埃乌斯 \| Uraeus | 340 |
| 乌利迪姆 \| Uridimmu | 341 |
| 乌玛胡利鲁 \| Urmahlilu | 341 |

## V

| | |
|---|---|
| 瓦特纳-格达 \| Vatna-Gedda | 343 |
| 瓦特纳斯特 \| Vattenhäst | 343 |
| 维德佛尔尼尔 \| Vedfolnir | 343 |
| 鞑靼植物羔羊 \| Vegetable Lamb of Tartary | 344 |
| 邪牛鬼 \| Vichschelm | 345 |
| 维多佛尼尔 \| Vidofnir | 345 |
| 维特利斯克·斯特兰德穆德拉尔 \| Vitrysk Strandmuddlare | 345 |

## W

| | |
|---|---|
| 瓦杰特 \| Wadjet | 347 |
| 邪狼 \| Warg | 347 |
| 水马 \| Water-Horse | 348 |
| 沃特顿的不伦不类之物 \| Waterton's Nondescript | 348 |
| 狼人 \| Werewolf | 349 |
| 鲸 \| Whale | 351 |
| 鲸类 \| Whirlpoole | 351 |
| 吹哨鸟 \| Whistler | 352 |
| 斯佩白马 \| White Horse of Spey | 352 |
| 魂精 \| Wight | 353 |
| 巴里斯代尔野兽 \| Wild Beast of Barrisdale | 353 |
| 有翼猫 \| Winged Cat | 354 |
| 维里考 \| Wirry-Cow | 354 |
| 魔犬 \| Wish Hounds | 354 |
| 狼 \| Wolf | 355 |

| | |
|---|---|
| 沃尔珀丁格 \| Wolpertinger | 355 |
| 沃芬噗 \| Woofen-Poof | 356 |
| 虫 \| Worm | 357 |
| 狼灵 \| Wulver | 357 |
| 湖龙 \| Wurrum | 358 |
| 龙 / 虫 \| Wyrm | 358 |
| 飞龙 \| Wyvern | 358 |

## X

| | |
|---|---|
| 塞科特科瓦奇 \| Xecotcovach | 361 |
| 修克阿特尔 \| Xiuhcoatl | 361 |

## Y

| | |
|---|---|
| 雅库妈妈 \| Yacu Mama | 363 |
| 雅胡 \| Yahoo | 364 |
| 耶鲁兽 \| Yale | 364 |
| 夜嘶猎犬 \| Yeth Hound | 365 |
| 耶提 \| Yeti | 366 |

## Z

| | |
|---|---|
| 扎哈克 \| Zahhak | 369 |
| 扎尔提斯 \| Žaltys | 369 |
| 席兹 \| Ziz | 369 |
| 祖鸟 \| Zu bird | 370 |

| | |
|---|---|
| 参考文献 | 373 |
| 图　　录 | 395 |

# 译者说明

玖羽

**关于正文：**

粗体字代表书中有相应的词条，如"它被认为是非洲的**独角兽**"。

括号内未译的内容为参考文献出处，其中斜体字为著作名，一般为缩写。如"（Gosse, *Rom. Nat. Hist.*, 290）"意为"（Philip Henry Gosse 的 *The Romance of Natural History*，第 290 页）"。正文后有完整的参考文献列表。这些参考文献中的大部分都可以在网上搜索到全文，有兴趣者可按图索骥。

**关于译名：**

译者在确定译名时依据以下原则：

1. 已有约定俗成的译名的，使用约定俗成的译名，如"独角兽"；
2. 没有约定俗成的译名的，尽量意译，如"湖龙"；
3. 在难以意译的情况下音译，如"塔哈什"。

有些现实生物的名字或学名与传说生物相同，但它们大多只是借用传说生物的名字，当时的传说并非（或不一定）指这种现实生物。这样的名字也予以音译，如"Balaena"译作"巴莱纳"而非"露脊鲸"。

此外，常见于本书正文，但无相应词条的传说生物译名如下：仙灵（Fairy）、精魂（Spirit）、女仙（Nymph）、小妖怪（Goblin）。

## 关于注释和引文：

书中所有注释均为译者所加。引文亦为译者所译，唯以下著作除外：《圣经》引文，据和合本；弥尔顿《失乐园》引文，据朱维之译本；荷马史诗引文，据罗念生、王焕生译本；赫西俄德引文，据张竹明、蒋平译本；莎士比亚戏剧引文，据朱生豪译本；济慈引文，据朱维基译本；丁尼生引文，据黄杲炘译本；《简·爱》引文，据宋兆霖译本。译者在引用时，对引文中的某些专名有所调整。

原书引用的老普林尼《自然史》英译文多出自菲利蒙·霍兰德（Philemon Holland）1601年的英译本，过于古旧，效果不佳，译者据约翰·博斯托克（John Bostock）1855年的英译本，以及哈里斯·拉克姆（Harris Rackham）1940年的英译本（洛布古典丛书版）译出。

# 作者介绍

> 我一直很钦佩利奥·鲁伊克比博士在超自然领域的广博知识。
> ——罗斯玛丽·埃伦·吉莱，畅销书作家

《幽灵俱乐部杂志》(*The Ghost Club Journal*)将利奥·鲁伊克比博士称为"年轻的范海辛"。在职业生涯的大部分时间中，他调查、撰写、体验了生命中离奇的一面——从吸血鬼恐慌事件（真的遇到过一起），到天使的目击报告。他在伦敦国王学院取得了博士学位，研究方向是现代的巫术与魔法。他是以下著作的作者：《走出阴影的巫术》(*Witchcraft Out of the Shadows*)、《浮士德：文艺复兴时期魔法师的人生与时代》(*Faustus: The Life and Times of a Renaissance Magician*)、《超自然便览》(*A Brief Guide to the Supernatural*)、《猎鬼者便览》(*A Brief Guide to Ghost Hunting*)，有文章发表在《超常现象时代》(*Fortean Times*)杂志、《超自然》(*Paranormal*)杂志、学术期刊和国家新闻出版物上。他还协助编辑了以下两本书：与西蒙·培根博士共同编辑了《小小恐怖：对异常儿童及其怪物性建构的跨学科透视》(*Little Horrors: Interdisciplinary Perspectives on Anomalous Children and the Construction of Monstrosity*)、与安切·博塞尔曼−鲁伊克比博士共同编辑了《魔法的物质文化》(*The Material Culture of Magic*)。从《卫报》到牙买加的电台，许多新闻媒体都提及他的工作；他的专业知识

受到电影公司与国际人权协会的青睐。他拥有伦敦国王学院的副院士资格，是研究西方神秘主义的欧洲社团"魔法社"（Societas Magica）、英国心灵研究协会（Society for Psychical Research）和超心理学协会（Parapsychological Association）的成员，奇异现象学研究会（Gesellschaft für Anomalistik）的委员会成员，以及英国心灵研究协会的《超自然评论》（*Paranormal Review*）杂志的编辑。身为一个苏格兰人，"幻兽动物园"一直活生生地存在于他的乡土记忆里：他曾伫立在尼斯湖岸边，凝视那片阴郁的湖面。他的网站是 www.witchology.com。

利奥·鲁伊克比博士亦著有
《超自然便览》（*A Brief Guide to the Supernatural*）
《猎鬼者便览》（*A Brief Guide to Ghost Hunting*）

# 前　言

　　赫拉克利特曾经说过："只有期待意外之事的人才能寻找到它，因为意外之事都是未经探索、未经调查的。"——意外之事？当然。未经探索、未经调查？未必。我们拥有民俗故事、神话、传说、旅行者的游记，就连现代的新闻报道也描述过不可能存在、从未得到科学分类的动物。我称这个领域为"超动物学"（parazoology）的世界；"超"（para-）是指它超越了正常的动物学范畴，这个前缀同样也用在"超常"（paranormal）和"超心理学"（parapsychology）中。它不是"隐匿动物学"（cryptozoology），那是研究传说中的生物是否"隐藏"（crypto-）在世界的某个角落里的学科，而我不认为有人可以在世界上找到这些生物。"超动物学"是研究"超自然的"（supernatural）动物的生物学，它的研究对象是从未存在过的生物。那是美人鱼和独角兽的世界，那个世界被封闭在幻想之中，但曾经被人信以为真。那个想象的世界至今依然能对我们产生影响。这个领域包含所有传说中的生物、寓言中的动物以及神话中的怪物，但不包括现代幻想作品中的那些转瞬即逝的产物。这不是一本关于"幻想中的动物，以及在哪里可以找到它们"的书。这本书里记载的生物都是"真实"的。这些生物使森林变得蛮荒，使夜晚变得恐怖；这些生物让旧时的制图者在他们绘出的地图的空白处写上"这里有龙"。这本事典已经排除了所有属于自然科学领域的生物，但会保留它们在历史及社会科学领域中的地位。这是一个"幻兽动物园"。

这是一个庞大的世界,里面存在着众多的怪物。所以,我们应当如何选择我们的研究对象?如果它们真的存在,我们会把它们放在真正的动物园里吗?一个简单的回答是,会被放进动物园的,是那些不太像我们自己的生物。举例来说,在现实的动物园里,我们会欣赏灵长类动物,而不是侏儒,那么,在幻想的动物园里,我们就会欣赏仙灵故事中的动物,而不是仙灵们自身。我们会在这里看到"外来大猫",而不是小绿人或灰人之类的"外星人";我们会见识动物化的埃及诸神,而不是拟人化的希腊诸神。在某种意义上,它就是一份我们想象出来的动物世界的目录。

就像现实的动物园必须按照动物的大小来安排笼子的体积一样,本书也会依据动物的重要性(而不是物理上的大小)来安排它们的"笼子"。不过我们必须承认,龙是既巨大又重要的,因此它会在书中占据与之相称的较长篇幅。所有"笼子"的"标签"都会纳入尽可能多的信息,包括详细的词源、名字的变体、描述,以及出典。

和任何一个动物园一样,本书的主要目的是娱乐,但即使是真正的动物园,也担负着更加严肃的使命。你可以借助本书研究这些传说生物。本书会通过许多插图和文本提供大量有关这些生物的细节,同时还标出了所有记载的来源,以便你进一步研究和探索。

一般来说,寓言、神话和传说中的生物可以分为以下四类:

A. 拥有异常尺寸的普通动物;

B. "基本正常"的动物,但可以变化成其他"基本正常"的动物;

C. 复合动物,拥有不见于自然界的全新形态;

D. 既有动物的误认和误报。

A类包括所有的巨鱼（巨鲸）、巨蛇、巨这个、巨那个。B类通常是神话故事中的动物，它们可以变化成其他动物。例如，一条黑狗可以变成一头猪或公牛，甚至一个人。C类都是一些经典的怪物（狮鹫、鹰身女妖、飞马等），它们由各种现实动物的肢体组合而成，拥有鸟类翅膀的陆地动物是最常见的主题。D类的例子是独角兽，它们起先是对犀牛的误报，后来又增添了神话元素。你可能马上会问：龙属于哪一类？回答是，龙最初是一种极为巨大的蛇，然后又获得了复合动物的特点，即翅膀；再然后，它获得了四条腿，变得更像蜥蜴，这让它看起来似乎是某种被误报的动物，如鳄鱼。因此我们可以看到，一个类别的动物可以显示出属于其他类别的特点，甚至随着时间推移，从一个类别变成另一个类别。那些巨大的生物最初可能都是被误报的生物，而它们在传说中的形态类似于复合生物。

A类生物代表人类努力了解自然世界的过程，B类生物代表人类与超自然世界斗争的过程。在科学时代到来之前，自然世界和超自然世界并非总是被视为截然不同的。当时的人类会为自然界的事物（如风暴和汹涌的大海）那"神祇一般的毁灭力量"赋予超自然的解释，例如鹰身女妖是风的破坏之力的人格化。这意味着我们需要不断地在博物学与神学之间变换视角，主要从迷信和寓言，而不是从证据和分析的角度来研究。此外，我们还必须考虑魔法和仪式的视角，例如奥丁的八足天马史莱普尼尔象征着奥丁自由地在生与死的世界之间移动的能力，就如同萨满教中的萨满在旅行时会骑上"灵魂之马"代步。

最后，我们还要增加E类：所有的骗局，由不道德的人类炮制，用来欺骗自己的同胞、诈骗他人的钱财。这一类"生物"统称"简尼·翰易韦"，包括人造美人鱼、假化石等一切欺诈行径。这种行径干扰了博物学家的工作，例如伟大的鸟类学家、英国皇家学会会员乔治·罗伯特·格雷（George Robert Gray，1808—1872）就曾在 1841 年抱怨："和过去一样，欧洲大陆上那些制造博物学赝品的造假者依然在干着这种可耻的勾当，竭力以虚假的手段欺诈热心的收藏家。就连已经出版的博物学巨著也收入了几个这样的东西，它们都被发现是人造的，目的是以夺人眼球的外观从业余爱好者那里骗取巨额金钱。"（Annals and Magazine of Natural History，237）现代科学命名法之父、著名的卡尔·冯·林奈①也曾被"无足极乐鸟""月蚀凤蝶"等伪造生物欺骗过。为了不漏过这一类别，我也在我的收藏中添加了一只"有角兔"。它们同样也是不可能存在的生物，无论是假剥制标本、假浸泡标本还是假化石，我都希望我们的动物园为它们留下一席之地。

在具体的选择上，我还要做一些解释。我当然可以为书中的埃及神祇撰写更长的说明，但这不是一本深入介绍埃及神话的书。几乎所有人都听说过阿努比斯，但很少有人听说过（作为传说生物的）藏羚羊；为了让读者确切地了解后者，显然就需要较长的说明。何况，对大多数人——至少是对一部分人——来说，把埃及神祇放入我们的动物园会产生道德上的问题，但把藏羚羊放入则不会。同样地，身为一个出自历史悠久的苏格兰家族的苏格兰人（虽然姓很奇怪，但我的家族可追溯至 1066 年），一切凯尔特文化的吸引力，以及通过更遥远的祖先产生的北欧文化的吸引力，都令我无法摆脱。鉴于这些原因，我不会为北欧及凯尔特神话在书中占的比重较多而道歉。我曾经在尼斯湖的湖面上打水漂，在博恩霍尔姆岛上寻找如尼石刻和岩画；然而，尽管十分遗憾，我却没有在帝王谷中留下过自己的脚印②。

---

① 卡尔·冯·林奈（Carl von Linné，1707—1778），瑞典生物学家，动植物双名命名法的创立者，最重要的著作为《自然系统》(Systema Naturae)。
② 众所周知，尼斯湖在苏格兰。博恩霍尔姆（Bornholm）岛属于（转下页）

所以,"超动物学"这个新奇的玩意究竟处在怎样的地位?例如,它是否需要像"隐匿动物学"那样,经历"科学还是伪科学"的争论?对"隐匿动物学"而言,答案是:它既可以是科学也可以是伪科学,这取决于它是否遵守公认的科学方法。但它对"隐匿动物"的研究并不值得比诸如密码学这样的学科得到更多的赞扬,因为它们二者都可以做得很好或很差。的确,一些从前被认为是传说的生物如今已经被发现了,这是事实,但本书并不是一本"隐匿动物学"著作。即便承认,这些生物是隐藏(cryto-)的,我们也应当在集体心理中寻找它们,而不是去婆罗洲的雨林里寻找。我们生活在一个共享的、不断协商的社会现实之中,这是位于物理学所能描述的世界之外的世界。我们生活在一个被人类的生理及心理能力限制住的世界之中:我们看到的是黑色的乌鸦,而乌鸦看到的自己,却是另一种更加多彩的样子——当乌鸦和白嘴鸦处于强烈的阳光下的时候,你可以窥见它们视野的只鳞片羽。宗教可以证明,比起事实和数字的世界来,想象的世界对人类的事务具有更大的影响力。

此外,在所有这些离奇之事——从飞马到环绕世界的海怪——的本质下,我们竭尽所能看到的自然,其实也是一个神奇的世界。鳄鱼与龙同样惊人,鹰与狮鹫同等迷人。在寻找离奇之事的时候,我们有时(常常)去了错误的地方:离奇之事其实就遍布在我们四周。本书对我产生的影响,正如我希望它对你产生的影响一样。它让我重新燃起了对自然世界的惊奇感。我们大多数人都在孩提时经历过一个"恐龙阶段"——对孩提时代的我们来说,恐龙比我现在叙述的任何生物都更像"幻兽"。我们需要回

---

(接上页)丹麦,岛上有许多古代北欧文化的遗存。帝王谷是埃及的一个主要陵墓区。作者此处的意思是,他对凯尔特及北欧文化较为亲近,自然着墨较多,对埃及文化则相反。

到那个阶段，因为只有人类能想象出离奇之事，以表达自己对自然世界的惊叹。① 正是这种想象力使人类之所以为人类，而非动物。你在本书中读到的大部分内容，也正是来自其他人的惊奇感，这种惊奇感使他们去探寻传说的真相，讲述幻兽的传奇。在我们还是孩子的时候，我们热爱自然；当我们长大成人之后，"自然"却变成了超市中"天然食品"的标签。你应当做出选择——以及思考这个问题：除非我们重燃对自然的热爱，否则今天还存在的很多事物到明天就将不复存在。记住渡渡鸟。这不仅仅是一本关于古怪之物的书——这是一次战斗的呼唤，对人类的呼唤。

在撰写本书时，我已经读过了许多类似的书籍，希望从它们那里学到经验和教训。总体来说，我发现，最不令人满意的方法，无过于仅仅介绍一下"这个是那个"，而完全不附参考资料。因此，我会尽可能地找到资料的来源和引用出处：例如，有些事典可能会在"阿巴达"的条目下写"一种非洲小独角兽"，如此等等，但在对这则传说追根溯源之后，我们看到了从葡萄牙的商人到英国的探险家的记载，并且在这些记载中发现了一整个新世界。这使得本书的内容更加丰富，同时也更加有用。我希望，无论读者是想坐下来享受一下，还是想在写论文或作文的时候查找参考资料，本书都能满足他们的需求。

## 关于资料来源的说明

我在所有条目中都列出了参考文献，这些是我的资料来源。一般来说，我倾向于选择最早的或者最权威的来源，但如果较新

---

① 用白话说就是：我们用小时候看恐龙的那种心态去看自然界，就能理解先人为什么创造出神话生物。

的研究结果富有启发性，我也会采用。考虑到篇幅问题，我没有列出所有的参考书目。我对古代作家的引用遵循标准格式，而不会注出特定的版本，因为这样做总是最为有效的，否则读者一眼看去，很容易陷入困惑。

我也会在这篇前言里介绍一些本书经常引用的文献来源。哪怕有读者尚未听过这些名字，在阅读过程中，他也会变得十分熟悉。这些幻想生物的出典，在古希腊作家中，主要是荷马、赫西俄德和希罗多德。传统上一直将荷马视为《伊利亚特》和《奥德赛》的作者——这两部史诗就是所谓的"荷马史诗"，分别讲述了特洛伊战争和战后奥德修斯归乡的故事，虽然作者的身份及其是否实际存在尚有许多争议。

在现代人看来，许多古代作家都过于轻信——毫无疑问，在未来人看来，我们也会是过于轻信的——因为当时十分缺乏准确的信息，而其他的信息很难判断准确性。例如，希罗多德鲜少对自己的记载持批判态度，但他写道："我只是把我听说的写下来而已。一切皆有可能。"（*Hist.*, IV.195）他甚至不知道恐龙。①

在罗马作家中，老普林尼是最重要的，但卢坎和埃利安也十分重要。老普林尼甚至应该在本书中占据一个条目——他和书中的其他生物一样令人惊讶。他的全名是盖乌斯·普利尼乌斯·塞昆都斯（Gaius Plinius Secundus），出生于公元 23 年。就像我们所知的那样，他是一名战士兼哲学家。年轻时，他曾在日耳曼尼亚作战，之后又在比利时高卢（Gallia Belgica）行省的特里尔（Trier）任督察使（Procurator）。在公务之外，他写就了《自然

---

① 这里的意思是，古代作家已经在他们的能力范围内最大限度地力求准确，过度以今非古是不可取的。例如对希罗多德来说，如果连河马和鳄鱼这样奇怪的生物都是实际存在的，他又有什么理由认为狮鹫、印度蚂蚁这样的生物不可能存在呢？责备他无法看出狮鹫不可能存在，就好像责备他不知道恐龙一样。

史》(*Naturalis Historia*),这也是他最后的作品①,我们会在本书中频繁引用。《自然史》是一部庞大的百科全书,共三十七卷,记载了当时欧洲人所知的一切知识——不过可惜的是,我们的视角将主要集中在此书错误和夸大的部分。他死于公元 79 年毁灭了庞贝城的那次维苏威火山爆发。② 如果你想知道"小普林尼"是谁,他叫盖乌斯·普利尼乌斯·凯奇利乌斯·塞昆都斯(Gaius Plinius Caecilius Secundus,约 61—约 113),是老普林尼的侄子,老普林尼无子,因此将他收为继子。③

卢坎的全名是玛尔库斯·安奈乌斯·卢卡努斯(Marcus Annaeus Lucanus,39—65),在他的时代,他是最受推崇的诗人。他笔下所有古怪的博物学记载都出自史诗《法萨利亚》(*Pharsalia*),这部长篇史诗讲述了凯撒和庞培之间的内战。在尼禄统治期间,老普林尼缩着头做人,而卢坎却把头伸得太远,因而被迫自杀④。埃利安的全名是克劳狄乌斯·埃利亚努斯(Claudius Aelianus,约175—约 235),生平著述甚多,他的《论动物特性》(*De Natura Animalium*)从老普林尼的《自然史》中转引了大量内容,但对后世仍有影响。例如,瑞士著名博物学家康拉德·格斯纳(Conrad Gessner,1516—1565)不仅读了,而且翻译了它——格斯纳的五卷本《动物史》(*Historiae Animalium*,出版于 1551—1558 年[前四部]及 1587 年[第五部])被广泛视为现代动物学诞生的标志。

基督教作家从他们所知的古人著作中转引了很多文字,但却

---

① 据说老普林尼生平著书 102 部,但其中仅《自然史》传世。《自然史》于公元 77 年写毕。
② 老普林尼时任驻米塞努姆(Misenum)的舰队长官,维苏威火山爆发后,他在组织救灾时被火山灰窒息而死。当时小普林尼陪伴在旁,他后来在写给罗马历史学家塔西佗的信中详细地描述了事情的经过。
③ 小普林尼也是重要的罗马作家,以书信集名传后世。
④ 卢坎参加了刺杀尼禄的阴谋活动,事败后被迫自杀。

加上了更多的内容。这些追加的内容经常具有宗教性质；塞维利亚的伊西多尔（约560—636）[①]是他们的代表，但必须注意，很多动物寓言是在中世纪创作并流传的。最后，还有旅行者和探险家的游记，他们的故事往往不亚于那些坐在家里的人写出的故事。在这一类人中，马可·波罗（约1254—1324）和约翰·曼德维尔爵士（《约翰·曼德维尔爵士旅行记》[②]的假定作者）将是我们的向导。

在引用现代作家的作品时，我们必须十分谨慎。例如，许多类似本书的幻想事典都会提到一只名叫"阿·巴瓦·库"（Á Bao A Qu）的单调乏味、毫无特色的生物，它会附在人的身上，以爬上"奇陶的胜利之塔"（Tower of Victory in Chitor），这座塔位于印度拉贾斯坦邦奇陶加尔（Chittorgarh）市的奇陶加尔城堡，但这只生物的故事据说又来自马来半岛。我查过关于印度民俗和马来民俗的书，什么也没有找到。它似乎是阿根廷小说家豪尔赫·路易斯·博尔赫斯在他的作品《想象动物志》（*The Book of Imaginary Beings*，1967）中虚构的一个存在，博尔赫斯并未在当地民间传说的基础上虚构这只生物，而是为了搞笑，把来源归于他的一个熟人[③]。顺带一提，这一点都不好笑。还有一种所谓的神秘生物阿特克罗佩（Attercroppe）[④]，说是一条蛇长着人的手脚；近年出版的一

---

[①] 塞维利亚的伊西多尔（Isidore of Seville），基督教神学家，同时也是一位百科全书式的学者。
[②] 《约翰·曼德维尔爵士旅行记》（*The Travels of Sir John Mandeville*）是一本著于14世纪下半叶的长篇游记小说，在欧洲流传甚广。作者自称"约翰·曼德维尔爵士"，但真实身份不明。
[③] 博尔赫斯在书中称，对这只生物的记载出自伊托伏鲁（Iturvuru）的《论马来巫术》，但这个作者的名字其实只是他把朋友伊托布鲁（Iturburu）的名字略加改变而来。著作当然亦属虚构。
[④] 据说这是英国民间传说中的一种邪恶仙灵，身躯像一条小蛇，长着人类的手脚。但这则"民间传说"完全无据可查。

些事典已经开始收录它，但它并没有可靠的来源。因此，就许多幻想生物而言，本书不收录，不代表作者没有研究过它。一本书往往只是研究的冰山一角而已。

### 阿纳沙｜A'nasa

它被认为是非洲的**独角兽**。法国探险家安托万·达巴迪（Antoine d'Abbadie，1810—1897）从开罗投书给伦敦的《雅典娜神殿》杂志，讲述了穆勒男爵[①]最惊人的发现。在返回科尔多凡（Kordofan，亦称 Kurdufan，曾是苏丹中部的一个省份）的途中，男爵于 1848 年 4 月 17 日在梅皮斯（Melpes）镇遇到了一个贩卖动物标本的商人，该人向他展示了一只阿纳沙："它的大小如同一只小驴，有粗壮的身躯和细瘦的骨骼，鬃毛粗糙，尾巴像野猪的尾巴。在它的前额上有一支长长的角，当它独处的时候，角会垂挂下来，但一旦发现敌人，角就会立即挺起。这支角是一件可怕的武器，不过我不知道它的确切长度。这只阿纳沙发现于本地（梅皮斯）西南偏南方向的不远之处。我经常在野外的开阔地带看到它，黑人会在那里猎杀它，用它的皮做盾牌。"男爵还写道，那位商人熟悉犀牛，他称犀牛为"费提特"（Fetit），有别于阿纳沙。6 月，在库尔西（Kursi，同样位于科尔多凡），男爵听一名奴隶贸易商说，他最近吃过一只阿纳沙："它的肉好吃极了。"著名博物学家、英国皇家学会会员菲利普·亨利·戈斯（Philip Henry Gosse,

---

[①] 约翰·威尔赫姆·冯·穆勒（Johann Wilhelm von Müller，1824—1866），德国探险家。

1810—1888）使这份报告受到广泛关注（Gosse, *Rom. Nat. Hist.*, 290），它曾被普遍引用（例：Gould, *Myth. Mon.*, 346-7），最初发表在《雅典娜神殿》上（1849年1月号）。参见**阿巴达**。

### 阿特西 | Aatxe

这个词在巴斯克语中是"小公牛"的意思，指巴斯克传说中的一只超自然的公牛或小公牛。它也被称为"阿拉特西戈利"（Aratxegorri，红小公牛），与以下这些生物有亲缘关系："特夏尔戈利"（Txaalgorri，也是红小公牛）、"泽轸戈利"（Zezengorri，红公牛）、"贝戈利"（Beigorri，红奶牛）。它生活在洞穴中，特别是莱泽（Leze）洞穴，那里位于萨雷（Sare，巴斯克语称为 Sara）附近，该地靠近比利牛斯山脉的法国一侧。据说，它会惩罚顽皮的孩子，应承父母的许愿，带走不履行宗教义务的人。它也被认为会在暴风雨之夜现身，迫使人们回到自己的家中。人们已经在某些洞穴——伊斯图利兹（Istúritz）、戈伊柯劳（Goikolau）、桑迪玛米涅（Santimamiñe）、萨加斯提戈利（Sagastigorri）、科维拉达（Covairada）、索拉库瓦（Solacueva）——中发现了一些罗马钱币，这证明古人曾在这些地方举行仪式，以安抚洞穴中的精魂。（Barandiarán, 'Prähist. Höhlen'.）

### 阿巴塞 | Abaasy

这是西伯利亚的雅库特（萨哈）人用来描述邪恶精魂的一个术语，有"abaahi""abacy""abasi""abasy""abassylar"等变形。在雅库特史诗《欧隆克》（*Olonkho*）中，它们被描述为只有一只眼睛、一只胳膊和一条腿，有时骑着有两个头、八条腿和两条尾巴的马。它们分为三等:"上层"的住在西方的天空中,"中层"的住在大地上,"下层"的住在地下。它们全都被认为是对人类有害的,特别是会在人类死亡时吞噬人的三魂之一"库特"(kut,肉体的灵魂)。它们由乌鲁图尤尔·乌鲁·图雍(Ulutuyer-Ulu-Toyon,全能主)统领,这个存在可能不是全然邪恶的,它也会保护人们免受阿巴塞侵扰。过去,雅库特人会献祭马给"上层"阿巴塞,献祭有角的牛给"下层"阿巴塞。同时,阿巴塞本身未免太像人类,我们当然希望把它们的马也列入我们这个"幻兽动物园"中。(Czaplicka, *Sham. Sib.*; Hatto, *Essays*, 128; Eiichirô, '"Kappa" Legend', 114)

## 阿巴达 | Abada

亦称**阿巴特**。"bada"的词源难以确定,有两种可能,一是马来语的"badak"(一只犀牛),另一是阿拉伯语的"abadat""ābid"(阴性形态为"ābida"),意思是除其他动物之外的"一只野生动物",经由葡萄牙语转为"badas",即"犀牛"。阿巴达是非洲人使用的词语,用来形容长着独角的动物,早期作家认为那就是**独角兽**。它的描述出自对葡属西非(现安哥拉)和旧阿比西尼亚(现埃塞俄比亚)的记载。这个名字在17世纪第一次被记录下来,记述者是嘉布遣会传教士乔凡尼·安东尼奥·卡瓦茨·德·蒙特库柯罗(Giovanni Antonio Cavazzi da Montecuccolo,1621—1678)。另一位嘉布遣会传教士吉罗拉莫·梅罗拉·德·索伦托(Girolamo Merolla da Sorrento,?—1697)也写道,安哥拉"也有独角兽,刚果人称它为阿巴达。它的药用价值人皆熟知,无须多谈。这些独角兽与其他作者经常提到的那种甚是不同,同时,如果你相信我听说的这些,那些独角兽并不是现在被发现的这一种"。(*Breve* 转引及翻译自 Pinkerton, *Gen. Col.*, 211）一个故事把阿巴达的发现归功于一个曾在阿比西尼亚度过一段时间的葡萄牙人，该故事由巴尔塔扎尔·特列斯神父（Balthazar Tellez, 1596—1675）援引，神父本人从未去过阿比西尼亚。他称，阿巴达有别于严格意义上的独角兽，最主要的区别是它们有两只角，与人们的预期恰好相反："阿巴达有两只弯曲的角，因此不是那么正统；虽然它们的角也能作为解毒剂使用。"（*Travels*）参见**阿巴特**。（Gould, *Myth. Mon.*, 347; Reade, *Savage*, 372-3）

### 阿拜亚 | Abaia

在美拉尼西亚神话中，一条有神力的鳗鱼曾试图掀起灾难性的大洪水，毁灭人类："一天，有个男人发现了一个湖，湖里有很多鱼；湖底生活着一条神奇的鳗鱼，但那人并不知晓此事。他抓了很多鱼之后，回到村庄，向村民们讲了他的发现；第二天，他带村民们来到湖边，仍旧成功地抓了很多鱼，一个妇女甚至还捉住了住在湖底的大鳗鱼阿拜亚，虽然他最终逃脱了。阿拜亚非常生气，因为他的鱼被抓走了，连他自己也被捉住了一次。因此，他在当天晚上掀起暴雨，使湖水猛涨，除一位老妇人外，所有人都淹死了。那位老妇人没有吃鱼，从而得以躲在一棵树上，侥幸逃生。"（Dixon, *Ocean. Myth.*, 120）

### 阿巴特 | Abath

这是雌性版的非洲**独角兽**。伊丽莎白时代的私掠船长詹姆斯·兰开斯特爵士（Sir James Lancaster, 约1554—1618）于1592

年穿过马六甲海峡前往东印度群岛时,用一些商品从养西岭[①]王那里"交易了一些龙涎香和一些阿巴特的角,国王也是从别的地方交易到这些的。阿巴特是一种动物,她的头上只有一只角,因此被认为是雌性的独角兽。所有的摩尔人都十分尊崇她,很多君主会用她的角来验毒"。现在一般将其解释为犀牛。(Shepard, *Lore*, 218)

## 令人厌忌的雪人 | Abominable Snowman

参见**耶提**。

## 阿克利斯 | Achlis

这是一种没有腿部关节的麋鹿,出自老普林尼著于公元1世纪的《自然史》,在书中与普通的麋鹿列在一起。其他某些版本的《自然史》也称其为"马克利斯"(Machlis)。以下引用:"这种叫'麋鹿'(alce)的动物十分类似我们熟知的肉牛,但它的耳朵和颈部更长,可以依此区分。此外,在斯堪的纳维亚岛上,还有一种野兽叫'阿克利斯',它从未出现在罗马,但我已经听许多人描述过它:它与麋鹿没有太大的不同,只是后腿没有关节。因此,它永远无法躺下,只能倚着树睡觉。若想捉住它,只能事先把树锯得半断,以此设下圈套,否则它会迅速逃跑。它的上嘴唇非常大,以至于它只能倒退着吃草,如果向前吃,上嘴唇就会在地上折卷起来。"(*Nat. Hist.*, 8.15)没人能够充分解释老普林尼的原意,或是解释他是从哪里听到这个名字的。约翰·布鲁克斯(John Brooks, 'Nail of the Great Beast', 317-21)巧妙地将古老的民间传

---

[①] 养西岭(Junsaloam,亦称 Junk Seylon),在马来半岛西北外海,今泰国普吉府一带。

说与"一旦摔倒就再也起不来的"麋鹿关联起来，解释（或补充）道：这是由于麋鹿患有角膜薄翳（achlys）。这是一个希腊词语，意思是"由于死亡、昏厥、忧伤或黑暗，迷雾降临到一个人的眼前"。与之类似的，还有雅各布·格林①对德语"elend"的解释：这个词可以同时表示"麋鹿"和"癫痫"。"马克利斯"只是一个单纯的抄写错误而已。由于老普林尼的记载，欧洲麋鹿的学名就被定为了 *Alces alces*，而它的旧书面语以及在北美广为人知的写法则是"Alces machlis"。此语被解读为"巨大的林中野兽"或"大领袖"，美国共济会组织的"麋鹿互助会"（Loyal Order of Moose，是"麋鹿国际"的一部分）的"麋鹿军团位阶"的徽章就曾包含此语，直到 1992 年为止。

## 酒湖鸟 | Adar Llwch Gwin

威尔士版的**狮鹫**（griffwn）。"Adar"的意思是"鸟"，"Llwch"的意思是"尘"或"湖"，"Gwin"的意思是"酒"（Richards, *Antiquæ*, 5, 247, 296），连起来就是"酒湖鸟"。这是三只神奇的鸟，由杜德瓦斯·阿普·特里芬（Drudwas ab Tryffin）所有。杜德瓦斯向亚瑟王发起挑战后，派这三只鸟去决斗地点杀死"第一个到达那里的人"，但他的妻子拖延了亚瑟的脚步。杜德瓦斯以为鸟已将亚瑟杀死，好奇地去察看，结果成了第一个到达的人，遂被自己的鸟撕成了碎片。这个故事出自罗伯特·沃恩②笔下，时间是 1655

---

① 雅各布·路德维希·卡尔·格林（Jacob Ludwig Carl Grimm, 1785—1863），著名的童话故事编纂者"格林兄弟"中的长兄。他同时也是一位语言学家、文学家、神话学家，以及法学家。本书参考的就是他的神话学著作《德国神话》（*Teutonic Mythology*, 1835）。
② 罗伯特·沃恩（Robert Vaughan, 1592—1667），威尔士古董商兼古书收藏家。

年。(Guest, *Mabinogion*, 270)

## 黎安侬鸟 | Adar Rhiannon

出自威尔士传说。这是三只唱歌无比动听的鸟，其歌声会使聆听的骑士陷入迷醉，一动不动长达七年或八十年（不同版本的传说有不同的时间）。虽然鸟儿近在咫尺，但它们的歌声听起来却十分遥远。在另一个版本的传说中，一个叫肖恩·阿普·申金（Shon ap Shenkin）的人在一个夏天的早晨，坐在一棵树下听它们唱歌。他站起身来才发现，身旁的这棵小树已经变老、枯萎了；往家走去，他在自己的家门口发现了一个老人。那是他家的新主人。老人告诉他，他片刻之前告别的父母已经过世很久了。这个老人是他的侄子。当肖恩意识到发生了什么的时候，便登时化为尘埃。(Sikes, *British Goblins*, ch. VII)

## 阿凡克 | Afanc

亦称"Addanc"，是一只栖息在威尔士的康威河上的阿凡克池（Llyn yr Afanc）里的怪物，但也有传说将它安置在其他地点，如勒莱昂池（Llyn Llion）。据说，它会被美丽的少女从池中吸引上来，然后沉睡在她的怀中。这个版本的传说以及它和阿凡克池的关系都出自爱德华·卢伊德[①]笔下，时间是1693年。对这只生物的记载可追溯至中世纪著作《马比诺吉昂》[②]："Addanc深藏在一个洞穴中，洞口堵以一根石柱，这样它就能从中窥见洞外的动

---

① 爱德华·卢伊德（Edward Llwyd，1660—1709），威尔士博物学家。
② 《马比诺吉昂》（*Mabinogion*）是一本中世纪的威尔士散文故事集，其中包括十一篇故事。

静，而洞外却完全看不到洞内。于是，它就可以从洞内发射毒镖杀害洞外的人。Peredur（即帕西法尔[①]）前往讨伐 Addanc，他在半路上遇见一位淑女，她给他一块有魔法的石头，这块石头可以让他战胜那只野兽，但返回后他要向她回报以永恒的爱。"（Guest, *Mabinogion*, 107-9）在其他版本的传说中，这只怪物会被从池中拖出，将它拖出的或者是休·加丹[②]和他的大角牛，或者是亚瑟王和他的军马或战马。有人将这只怪物解释为鳄鱼或河狸，但是较早的传说完全没有描述过它的样子，只记有它的强大和它会被少女吸引这两点。（Rhys, *Celtic Folklore*, 130-2）

## 阿斯特 | Ahäst

参见**巴克阿斯特**。

## 水猴 | Ahuizotl

出自墨西哥民间传说，是一种"闻所未闻的动物"。关于它的最早记载出自西班牙的方济各会修士伯纳迪诺·德·萨阿贡（Bernardino de Sahagún，1499—1590）笔下，时间是 16 世纪："它的大小如同一只小狗，毛发短而滑溜，有一对很小的尖耳朵，身体光滑，呈黑色。它的手脚像猴子，在长长的尾巴末端还有一只手，那只手就像人类的手。它生活在水中，会用长在尾巴末端的那只手拉

---

[①] 帕西法尔（Percival），亚瑟王的圆桌骑士之一。
[②] 休·加丹（Hu Gadarn），一名曾出现在查理大帝传奇及中世纪叙事诗中的骑士，与农耕有某种联系。后来，威尔士古书收藏家兼诗人格拉摩根的艾罗（Iolo Morganwg，1747—1826）伪造了大量古代手稿，并在伪书中将休·加丹描写为重要的英雄人物。

人入水。受害者的尸体会在几天后被发现，没有眼睛、没有牙齿、没有指甲，因为这些都已被水猴取走。尸体本身并无创伤，但布满了瘀青或青紫色的点状痕迹。"（Nuttal, 'Note', 123）。"Ahuizotl"也是一位阿兹特克王的名字。

### 阿亚塔 | Ajatar

复数。在《圣经》的芬兰语译本中，这个词出现在《利未记》17:7，意思是"多毛的"。英文版《圣经》将它译作"鬼魔"（devils）、"公山羊"（he-goats）或"萨提尔"（satyrs）。（Abercromby, 'Magic Songs', 44）。

### 阿克库 | Akhekh

亦称"Axex"，是古埃及传说中的一种奇兽。它的身体像一只有翅膀的羚羊，头是鸟头，还戴着三重冠，整体上有些像**狮鹫**。它与**塞特**有关，因此是黑暗的象征。（Budge, *Gods*, 47）。

### 阿尔斯 | Alce

亦称"Alice"，在纹章学中表示雄性**狮鹫**。（Elvin, *Dict.*, 4）。

### 阿勒利昂 | Alerion

亦称"Avalerion"，是众鸟之王，出自皮埃尔·德·博韦[①]笔

---

[①] 皮埃尔·德·博韦（Pierre de Beauvais，生卒年不明），13世纪的法国作家，作有大量动物寓言。

下（*Bestiaire*），时间是1218年之前。它的颜色像火焰，比鹰还大，翅膀如剃刀般锋利，只有一对存在。当雌性活到六十岁时，它会产下两个卵，孵化这两个卵需要六十天。然后，雄鸟和雌鸟就入海自溺而死，幼鸟由其他的鸟负责养大。老普林尼也在《自然史》中记载道（*Nat. Hist.*, 10.22），在希腊色萨利的城镇克拉农（Cranon）附近只能找到一对乌鸦，因为一旦幼鸟成长到能够照顾自己，双亲就会飞往别处。在纹章学中，阿勒利昂通常被描绘为一只没有喙或脚的鸟，例如在阿尔萨斯-洛林的旧纹章上就是这样，因为它本身就起源于洛林的古代贵族家族。

## 外来大猫 | Alien Big Cat

这是一个专门用语，在历史上没有大型猫科动物活动的地区，当有人声称自己目击到它们的时候，就会使用这个表述——它们是"外来的"。它们通常被描述为黑色，目击报告遍及欧洲各地，包括"不列颠大猫"（British Big Cat）、"博德明兽"（Beast of Bodmin）、"诺丁汉狮子"（Nottingham Lion）、"萨里美洲狮"（Surrey Puma）。人们把各种袭击和屠杀牲畜的事件归罪于它们，但除了1980年在苏格兰高地捉到的一只雌性美洲狮以外，没有它们被捕获的任何例子。（Eberhart, *Myst. Creat.*, I, 42-5, 100-3）

## 驴头驼 | Allocamelus

"驴头驼"于16世纪出自康拉德·格斯纳笔下（*Hist. Anim*），同时还在纹章上出现（Elvin, *Dict*），尽管只有成立于1579年的东

地公司[1]这一个孤例。它已于18世纪被确定为大羊驼。(Buffon, *Nat. Hist.*, 275)

## 阿尔芬 | Alphyn

　　这种复合生物的前腿是鹰腿，后腿及头部是狮子，耳朵很长，长长的尾巴打着结。它从15世纪后期开始出现在英国纹章中。"Alphyn"这个词最初出现在1470年，用于描述尾巴呈直簇状的偶蹄类动物，但到16世纪就已变为现在的标准含义。这个词也以"alfyne"的形式被用在托马斯·马洛礼爵士的《亚瑟王之死》中（1485年），意思是"一个笨拙的同伴（相当于'小精灵'）、一个懒汉"。(Wright, *Dict. Ob.*, 51)另一方面，这个词经常被人与中古英语"alfin"联系起来，后者用于描述国际象棋中的主教（象），例如在威廉·卡克斯顿（William Caxton，约1422—约1491）的《象棋游戏与玩法》(*The Game and Playe of the Chesse*, 1474)中就是这样。"alfin"是一个来自古法语的借词，而它本身又源自阿拉伯语的"大象"(al-fil)。然而，阿尔芬早已被刻画在纹章上，决不会被认为是大象或其他什么普通动物。而且，即便小精灵存在，它也很难被认为是"懒惰"的。另一个可能的起源由威廉姆斯（N. J. A. Williams）提出，他认为"阿尔芬"源自假定的爱尔兰词语"\*anfaill"，他把这个词联系到"\*enfild"，认为这就是**恩菲**

阿尔芬

---

[1] 东地公司（Eastland Company），为促进英国与斯堪的纳维亚及波罗的海国家的贸易而建立的英国皇家特许公司。

尔德的来源。阿尔芬的确是德拉沃勋爵家（Lords de la Warr）的纹章，但无人知晓这个家族选它做纹章的理由。（Williams, 'Beasts and Banners', 69-70）

## 阿鲁 | Alu

这是苏美尔神话中的六大恶魔之一，但也表示"天堂的公牛"。在早期的叙述中，它是一只隐藏在废墟、废弃建筑等黑暗之处的恶魔，伺机袭击路人，"笼罩他，就像用衣服盖住他"。它徘徊在夜晚的街道上，折磨夜间入睡的人，使他们做噩梦，并试图使他们窒息。这可能是苏美尔人对睡眠中风的解释。在这种情况下，阿鲁被描述为一个没有嘴、四肢、耳朵，形象为半人半恶魔的存在。而在其他的情况下，它则被描述为一只牛形的风暴恶魔，与同属六大恶魔之一的伽鲁（Gallu）形貌类似。（Thompson, *Devils*, xxiii-xxvi, xxxv; Mackenzie, *Myth. Bab.*, 65, 68-9）

## 阿姆特 | Ammut

亦称"Ammit"，是古埃及神话中的"死者的毁灭者"，形象为一只长着鳄鱼的头部、狮子的前半身和河马的后半身的雌性恶魔。她守在称量死者心脏的天平旁，吞噬那些有罪的死者——如果心脏比"玛特的羽毛"重，就说明死者有罪。（Shaw and Nicholson, *Dict. Anc. Eg.*, 30）

## 双头蛇 | Amphisbaena

这是一种身体的两端都长着头的神奇蛇类。在 1 世纪，卢坎就提到过"可怕的双头蛇以及它的双头"（*Phars.*, 9.843）。老普林尼更加详细地描述了它："双头蛇有两个头，另一个头在尾巴末端，就好像它的毒液多到一个头用不完。"（*Nat. Hist.*, 8.35）7世纪时，塞维利亚的伊西多尔为它添上了更多编造的属性（*Etym.*, 12.4.20）："双头蛇以它的双头得名，一个头在正常的位置，另一个头在尾巴末端。它从每一个头都可以开始循环过程。只有在它冬眠之后，其他的蛇才会跟随着进入冬眠……它的眼睛像提灯一样闪耀。"

## 安库 | Anchu

参见**昂库**。

## 悖理动物 | Animalia Paradoxa

"悖理动物"——在出版于1735年的《自然系统》第一版中，林奈将一批动物（Animalia）归于"Paradoxa"这个标题下。现将这些动物按他给定的顺序排列如下：**海德拉**，外加一则参照"启示录海德拉"（参见**《启示录》中的兽**）；**蛙鱼**；**一角兽**；**鹈鹕**，它在基督教传说和中世纪动物寓言中已经成为一种神奇的鸟类；**萨提尔**；**鞑靼植物羔羊**；**不死鸟**；**黑雁**；**龙**，他说龙有一个蛇形的身体、两只脚和两只像蝙蝠一样的翅膀，但可以确定它是从一只蜥蜴或鳐鲼炮制出来的（参见**简尼·翰易韦**）；报死甲虫，这是一种实际存在的生物，学名为"红毛窃蠹"，民间传说它会预兆死亡。在出版于1740年的第二版中，林奈又在这个标题下增加了一些生物：**蝎尾狮**、羚羊（原文如此）、**拉米亚**、**塞壬**。与人们有时持有的观念相反，他从未把**克拉肯**包含进自己的分类系统。这种错误的观念来自一篇文章对他的一个脚注的误读,该文发表于1818年的《布莱克伍德杂志》(*Blackwood's Magazine*)。(W., 'Remarks', 646)

## 蚁类 | Ant

这是对各种幻想中的蚂蚁的统称,包括以下这些:**蚁狮**;巨型**蚂蚁**,参见**印度蚂蚁**;中世纪的蚂蚁,参见**皮斯米尔**。关于纹章学中的蚂蚁,参见**埃梅特**。

## 藏羚羊 | Antelope Hodgsonii

这是一种喜马拉雅或西藏的**独角兽**,藏语称为"serou",南部藏语方言称为"tchirou",蒙古语称为"kere",中文称为"tou-kio-chieou"[①]。法国旅行家古伯察[②]是最早记载它的西方人:"独角兽一直被视为一种神话般的生物,但它在西藏真实存在。你在佛教寺院里经常可以发现关于它的雕塑或绘画。即便在中国内地,你也经常可以在北部省份的旅馆所挂的风景画里看到它。"(*Travels*, II, 267)某位定居在尼泊尔的霍奇森先生[③]设法取得了一只"独角兽"的皮和角的样品,那只"独角兽"据说曾为尼泊尔王公的私人小动物园所有;它是被人从西藏的卫藏地区带来的,在卫藏,它们会成群活动。这种动物被认为是"非常凶猛的",虽然"它们不让任何人接近自己,并会尽可能安静地逃离。但如果遭到攻

---

[①] 即"独角兽"。
[②] 古伯察(Évariste Régis Huc,1813—1860),法国遣使会传教士,曾进行环绕中国的长途旅行,为最早活着从西藏出来的欧洲人之一。撰有游记《鞑靼西藏旅行记》等。
[③] 布莱恩·H. 霍奇森(Brian Houghton Hodgson,1800—1894),英国博物学家、民族学家。

击，它们会勇敢地反抗"。对它的描述非常具体："就像其他任何羚羊一样，'tchirou'体形优雅，双眼之美丽在动物中无与伦比。它的毛呈淡红色，就像幼鹿的上半部分身体；腹部呈白色。它最独特的特征是黑色、尖锐的角，角有三个轻微的弧度，以及自基部向上的环嵴，这些环嵴在前方较为突出。它的每一个鼻孔里都有两簇伸向外面的毛，鼻子和嘴的周围也环绕着更多毛，这让它的头看起来有些笨重。'tchirou'的毛是粗糙的，似乎中空，和霍奇森先生有机会仔细检查的所有喜马拉雅山脉以北的动物相仿。这些鬃毛长五厘米，十分浓厚，摸起来就像一大团毛。"（*Travels*, II, 269）雷慕沙博士[①]提议，为了表彰霍奇森的发现，应将这种动物的学名命名为 *Antelope Hodgsonii*。古伯察的英译者威廉·黑兹利特[②]在此写了个脚注，解释道，这种动物就是"古代的'剑羚-山羊'（Oryx-capra），它们曾被人在上努比亚的沙漠中发现过，在那里，它们被称作'Ariel'"（参见**剑羚**）。这条脚注应该是为了将它与《圣经》中描述过的以及老普林尼在《自然史》中提到过的独角兽区分开来。

## 阿努比斯 | Anubis

亦称"安普"（Anpu）[③]，古埃及神话中胡狼头的死者之神。其名字意为"诸神的值守者与护卫者，正如狗是人类的值守者与护卫者"（《普鲁塔克[④]笔下的神话历史〈论伊希斯和奥西里斯〉》，XIV，出

---

① 雷慕沙（Jean Pierre Abel Rémusat，1788—1832），法国汉学家。
② 威廉·黑兹利特（William Hazlitt，1811—1893），英国律师、翻译家。不是同名的英国随笔作家。
③ "阿努比斯"是希腊人的称呼，"安普"是埃及人的称呼。
④ 普鲁塔克（Plutarch，约46—120），罗马帝国时代的希腊作家、历史学家，其著作流传甚广。

自 Budge, *Gods*, 189）。在某些传说中，他是**塞特**的儿子。在埃及的墓地可以经常看到胡狼，它们会被死尸腐烂的气味吸引而来，因此阿努比斯的头是胡狼头。（Budge, *Gods*, 261; Shaw and Nicholson, *Dict. Anc. Eg.*, 34-5）

### 安祖 | Anzu

参见祖鸟。

### 阿匹卜 | Apep

亦称"阿波菲斯"（Apophis）[①]，是一条巨蛇，为古埃及神话中邪恶的具象化。它由**塞特**创造，是**荷鲁斯**、拉（Ra）、奥西里斯（Osiris）的敌人。它与诸神及人类为敌，并派出蛇类去毁灭神和人。（Budge, *Gods*, 377; Shaw and Nicholson, *Dict. Anc. Eg.*, 36）

### 阿庇斯 | Apis

这是古埃及的一种神圣公牛，被埃及人视为普塔[②]的使者或化身，不过像老普林尼这样的外族观察者总是因此误认为埃及人把牛或公牛当成神来崇拜。（*Nat. Hist.*, 8.46）据希罗多德记载，阿庇斯应当诞生于一道闪电，并拥有如下标志：黑色、前额有一块白斑、背部呈鹰形、舌下呈圣甲虫形、尾巴上的毛分为双股。（Shaw and Nicholson, *Dict. Anc. Eg.*, 35-6）

---

① "阿波菲斯"是希腊人的称呼，"阿匹卜"是埃及人的称呼。
② 普塔（Ptah），埃及创世神之一，孟菲斯的主神。

## 阿斯庇德蛇 | Aspides

这是一种半传说的蛇。老普林尼（*Nat. Hist.*, 8.23）在公元1世纪记载道："阿斯庇德蛇的脖子肿胀，一旦被它咬到便无药可救，只能将被咬的部分立即切除。这种致命的爬行动物拥有一种感情，它的雄性和雌性总是成双成对地出现，一条死了，另一条也活不下去。因此，如果它们中的一条被杀，另一条就会在难以置信的痛苦下为伴侣报仇。它将跟踪杀死伴侣的人，并能以一种本能的认识，从一大群人中挑出自己的目标。它会克服一切困难，跋涉一切距离，只有河流才能将它阻隔，只有飞一般的奔跑才能从它那里逃脱。"引文中"肿胀的脖子"可能是对眼镜蛇在攻击之前展开皮褶这一行为的曲解。

## 盾龟鱼 | Aspidochelone

亦称"Fastitocalon"，是中世纪动物寓言中的一种巨鱼，源自一本较早时代用希腊语撰写的寓言型博物志，其书名的拉丁语译名是《博物学家》①："在鱼族中，／那巨大的"盾龟鱼"（great asp-turtle），人们航海时／会经常不情愿地遇见；／那人类恐惧的猛兽，我们知晓它的名字：／"大洋泳者"——Fastitocalon。／像有色的暗褐粗石，漂浮流转；／它看似丛丛芦苇／生于岸边，背后是沙丘层峦。／因此，海上的漂泊者看到它，便认为自己已经找到／一个岛，便把他们那船头高耸的船／系泊在这块陆地的海岸。／可那不是陆地，它依然漂浮在波澜。"（Cook and Pitman, *Old Eng. Phys.*, 13-14）在拉丁语版的故事中，它被称为"盾龟"（aspidochelone,

---

① 《博物学家》（*Physiologus*），于2或4世纪编撰的一本寓言化的通俗博物志，是中世纪欧洲各种动物寓言的原型。

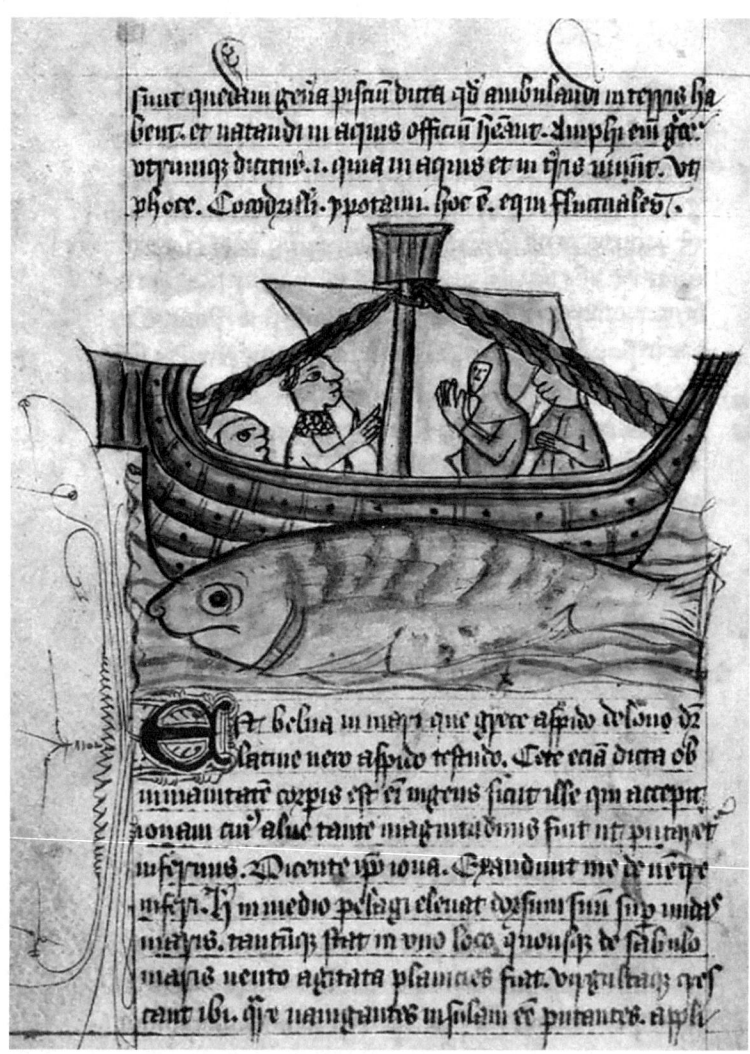

盾龟鱼（15世纪）

或 aspidocalon），这个词由希腊语的"盾"（aspis）和"龟"（chelone）组成，因为当它的背部露出水面时，看起来就像一个巨大的龟壳。古英语"fastitocalon"现在被认为是一个抄写错误。下面是这类故事共有的主题：水手们上岸后，在这个奇怪的"岛"上生火，怪物被火惊吓，潜入深海，也连带着拖下了船只和水手。"这是恶魔的手段、恶魔的习惯；它们终其一生，都在用神秘的力量欺骗人类。"（同前）传说故事还赋予这种怪物另外一个特点：当它寻找食物时，会张开大嘴，放出一种"令人迷醉的香气"，引诱其他鱼类自动游进自己的肚子。**克拉肯**也被认为具备这种能力。关于水手们将巨鱼误认为小岛，参见**岛鱼**、**加斯科尼乌斯**、**普利斯特斯**。

### 阿斯庇斯蛇 | Aspis

这是一种神奇的蛇（或蛇类），出自塞维利亚的伊西多尔笔下（*Etym.*, 12.4.12）："这种毒蛇被称为'阿斯庇斯'，是因为它咬人的时候会注入、喷洒（spargit）毒液。'毒'的希腊语是'Ἰός'，'阿斯庇斯'一名由此而来，因为它只需一咬便能使人丧命。它分为各种各类，致人死亡的方式也各有不同。据说，巫师会用某种咏唱把毒蛇唤出洞穴，但当它不想出去的时候，就把一只耳朵贴地，用尾巴压住另一只耳朵，拒绝聆听。既然它听不到魔法之言，自然也就不需要到巫师那里去了。"这个故事的来源似乎是希波的奥古斯

阿斯庇斯蛇（13世纪）

丁[①]在5世纪的著述（*Sermo*, 316:2）。

## 奥吉斯凯 | Aughisky

这是一种爱尔兰的**水马**，相当于苏格兰的**埃赫-乌斯吉**。它主要分布在芒斯特地区和康诺特地区，据说大多数湖泊都有自己的奥吉斯凯。有人认为，这种传说来自湖面被风吹起奇怪的波浪时，恰好在黄昏的光线下呈现出鬼魅般的景象。（Kinahan, 'Aughisky', 57-63）

## 阿瓦勒利昂 | Avalerion

参见**阿勒利昂**。

## 阿兹·达哈克 | Azi Dahak

亦称"Azhi Dahaka""Azdahak""Zahhak"，是古代伊朗传说中的一条**龙**，名字源自阿维斯陀语的"azi"（蛇、龙）和贬义的"dahaka"（恶龙）。它可能等同于早期印度-伊朗传说中的"Ahih"，这是在《吠陀》中出现的恶蛇，被因陀罗击败。对它的描述是模式化的——这只怪物长着三张嘴、三个头、六只眼睛和一千只耳朵。不过，它有时也被称为一个人，特别是在后期的著作中：阿兹·达哈克夺走伊玛（Yima）的女儿们，建立长达一千年的统治，然后被特里陶纳（Thraetona）囚禁。在世界末日之时，它将打破

---

[①] 即圣奥古斯丁（St. Augustinus, 354—430），基督教神学家，曾任北非城市希波（Hippo）的主教。

束缚、重获自由，最后被萨玛·凯勒萨斯帕（Sama Keresaspa）诛灭。在费尔多西①的《列王纪》中，达哈卡（Dahaka）是一个与魔神伊布利斯（Iblis）订立契约的年轻人，作为契约的标志，他的双肩上长出了两条蛇。有人认为，他就是希罗多德记载的米底王迪奥塞斯。（Ananikian, 'Armenia', 799-800; Sheldon, 'Herod.', 175, 178）

---

① 费尔多西（Ferdowsi，940—1020），波斯诗人，著有长篇史诗《列王纪》（*Shahnameh*）。

# B

### 巴克阿斯特 | Bäckahäst

这是一种斯堪的纳维亚水马，有"bäckahäst""ahäst""dam mhäst""sjöhästen"和"vattenhäst"（瑞典语）等变形。在"丹麦马"（Dam-Horse）这个标题下，索普[①]记载了这样一个故事（*North. Myth.*, 208）：一群来自丹麦哥本哈根附近的赫什贺尔姆（Hirschholm）村的农民的孩子正在艾厄斯（Agersø）岛上玩耍，此时，一匹巨大的白马（即"丹麦马"）从水中跃出，在他们面前来回奔驰。男孩们都跟在它的后面，其中一个男孩成功地爬上了马背。然后，马立刻奔向大海，似乎是想要跳入海中。男孩哭喊道："我主耶稣的十字架啊！我从没见过这么大的马！"话一出口，马立刻消失，他滚落到地面上。瑞典的民间故事通常讲到几个孩子骑上马，而马能够奇迹般地伸长，让他们全部骑上去；糟糕的是，孩子们随即发现自己被困在了马背上，直到其中一个，通常是最小的孩子，喊出一些什么话，才能打破魔咒。这种喊出的话通常是与基督教相关的（就像索普记载的例子那样），也可能是该生物自己的名字或接近其名字的词汇，它害怕听到这些词（所谓的"伦佩斯提金效应"[②]）。在其他民间故事中，水马甚至会

---

① 本杰明·索普（Benjamin Thorpe，1782—1870），英国语言学家。
② 即《格林童话》中的"伦佩斯提金"（Rumpelstiltskin）故事。（转下页）

巴克阿斯特(约 1900 年)

被人抓住、役使,通常是用于耕田;然后,它会利用一些事件逃脱,有时还会杀死当初抓住它的人(Almqvist, 'Waterhorse', 107-20)。在丹麦,它也被称为"长马"(Den lange hest)。参见**凯尔派**、**肖皮尔提**。

## 巴格温 | Bagwyn

这是欧洲纹章学中的一只神兽,类似纹章中的羚羊,但有一

---

(接上页)大意是:一个侏儒精帮磨坊主的女儿用稻草纺成金线,女儿因此成了王后。王后生下第一胎后,侏儒精前来索要婴儿作为报酬,并称,若王后能在三天内说出他的名字,报酬即可免除。王后遣使者到处探听,终于偷听到侏儒精自述其名为"伦佩斯提金"。第三天,王后在侏儒精面前将此名道出,侏儒精乃去。这个故事可能源自西方魔法传统认为自然或超自然存在的"真名"具有强大力量,掌握一个存在的"真名"即可将其控制的理论。

条马尾和一对向后弯曲的羊角。在伦敦的威斯敏斯特教堂可以看到,哈德逊男爵凯里家①的纹章的护盾者②是巴格温。(Vinycomb, *Fict. Sym.*, 216)。

## 巴莱纳 | Balaena

复数为"Balaenae"。这是一种巨大、有毛的鱼类,会喷出暴雨。老普林尼(*Nat. Hist.*, 9.3)向我们介绍了这种巨大的海洋动物:"印度海养育了最多、最大的鱼。其中最庞大的叫'巴莱纳',它的面积可达四犹格③。"赫尔曼·梅尔维尔在他无与伦比的捕鲸故事《白鲸》中引用过这句话。老普林尼还写道(9.6):"巴莱纳的额头上有口或大孔,当它们游上海面时,会做一次深呼吸,把大量的水喷向天空,就像下了一场暴雨。"他还认为它有毛发(9.13),不过他的意思是,巴莱纳是一种哺乳动物,虽然当时还没有这个术语④。林奈在1758年用 *Balaena* 为鲸的一个属命名,这个属起初包括所有露脊鲸,但现在只包含生活在北极海域的弓头鲸(学名为 *Balaena mysticetus*,或称

巴莱纳(13世纪)

---

① 哈德逊男爵(Baron Hunsdon)被创建了两次,凯里(Carey)家是第一次,从1559年延续到1765年。
② 护盾者(supporter),纹章学用语,指位于大纹章(achievement of arms)两侧的动物、人物或其他物体。
③ 犹格(jugerum)是罗马人的面积单位,1犹格约合2500平方米。
④ 老普林尼的原话是:"那些有毛发的水栖动物是胎生的。"

"北极露脊鲸")一种。①

## 犬魔 | Barghest

它是一条黑狗，一只白猫，还是一个无头的人？"在所有的波加特②中，最令人印象深刻、最令人畏惧的，就是英格兰北部的犬魔。"（Wright, *Rust. Sp.*, 193）瓦尔特·司各特③爵士（*Letters*, 95）认为这个名称源于"Bhar-geist"，他主张，这是"一个神灵，正如这个名字暗示的那样，它具有条顿血统"："Bahre"的意思是"棺材"，而"Geist"的意思是"精魂、鬼魂"。其他可能的词源还有"bam-ghaist"和"bier-ghaist"，甚至可能来自它坐在大门或栅栏的顶部横木（bar）上的习惯。至于它的具体形象，莱特④告诉我们："犬魔有时会变成大狗、驴、猪或牛犊的样子，有时人们只能听到它那骇人的吼叫。它会在午夜漫步，见到它或听到它的声音都是死亡的预兆。"亨德森⑤的一个朋友曾经告诉他，达灵顿⑥附近的格拉森西克斯（Glassensikes）"正被犬魔（Barguest）[原文如此]侵扰着。它显现为一个无头男人（会在火焰中消失），一个无头女人，一只白猫、兔子、狗，或者一条黑狗"。其他一些记载称，犬

---

① 生物学上的 *Balaena* 即露脊鲸属。虽然今日 "Balaena" 已被广泛用于称呼露脊鲸，但它不一定就是老普林尼描述的这种生物。此外，除弓头鲸以外的露脊鲸现已被归类为真露脊鲸属（*Eubalaena*）。
② 波加特（Boggart）是凯尔特神话中藏在人类家中，喜欢恶作剧的小精灵。这里泛指"邪灵"。
③ 瓦尔特·司各特（Walter Scott，1771—1832），英国作家、诗人。
④ 伊丽莎白·玛丽·莱特（Elizabeth Mary Wright，1863—1958），英国语言学家。她和丈夫约瑟夫·莱特（Joseph Wright，1855—1930）都是 J. R. R. 托尔金的好友，而约瑟夫·莱特还是托尔金的语言学教授。
⑤ 威廉·亨德森（William Henderson，1813—1891），英国博物学家、作家。
⑥ 达灵顿（Darlington）位于英格兰东北部的达勒姆郡。

魔会出没于"一条看起来极为诡异的峡谷",该地位于达灵顿和霍顿之间,在索斯尔内斯特(Throstlenest)附近;还有奥克斯维尔斯(Oxwells)溪,位于利兹市附近的维格霍恩(Wreghorn)和海丁利(Headingly)山之间。在这里,"这一带的任何一个当地重要人物逝世之后,这只生物就会出现。它是一只黑色的大狗,眼睛像碟子一样大;当地所有的狗都跟在它后面,不停地狂嗥吠叫。如果有任何人或动物挡在犬魔的路上,它会用爪子猛挥过去,被它抓伤的伤口永远不会愈合。告诉我这些的人是一位约克郡的绅士,最近刚刚去世。他说,在他还是孩子的时候,纽格兰奇(New Grange)的某位'斯夸尔·瓦德'(Squire Wade)氏去世了,那时他亲眼见过这一行列,而且永远记得当时感受到的恐怖"。(Henderson, *Notes*, 274-5)"叫得像只犬魔"曾经是一句流行语。

## 黑雁 | Barnacle Goose

黑雁(学名为"白颊黑雁")是一种完全存在于现实中的雁类,但有一些非现实的传说与它相关。在 12 世纪,威尔士的杰拉尔德[①]写道:"这里有许多叫'黑雁'的鸟,自然以一种非比寻常的绝妙方式创造了它们。它们类似沼泽雁,但体形较小。黑雁从漂浮在海面上的冷杉树干上生出,起初就像一块树胶。然后,它们用壳包裹自己,以保护自己自由成长。它们用嘴挂在树干上,犹如挂在木材上的海藻。随着成长,它们会穿上一件很厚的羽毛大衣,于是,它们要么掉进水里,要么自由地飞进天空。它们以树

---

① 威尔士的杰拉尔德(Gerald of Wales,约 1146—约 1223),英国教士、学者、历史学家。

液或海水为食，靠某种神秘而奇妙的方式从中获取营养。我经常亲眼看到，在海边的一根树干上会吸附着超过一千只这种鸟类的幼体，它们都裹在自己的壳里，已经成形。它们不会像其他鸟类一样繁殖和产卵，也不会孵卵，更不会在世界上的任何一个角落筑巢。"（*Topographica Hiberniae*，1187 年，以 "Cambrensis" 的名义发表，*Hist. Works*, 34）"某些主教和教徒"以这个奇特的故事为理由，"在守斋时吃黑雁肉，借口说这不是肉，因为它们不是生出来的"。① 杰拉尔德反对这种做法："但这些人古怪地犯下了错误。因为，如果他们在我们的始祖②的大腿上咬一口，无疑将吃到真实的肉。虽然我们的始祖的肉也不是生出来的，但谁也不能以此为借口，说自己没吃到肉。"林奈在 1740 年版的《自然系统》（66）中将黑雁列在**"悖理动物"**的条目下，并为它们取了拉丁学名 *Bernicla s. Anser Scoticus* 和 *Concha Anatifera*③。

## 鸡蛇 | Basilisk

这个名字源自希腊语的 "βασιλίσκος"（basilískos），意为"小小的王者"，最初出自公元前 2 世纪的希腊诗人、克罗丰的尼坎德④笔下（*Theriaca*, 396）：鸡蛇是蛇中之王，这不是由于它身躯庞大（它仅有 23 厘米长），而是因为它的毒性极为致命，会让其他生物全都心生恐惧。一旦中毒，受害者将无药可救。卢坎讲述了一个名叫穆鲁斯的士兵的命运，他用长矛刺死一只蛇怪之后："毒液迅速沿着武器／延伸到他的手臂；他抽出剑，／从肩膀处将手臂砍断，／然

---

① "Barnacle goose"直译即"藤壶雁"。有人认为，实情恰好相反，这种传说是法国和英国的部分神职人员为了在守斋时开荤而编造出来的。
② 指亚当。
③ 1803 年改为 *Branta leucopsis*（白颊黑雁）。
④ 克罗丰的尼坎德（Nicander of Colophon），公元前 2 世纪的希腊说教诗人。

后安全地凝视着断手，/ 看着它在毒液中毁灭。/ 所以，就算你死了，/ 也只是命中注定！"（*Phars.*, book 9, ll 970–975）老普林尼在《自然史》（*Nat. Hist.*, 8.21）中详细地介绍了它："这种蛇叫鸡蛇，产自昔兰尼加①，

中世纪的鸡蛇（13世纪）

长度不超过12指②。它的头部有一个白色的斑点，就像戴着一顶王冠。当它发出咝咝声的时候，其他所有的蛇都会转身逃窜。它不会像其他蛇类那样缠卷在各种物体上移动，在它前进时，会把身体的中央部分高高地抬起。不要说被它的身体碰到，就连感受到它的呼吸，都会使灌木枯萎、草地焦枯、岩石碎裂。动物受到的影响更为悲惨，曾经有一个人骑着马用长矛刺杀了一只这种生物，结果毒液沿着长矛延伸到他身上，不仅他自己，就连他所骑的马也被毒死了。可是，对这只可怕的怪物而言，黄鼬放出的臭气却是致命的——这样的事情已经被尝试过，国王们十分希望看到这种生物顺利被杀。值得庆幸的是，在自然的意旨之下，所有东西都有它的天敌；只要把蛇怪扔进黄鼬的洞里（地面上到处都是，很容易找到），黄鼬就会用臭气把它杀死，同时自己也因蛇怪的毒性而丧命。自然的斗争就这样完结了。"在公元2世纪，著名的罗马医生盖伦③（*Ther. Pis.*, viii）认为，鸡蛇最非凡的能力是，它一眼看到就能立即杀死其他生物。

到了7世纪，塞维利亚的伊西多尔笔下的鸡蛇已经缩小到15厘米，长出了更多的白斑，不仅是呼吸，就连散发出的气味也能

---

① 昔兰尼加（Cyrenaica），罗马行省，今利比亚东部一带。
② 约24厘米。
③ 盖伦（Galen，约129—约200），罗马帝国时期的希腊医学家。

被黄鼬攻击的鸡蛇（17世纪）

杀死别的生物，伊西多尔还添加了一些更加出人意料的细节："它们像蝎子一样爬行在干燥的地面上。如果它们进入水中，就会使人疯狂、患上恐水病。蛇怪也叫'Sibilus'，意为'咝蛇'，因为它们可以用咝咝声来杀死别的生物。"（*Etym.*, 12.4:6-9）在13世纪的著作《事物本性》第18卷中，英格兰的巴塞洛缪斯[①]生动地讲述了上述内容，同时还添上一条新的细节："它的骨灰可用于炼金术，也就是金属的转换和变化。"

首先，尼坎德描述的这种爬行动物已被确定为如下两种眼镜蛇

---

① 英格兰的巴塞洛缪斯（Bartholomaeus Anglicus，约1203—1272），生活在巴黎的学者，《事物本性》（*De proprietatibus rerum*）是其最著名的著作。

之一（或二者皆是）：埃及眼镜蛇，学名为 *Naja haje*；黑颈眼镜蛇，学名为 *Naja nigricollis*（Alexander, 'Ev. Bas.', 170-81）。尽管埃及眼镜蛇可以长到 2

阿尔德罗万迪的鸡蛇（1640 年）

米长，比尼坎德和普林尼的记载大得多，但它却符合其余大多数细节：在埃及，外观很像黄鼬的狐獴会捕食这种蛇类；它的毒液很危险，哪怕留在受害者身上的毒液也是；它的皮褶足以令人联想到王冠，从而赋予了它高贵的名声。所有会喷射毒液的非洲眼镜蛇都可以用来解释鸡蛇在远距离杀死其他生物的能力。此外，古埃及艺术中的眼镜蛇更加符合它的特性，例如以直立姿势移动、皮褶往往被看成太阳盘，大小也更接近真实尺寸。5 世纪的赫拉波罗[①]是第一个发现鸡蛇与埃及的**乌拉埃乌斯**有联系的人（*Hieroglyphica*, i. I.）。

  直到 17 世纪，对鸡蛇的绘画表现都是艺术家全凭想象画出来的，这使得这种怪物的样子与真正的毒蛇差距甚大，在某些例子里，看上去更接近**蛇鸡**，例如，在约翰尼斯·思达比斯[②]的《迷宫》（*De Labyrintho*, 1510）中，鸡蛇看起来就极像蛇鸡，相比之下，在爱德华·托普塞尔[③]出版于 1607 年的著作《四足兽的历史》（*The History of Foure-Footed Beasts*）中，鸡蛇的样子则是一条长着鸟冠、看起来相当普通的蛇。关于鸡蛇的传说获得明显而确凿的证据，是在 1640 年出版的阿尔德罗万迪[④]所著《蛇与龙的历

---

[①] 赫拉波罗（Horapollo），5 世纪的罗马学者，其著作《象形文字》（*Hieroglyphica*）是从古典时代流传下来的唯一一本试图解读埃及象形文字的文献。
[②] 约翰尼斯·思达比斯（Johannes Stabius，1450—1522），奥地利制图师。
[③] 爱德华·托普塞尔（Edward Topsell，1572—1625），英国牧师、作家。其作品中的一些动物插图流传甚广。
[④] 乌利塞·阿尔德罗万迪（Ulisse Aldrovandi，1522—1605），意大利博物学家。

史》(*Serpentum et Draconum Historiae*)中——这本书的卷首插图就装饰着几条鸡蛇（或龙）。书中的条目叫"用鳐鱼制成的鸡蛇"(*Basilicus ex raia effictus*)，正如其名，它是一件赝品（**简尼·翰易韦**）。当然，一件赝品可以被伪称为范围广泛、名目繁多的生物，如龙、鸡蛇、**海鹰**、**海主教**、**海僧侣**等。阿尔德罗万迪在他之前的书（1613年出版）中也展示过一个简尼·翰易韦，但这次是他第一次将一个简尼·翰易韦称为"鸡蛇"。事实上，他总共展示了两只"鸡蛇"：第一只是典型的被加工处理过的鳐鱼，有着发达的头部和卵形的身体；第二只更加异乎寻常，有一个王冠、八条腿，以及特别阴沉的表情。弗朗西斯·马克西米利安·米松[①]曾于17世纪末在意大利见过一只"鸡蛇"，并描述了其制造工艺："这件赝品纯属人工制造，充满欺骗性。他们会用某些工艺处理小鳐鱼：抬起它的鳍以做成翅膀的形状，为它安上一个尖锐如飞镖的小舌头，添加珐琅质的爪子和眼球，再把其他一些小玩意以巧妙的方式拼接到一起。这就是制造鸡蛇的全部秘密。"(*New Voyage*, I, 134-5; Gudger, 'Jenny Hanivers', 511-23)

## 巴斯穆 | Bašmu

这是一条由**提亚玛特**所生的"毒蛇"，出自巴比伦创世史诗《埃努玛·埃利什》(*Enuma Elish*)。在被神祇马尔杜克[②]或尼努尔塔[③]击败后，巴斯穆成了一只行善的恶魔，被用来守卫门户，以抵

---

[①] 弗朗西斯·马克西米利安·米松（Francis Maximilian Misson，约1650—1722），法国作家、旅行家。
[②] 马尔杜克（Marduk），巴比伦神话中的众神之首，战神、巴比伦的城邦神。
[③] 尼努尔塔（Ninurta），苏美尔神话中的主神恩利尔（Enlil）之子，战神、拉格什（Lagash）的城邦神。

御邪恶的影响。它的黏土像会被埋在门槛下，门槛上还刻有铭文，如"邪恶去，和睦来"。（Wiggerman, *Mes. Prot. Sp.*, 49）

### 角毒兽 | Beannach-Nimhe

这是一只苏格兰的"有角怪物"或"有毒的有角兽"，苏格兰盖尔语"Beannach-Nimhe"的字面意思是"有角的毒药"。它的血有魔力。南尤伊斯特岛①的唐纳德·麦克菲（Donald MacPhie）曾提供过一个奇怪的故事，是关于英雄马努斯（Manus，或称Mhannis、Magnus）与角毒兽的："光之王"的儿子"白矮精"（White Gruagach）②命在旦夕。马努斯问他何至如此，他回答道，只要躲在"燃烧的石头"下面的三条鳟鱼平安无事，他就能永远生存下去，但马努斯的妻子捕获了其中一条，现在正在火上烤它。马努斯又问："这个世界上有什么东西能够治好你？"白矮精道："'伟大世界之王'有一只角毒兽，如果你能取到它的血，我就能康复如常。"当他们到家的时候，白矮精已经断气了；马努斯发现自己的船"花斑船"被盗了，他的一位义兄弟告诉他，"伟大世界之王"的儿子布罗德拉姆（Brodram）偷走了它。于是马努斯便去质问布罗德拉姆为何要偷自己的船。"布罗德拉姆说，这条船是马努斯先从自己那里偷来的，马努斯无权保有它。他还说，他的父亲有一只'有毒的角'（生物），如果那只角毒兽不被杀死，他的父亲就会永远活着，而如果它被杀死，他就能继承王位了。"于是，马努斯和布罗德拉姆一起行动，发现"这只'有毒的有角兽'在一个园子里"。他们放出一只狮子，狮子"一爪

---

① 南尤伊斯特岛（South Uist），苏格兰外赫布里底群岛中的一个岛屿。
② "Gruagach"为棕精灵（Brownie）的苏格兰盖尔语名字，这是苏格兰及英格兰北部传说中的一种小精灵。

就撕开了'有毒的有角兽'的喉咙"。角毒兽死了,"伟大世界之王"也随即丧命。布罗德拉姆继位,而马努斯带着角毒兽的血返回,用它救活了白矮精。('The Lay of Magnus' in Campbell, *Pop. Tales*, III, 378-9)

## 《启示录》中的兽 | Beast of the Apocalypse

这只出自《圣经·启示录》的著名怪物实际上是两只"兽":"从海中上来的兽"和"从地中上来的兽",它们最后都被扔进了"硫磺的火湖"。普遍的共识是,"兽"是在影射罗马帝国,"兽的数目"666是在影射罗马皇帝尼禄[①](54—68年在位)。《启示录》写于公元1世纪后期。两只兽指罗马帝国和罗马宗教,特别是帝国官方崇拜——尼禄宣称自己是太阳神阿波罗,并受到崇拜,等等。然而,对"兽"的解释有各种各样的版本。例如,在中世纪,有人认为"兽"是教皇英诺森三世,有人认为"从地中上来的兽"是伊斯兰教先知穆罕默德——就像我们在伦敦维多利亚和阿尔伯特博物馆中看到的由伯特伦大师[②]创作于1400年前后的《启示录》祭坛画中所画的那样。中世纪的一些记载又给"兽"增加了吐出青蛙的能力。虽然它的影射对象是明确的,但"从海中上来的兽"的恶魔形象也有一个古老的神话原型,那就是巴比伦神话中的大海龙**提亚玛特**。(Barton, 'Tiamat', 26-7; O'Hear, *Pict. Apoc.*, 131-54)

---

① 这是当时流行的一种神秘主义计数法,为每个希伯来字母赋予一个特定的数字。根据这种算法,希腊语版的"尼禄皇帝"(Nero Caesar)一语的希伯来字母所对应的数字加起来是666、拉丁语版的对应数字加起来是616。
② 伯特伦大师(Master Bertram,约1345—约1415),德国宗教画家,以祭坛画著称。

从地中上来的兽（13世纪）

## 从海中上来的兽 | Beast out of the Sea

从海中上来的兽（1805年）

这只兽来自深渊或地狱，最初出自《启示录》11:7："那从无底坑里上来的兽，必与他们交战，并且得胜，把他们杀了。"《启示录》13:1-10 称这只怪物"从海中上来"；假定的《启示录》作者拔摩岛的约翰①站在海滩上，"看见一个兽从海中上来"。它有七头、十角，在十角上戴着十个冠冕，"七头上有亵渎的名号"，无论这意味着什么。约翰描述，兽的"形状像豹，脚像熊的脚，口像狮子的口"，它直接从"龙"，即魔鬼那里获得权柄。兽炫耀自己的某种自愈能力，使人们崇拜它。它也能说话，有着"说夸大亵渎话的口"。它统治世界四十二个月，与圣徒争战。稍后，一位天使在《启示录》17:7-18 向约翰解读了兽的含义，七头是七座山和七位王，"五位已经倾倒了，一位还在，一位还没有来到"。十个冠冕也是王的，不过"他们还没有得国"。水代表"多民、多人、多国、多方"。当兽后来被"巴比伦的大淫妇"骑着的时候，它的颜色被描写为红色。从中世纪开始，这只兽被称为反基督。

---

① 拔摩岛的约翰（John of Patmos），一般认为即使徒约翰，因为他曾被放逐到拔摩岛。亦有观点认为此人为另一人物。

### 从地中上来的兽 | Beast out of the Earth

在《启示录》13:11-18 中,约翰看见另一个兽从地中上来,"有两角如同羊羔,说话好像龙"。对它的样貌没有别的描述,虽然后来的艺术家会把它画成人形或直立的羊形。例如,在佛兰德《启示录》①(作于约 1400 年)中,这只恶魔被画成了一只穿着方济各会修士服装的羊羔。它会行各种奇事,以确保所有人都崇拜前一个兽。它会让这些人给兽作像,让所有人都接受一个不名誉的"印记,或兽名,或兽名数目",约翰揭示出这个数字是 666,其他某些版本认为这个数是 616。这个兽也被认为是"假先知"。

### 烧焦森林之兽 | Beast of the Charred Forests

在苏格兰的萨瑟兰郡,曾经覆盖整片地域的古老森林全都毁于"一只残忍而强大的怪物,它游荡在苏格兰北部,呼吸喷出的火焰与它如影随形。作为证据,很多上了年纪的当地人都可以指出被泥炭藓覆满、业已烧成焦炭的松树残桩。当得知怪物正在潜近这里时,整个地区的居民都逃到了安全的地方"。于是,它以"烧焦森林之兽"一名在萨瑟兰广为人知。(MacGregor, *Peat-Fire Flame*, 83)

### 热沃当兽 | Beast of Gévaudan

所谓的"狼中的拿破仑·波拿巴"。据罗伯特·路易斯·史蒂文森记载(*Travels*, 42),一只巨狼曾于 1764—1767 年间在法国的热沃当(现洛泽尔省)地区发动了一系列袭击,据说有大约一百

---

① 这是一个佛兰德语的《启示录》抄本,有许多精美的插图。

人死于它的爪下。恐怖终结于 1767 年 6 月 19 日,该日,一个叫让·夏斯特尔(Jean Chastel)的农民射杀了一只大型动物。它的剥制标本被送往巴黎,受到了著名博物学家布丰[①] 的检查。这件标本被收藏在巴黎的国家自然历史博物馆中,直到 1819 年。(Eberhart, *Myst. Creat.*, I, 74-5)

## 贝希摩斯 | Behemoth

这是一只出自《圣经·约伯记》的怪物(40:15-24):"你且观看贝希摩斯[②]。我造你也造它,它吃草与牛一样。它的气力在腰间,能力在肚腹的筋上。它摇动尾巴如香柏树,它大腿的筋互相联络。它的骨头好像铜管,它的肢体仿佛铁棍。它在神所造的物中为首,创造它的给它刀剑。诸山给它出食物,也是百兽游玩之处。它伏在莲叶之下,卧在芦苇隐密处和水洼子里。莲叶的阴凉遮蔽它,溪旁的柳树环绕它。河水泛滥,它不发战,就是约旦河的水涨到它口边,也是安然。在它防备的时候,谁能捉拿它?谁能牢笼它穿它的鼻子呢?"在旧约中,贝希摩斯一名只见于《约伯记》。值得注意的是,它与利维坦一起被提到;后来的伪经《以诺书》(1

贝希摩斯(1863 年)

---

① 布丰(Georges-Louis Leclerc de Buffon,1707—1788),法国博物学家。
② 《圣经》和合本将此处的 "Behemoth" 译作 "河马"。

Enoch 60:7-8）将利维坦、**席兹**和贝希摩斯分别称为海洋、天空和大地的原初之力。据说，贝希摩斯居住在伊甸园东方某处的隐秘沙漠之中。一些观点认为，它就是大象或河马。

## 贝尔 | Beithir

这个名字是苏格兰盖尔语（亦称"beathrach"；复数为"beithrichean"和"beathraichean"），读作"beir"，指的是一只熊、一条蛇、一道雷霆、一阵强风，以及苏格兰的**龙**；亦称"beithir-nimh"，"毒蛇"，或"uile-bheist"，"龙"。凯尔特的英雄传说中出现过好几条龙，例如在故事"芬恩在布拉布伊宅邸"（Finn in the House of Blar-Buie）中，芬恩①与谢尔（Sheil）的一条有翼的双头龙战斗过；在故事"剥皮刽子手"（The Bare-Stripping Hangman）中，爱尔兰王的儿子阿拉斯提尔②与"幽暗城堡"（Gloomy Castle）里的一只巨大而凶残、有七个蛇头、长着毒刺的龙战斗过。据民俗学家亚历山大·卡迈克尔（Alexander Carmichael，1832—1912）记载，苏格兰曾经有巨蛇出没："如今在高地地区，蛇的体形很小，也不常见，但它们曾经也是身躯巨大、为数众多的。本世纪③初，曾有一条大蛇在艾拉岛④上的拜勒摩奈德（Bailemonaidh）被打死，根据测量，它全长 9 英尺，周长 18 英寸：在某个牧牛人的夏季窝棚旁附设的储奶小仓库里，每天晚上过后，都会少很多新鲜牛奶。经过一番搜索，人们在附近一个长满青草的小丘上发现了牛奶的

---

① 芬恩·麦克库尔（Fionn mac Cumhaill），凯尔特神话中主要的英雄之一。
② 阿拉斯提尔（Alastir），与芬恩同时代的爱尔兰王康马克·麦克阿特（Cormac mac Art）的弟弟。
③ 这里指 19 世纪。
④ 艾拉岛（Isle of Islay），苏格兰内赫布里底群岛最南端的岛屿，靠近爱尔兰。

痕迹，一条蛇正盘在丘顶，在夏日的阳光下熟睡；它立即被惊醒，直立起来，发出咝咝的声音，愤怒地猛扑过来。打死它之后，人们在它那大为扩张的胃里发现了几只红雀、鸫、鹨、云雀和画眉，以及多得令人难以置信的牛奶。仅仅几年前，在罗斯郡东部还打死了一条比这更大的蛇：一对训练有素的马在附近工作的时候，对某只爬行动物的存在表现出恐惧和焦虑。尽管人什么也看不见，但马剧烈地颤抖着，鼻孔扩张，眼睛盯向一个地方，表现出强烈的恐惧，人们很难阻止它们逃开。经过一些迟延和麻烦，人们找到蛇，打死了它。马重新平静下来，但在往后的几天里一直表现出恐惧的影响。"（*Carm. Gad.*, II, 334-5）在苏格兰盖尔语中，"河龙"被称为"Croghall mor"。（Campbell, *Celt. Dragon*, passim; MacDougall, *Waifs*, 62, 98-9; MacDougall and Calder, *Folk Tales*, 95-8）

## 贝努 | Bennu

"吾乃贝努鸟，居于安努者。吾乃保管者，保管'如今所在者'暨'未来将现者'之书卷。"（摘自《死者之书》第17章，英译文引自 Budge, *Egypt*, 282）古埃及神话中的贝努，或称"Benu"，是太阳的象征，象形文字为一只苍鹭或一只站在金字塔上的苍鹭。这个词也被用来称呼海枣树，它是另一个重生的象征，因为海枣树被认为能够不断再生。就像太阳每天早晨都重生一次那样，贝努鸟也每天反复死而复生。它的样子被画在《死者之书》（写于古埃及的新王国时期，约前1600—约前1200年）中，首先出现在第17章，然后出现在"变为贝努鸟"一章（ibid, 339）。贝努鸟被认为是古希腊的**不死鸟**的原型。

## 有角怪 | Biasd-na-scrogaig[①]

这是一种苏格兰的独角兽,在斯凯岛[②]叫"Beisd"或"Biasd-na-scrogaig",在其他地方叫"Buabhall"或"Buabhul",亦称"Aonadharcach"或"Aonbheannach"。正如亚历山大·罗伯特·福布斯记载的那样(*Gaelic Names*, 224):"这种野兽有一支高耸的角,据说是斯凯岛特有的,名叫'Biasd-na-scrogaig',但它也的确在外赫布里底群岛广泛存在。按照一般的描述,它在额头上生着一只角,居住在某些海湾中(一些传说还给它加上了长腿,说它笨拙而不雅,高大而行动不便)。现在,聪明的推测是,它可能是离开了北极海域的一角鲸,也就是说,在一些如今称为'独角兽之海'的地方,人们过去可能看到过这种有角的动物。独角兽是麦格雷戈氏族[③]纹章的右侧护盾者。"

## 大脚怪 | Bigfoot

大脚怪的踪迹始于1869年,那一年,有一个猎人在加利福尼亚州的奥瑞斯蒂伯溪(Orestimba Creek)附近目击到了一对大约150厘米高的猿猴状生物。但这个名字直到1958年才出现,当时有人在加利福尼亚州的布拉夫溪(Bluff Creek)附近发现了巨大的脚印,当地的报纸为它们起了这个绰号。各种报告将它描述为一只巨大的灵长类动物或某种多毛的人类亚种,估计的身高可达275厘米,脚长50厘米。为了解释它,人们提出了难以胜数的理论,但多年以来,很多案例已被证明是对熊的误认(特别是在其直立行走时),此外还有很多恶作剧。争论仍将持续下去。加拿大不列

---

① 盖尔语。"biast",怪物;"sgrogaig",小角。
② 斯凯岛(Isle of Skye),苏格兰内赫布里底群岛最北及最大的岛屿。
③ 麦格雷戈(MacGregor)氏族,苏格兰氏族之一。

颠哥伦比亚省的原住民对类似的生物有自己的称呼，其英语化的形式为"Sasquatch"。参见**雅胡**和**耶提**。（Eberhart, *Myst. Creat.*, I, 84-9; II, 495）

## 布拉-格玛｜Blá-góma

这是冰岛民间传说中的一种鱼，它是海里最丑的鱼。据奥拉夫·戴维森（Olaf Davidson）记载："据说，这只恶心的动物是女王，会用每一种能想到的方式迫害自己的继女，让其随着刑罚的方式而变形。西海岸的渔民对它非常反感，当他们钓到它的时候，宁可切断鱼线也不愿把它放上船。"（'Folk-Lore', 329）戴维森认为它是鮟鱇（学名为 *Lophius piscatorius*），这种鱼分布在欧洲附近海域，可以长到 2 米长，而外貌当然丑陋不堪。

## 黑犬｜Black Dog

在整个不列颠群岛和爱尔兰岛上都流传着关于一只恐怖的黑狗的故事。它的一般习惯是在人迹罕至的小路上出没，与它相遇是死亡的预兆。不同的地区对它的称呼各自不同：**犬魔**（英格兰北部）、**黑犬魔**（诺福克郡）、**卡佩斯怀特**（威斯特摩兰郡和约克郡）、**加里-特罗特**（萨福克郡）、毛扎·多格或摩迪·杜（马恩岛）[①]、斯克里克或**特拉斯**（兰开夏郡）。也有一些地区只是单纯地称其为"黑犬"，如"金洛赫伯维的黑犬"（埃斯克河谷）[②]。除了超自然的黑狗之外，自然的黑狗也可能产生超自然效果："用黑狗的

---

① 毛扎·多格（Mauthe Doog）、摩迪·杜（Moddey Dhoo），皆为马恩岛语"黑犬"之意（同一名称的不同拼法）。
② 埃斯克河谷（Eskdale）位于坎布里亚郡。

胆汁做成香水，和它的血一起涂在房柱和墙壁上，就可以制出能让魔鬼和女巫通过的门。"（Scot, *Disc. Witch.*, 151-2）（Dyer, *Ghost World*, 111; Seymour and Neligan, *True Irish*, 216ff.）

## 黑犬魔 | Black Shuck

亦称"Shuck Dog""Old Shuck"，是一只超自然的**黑犬**，主要出没于诺福克郡，但埃塞克斯郡、萨福克郡和剑桥郡的部分地区也有它的踪迹。它被描述为一条大狗，大如牛犊，有蓬乱的黑毛和巨大的黄色眼睛，有时又只有一只眼睛，偶尔还没有头。与它相遇永远是死亡的预兆。据说，如果事后检查它出现过的地方，会发现烧焦的痕迹和硫磺的气味。（L'Estrange, *East. Count. Coll.*, 2; Hartland, *Eng. Fairy*, 237-8）

## 波纳苏斯 | Bonasus

亦称"Bonnacon"。在一片古代称为彼奥尼亚（Paeonia，今马其顿、希腊北部、保加利亚西南部）的土地上，栖息着波纳苏斯。它的样子像公牛，长着马的鬃毛，角向内弯，通常会用一种特殊能力——向后喷射燃烧的粪便来对付追逐它的敌人。据老普林尼记载："据说，在彼奥尼亚有一种叫波纳苏斯的野兽。它长着像马一样的鬃毛，但其余的部分都像公牛。它的角向内弯，无法用来攻击，在遇到危险时只能逃跑。但另

波纳苏斯（中世纪）

一方面，它有时会把粪便喷射到自己后方约三犹格见方的范围内，这些粪便极为灼热，追逐它的敌人如果碰到，就会被烫伤。"(*Nat. Hist.*, 8.15)这种生物还以"Bonnacon"之名出现在中世纪的动物寓言集中，例如被称作《阿伯丁动物寓言集》①(fol. 12r)的12世纪手稿，以及13世纪的《罗切斯特动物寓言集》②。后来，欧洲野牛的学名被定为 *Bison bonasus*。

## 包伯利 | Boobrie

这种生物是另一个版本的**埃赫-乌斯吉**或**凯尔派**，但是更加恶毒。它出自苏格兰高地地区，据说可以变成马、牛或鸟。有一个传说是关于马尔岛③上的弗里萨湖（Loch Frisa）中的怪物的：一个佃农和他的儿子在犁地，但地很硬，他们不得不用四匹马拉犁。这时，其中一匹马丢了一个蹄铁，无法继续工作，但他们离最近的铁匠铺有九英里，看来将有很长一段时间无法犁地。幸运的是，这时他们看到一匹无主的马正在湖边吃草，他们轻而易举地抓住了它，把它系在犁前。这匹马似乎懂得怎么拉犁，它把犁拉过上坡和下坡；然而，当这几匹马拉到田地尽头的垄沟，佃农试图让它们调头时，新来的这匹马很不情愿。于是，佃农给了它很轻的一鞭子。那匹马随即发出惊天动地的嚎叫，变成一只巨大的鸟，带着其他的马和犁飞了起来，在飞到一定的高度之后，就带着那些马和犁一头扎进湖里。(Campbell, *Pop. Tales*, IV, 307-8; Howey, *Horse Magic*, 145-6)

---

① 《阿伯丁动物寓言集》(*Aberdeen Bestiary*)，一份12世纪的带插图手稿，现藏于阿伯丁大学图书馆。
② 《罗切斯特动物寓言集》(*Rochester Bestiary*)，一份13世纪的带插图手稿，现藏于大英博物馆。
③ 马尔岛（Isle of Mull），内赫布里底群岛中的一个岛屿。

## 巴拉格 | Brag

参见**皮克崔·巴拉格**。

## 布兰 | Bran

据说这是一只生活在爱尔兰凯里郡的布林湖（Lough Brin）中的**湖龙**："在我们的渔场附近，有一个美丽的湖。它是布莱克沃特河的源头，叫布林湖，或者以那只生物现在的名字命名，叫布兰湖——那是一只栖息在湖里的可怕的湖龙。这个人还记得，小船上的人会带着敬畏谈论布兰；他告诉我，他从来没有见过布兰，也永远不希望见到。"（Le Fanu, *Sev. Yrs*, 107）有人声称自己见过它：1940 年，有一个 20 岁的年轻人，那一年还有另外两个目击记录；1954 年 12 月 24 日，一个叫蒂莫西·奥沙利文（Timothy O'Sullivan）的当地农民见到"两片巨大的鱼鳍耸出水面"。参见**皮阿斯特**。

## 巴克兰的不伦不类之物 | Buckland's Nondescript

所谓"不伦不类之物"是 19 世纪在英国作为奇物展览的一些奇怪物种。弗朗西斯（弗兰克）·特里维廉·巴克兰[①]拥有"皇家鲑鱼渔业检查官"等头衔，他描述过几个此类物种，如"经防腐的不伦不类之物"，其实是多毛症患者朱莉娅·帕斯特罗娜[②]经过防

---

[①] 弗兰克·特里维廉·巴克兰（Frank Trevelyan Buckland，1826—1880），英国外科医生、动物学家、博物学家。
[②] 朱莉娅·帕斯特罗娜（Julia Pastrana，1834—1860），19 世纪的一位著名的先天性多毛症患者，生前曾在多国进行巡回演出，死后遗体受到防腐处理，被作为奇物展出，直到 2013 年才被正式安葬。

腐处理的遗体。他最重要的发现来自韦勒姆（Wareham）先生的"中国奇物经销店"，该店位于伦敦莱斯特广场圣玛莎大街的一个角落里。他将之形容为"我所见过的最不寻常的东西"。在询问它的来历时，韦勒姆回答，他是从"一位老绅士"那里买下的。他无法在店里检查这只生物，因为它被认为过于贵重，不能从玻璃盒子里取出来。于是，巴克兰买下了它，把它带回家进行进一步检查："这只不伦不类之物的大小和三个月大的婴儿相仿，而且，据我的一个脾气暴躁的单身汉朋友说，'样子真的很像'。它肩上有两只翅膀，就像以前军服上的金属饰带，每个翅膀的翼尖和所有指尖都有爪子。这些翅膀制作得如此巧妙，让人觉得，它们随时都会像蝙蝠的翅膀一样展开或张开，使这只生物随心所欲地出于正事或消遣的目的飞起来。它的臂部惊人地像人类，看起来就像干燥的皮肤迅速萎缩到骨头上，腿部也表现出相似的外观。而它的手和脚则像恶魔，瘦而长，看起来残忍无情，每个手指及脚趾上都有可怕的爪子。肋骨可怕地凸出，仿佛这只不伦不类之物最近一直处于饥饿之中，而且已经营养不良好一段时间了。头部大概和一只特别大的苹果一样大。耳朵像非洲象一样向外侧及下方突出。脸上充满皱纹和扭曲；鼻子像猪鼻子；眼睛像鳕鱼眼睛；牙齿与前面描述的人鱼牙[①]相同，在上下颌各长着两排，前面还有突出的尖牙。在这可怕的面容上方，是粗糙而蓬乱的、像细羊毛一样的头发，短发的发型和监狱里的犯人一模一样，就好像这只不伦不类之物惹上了一些麻烦，最近刚刚'被放出来'。我觉得更可能的是，它是因为这副我从未见过的邪恶面孔被关起来的；一个警察单凭这一点就足够逮捕它了。"依靠手术探针，巴克兰能够确定，这只生物的体内没有骨头，只有软木支架（他认为是雪

---

① 即鲇鱼牙。

松）；在支架外面，制作者用纸黏土'捏出最巧妙的皱褶，用完美的笔触上色、画出阴影，赋予它犹如某种曾经存在过的生物的干燥标本的样子。'"参见 P. T. 巴纳姆的斐济人鱼（见**人鱼**），以及**沃特顿的不伦不类之物**。（Buckland, *Curiosities*, 139-42）

## 班尼普 | Bunyip

　　这是澳大利亚原住民传说中的一种栖息在水中的怪物，约有15米长，头部像蛇。它也被描述为：身上层叠覆盖着庞大的鳞片，就像铠甲；有一条长颈鹿一样的长脖子；背上有垂下的鬃毛；长着两条短腿和四只巨爪。一份1855年的记载把它描述为半马半鳄鱼；一份1865年的记载则称它的大小像大象，外形像公牛，眼睛像燃烧的煤块，长长的尖牙像海象的长牙；又有说法称，它长着无数的眼睛和耳朵。根据报道，1849年，一个班尼普的头骨曾在悉尼的殖民博物馆（Colonial Museum）展出；1872年，一个关于它的故事发表在《瓦嘎广告报》（*The Wagga Wagga Advertiser*）上，作者宣称自己亲眼见到了一只班尼普："这真的是一只班尼普或称瓦威（Waa-wee），实际上离我们并不远……就在纳劳德拉（Naraudera）以北十六英里的米戎（Midgeon）潟湖里，我看到一只生物以极快的速度从水里游过。这只生物大约有

班尼普（1890年）

普通猎犬的一倍半长，全身乌黑发亮，皮毛很长。"（Morris, *Austral English*, 66-7）根据推测，这些传说应该是源自鳄鱼，但最后一个故事也可能源自海豹。类似的生物还有班尼阿（Bunnyar），与班尼普有亲缘关系，但比它更加可怕。参见**明迪**。（Calvert, *Aborigines*, 38-9; Lloyd, *Thirty-Seven Years*, 466-7）

## 凯尔埃赫-乌斯吉 | Cailleach-Uisge

这是一种苏格兰的**塞壬**或水女巫,名字来自盖尔语①:"凯尔埃赫的年龄老迈,覆盖着水草,但她的声音十分年轻。在旁观者眼里,她似乎总是坐在光辉里,看起来年轻而美丽。她有两只海豹作为魔宠,一只呈坟墓的黑色,另一只呈寿衣的白色。如果水手嘲笑水女巫的歌,这两只海豹就会把他们的船弄翻。大约一百年前,一个男人曾用鲱鱼拖网捕到其中的一只,他把它拖上船,但那只海豹用头部和弯曲的爪子疯狂地撕扯,很明显,网无法在这样的情况下坚持太久。那男人听到哭喊声、尖叫声,然后是低声的说话和喃喃自语,就像一个疯女人在发出这些声音。在恐惧中,他把网扔进大海,但一小部分网夹在座板上,被撕了下来。后来,在被撕下来的那部分网里,他发现了一束女人的头发。斯通斯(Stones)讲述的故事就是如此。"(Macleod, *Wind and Wave*, 81-2)

## 凯特·希 | Cait Sith

这是凯尔特民间传说中的一种仙灵猫,称为"Cait Sith"②,爱

---

① "Cailleach",对这种鬼婆(Hag)的专称;"uisge",水。
② 盖尔语。"cait",猫;"sith",仙灵(读作"shee")。

尔兰语是"Cat Sidhe"。它通常是黑色的，身形巨大，一般有说话的能力。在它的身上混合着女巫和恶魔的故事；据说一只黑色的凯特·希守卫着爱尔兰劳斯郡的一座山丘堡垒下的宝藏。为了引诱它，可以在午夜杀死一只羊羔，在离开堡垒的路上一路滴下羊羔的血，一直滴过架在溪流上的一座小木桥。猫会追逐血迹前来，一旦它越过溪流，就会失去魔力，从而可以被杀死。然后，洞穴的入口就会打开，露出里面的宝藏。据说，泰隆郡的卡纳盖特（Carnagat）古墓[①]是这些猫的据点，一种说法称，这个名字来自"Carraig na geat"（猫冢）。这些猫会在周围的乡村徘徊，窃取谷物。一首苏格兰歌谣讲道："那些猫来了，／那些猫来了，／那些猫来了，／那些猫来了！／它们闯入我们的家里，／糟蹋东西，／偷走母牛，／伤害马匹，／拔光草场，／它们已经来了！"（Carmichael, *Carm. Gad.*, II, 362）一般来说，猫总是会受到怀疑。人们有时会认为，烦扰自己的猫是由附近的女巫所变。斯凯岛上的一个故事就说明了这一点：多年来，一个挤奶女工一直为一只会偷喝大量牛奶的猫感到极度困扰。有一次，这只猫喝得太多，无法动弹，这个女工砍断了它的一只爪子。后来，有人发现一个住在附近的女人失去了一只耳朵。猫也被联系到其他黑暗力量：一个名叫"恶魔猫"的故事说，爱尔兰康纳马拉（Connemara）的一个卖鱼妇被一只巨大的黑猫困扰，它会吃掉她所有最好的鱼；直到她把圣水浇在它身上，它才在浓厚的黑烟中燃烧殆尽。根据记载，在苏格兰西部高地有一种恐怖的魔法仪式"Taghairm"（唤鬼术），或称"请魔鬼吃晚餐"，施法者可以通过活活烤死一只猫来召唤魔鬼，魔鬼会为他实现一个愿望或

---

① 这是一座新石器时代的墓葬，在克洛赫（Clogher）村附近，有石砌的墓室，约建于公元前 3000 年。

回答一个问题。这道法术有三个得到记录的实例,施法者分别是:偷牛贼艾伦(Allan),来自洛哈伯地区的戴尔阿凯特(Dail-a-chait,猫的原野);杜恩·拉克兰(Dun Lachland),来自马尔岛上的佩尼格温(Pennygown);一个奎森(Quithen)氏族的人,来自斯凯岛东部的安埃格莱斯布雷吉(an Eaglais Bhreige,虚幻洞窟)。(Campbell, *Sup. High.*, 5, 304-11; MacGregor, *Peat-Fire Flame*, 267; Morris, 'Feat. Com.', 172; Wilde, *Anc. Leg.*, n.p.; Wulff, 'Carnagat', 41)

### 卡拉德里乌斯 | Caladrius

亦称"charadrius",是一种小鸟,从前的人相信,病人长时间盯着它可以治疗黄疸。普鲁塔克在公元1世纪记载道(*Symp.* 5.7):"我们知道,那些患有黄疸的人经常盯着'charadrius'鸟以治愈疾病。这种小动物似乎被赋予了这样一种性质和特征,它会把疾病猛烈地吸引到自己身上,让它像一道水流一样从病人的眼睛里流出,滑向自己的身体。"老普林尼也听说过这种鸟,但他称其为"icterus"(黄疸鸟),并且怀疑它和**伽古鲁斯**是同一种鸟(*Nat. Hist.*, 30.28[11])。大多数中世纪的动物寓言都记载了这个传说,一般将其拼为"caladrius",并将其描述得像一只白色的海鸥,但普鲁塔克的英译本常将"charadrius"译为"鸻"或"金黄鹂"。这个名字现在被用作鸻属鸟类的学名(*Charadrius*)。(Druce, 'Caladrius', 381-416)

卡拉德里乌斯(13世纪)

## 卡德里亚 | Caldelia

亦称"Caldelion",是一只生活在地中海的**海怪**:"6月9日,在沿着科西嘉和撒丁岛的海岸航行的时候,我们看到了一只海怪,它在同一天中出现了好几次,还从鼻子里喷出高高的水柱。它被称为'caldelia',据说经常在暴风雨来临之前出现。星期一,发生了一场风暴,足足历时四天。"(Smith, *Travels*, 1792年,引自 Brand, *Pop. Antiq.*, 536)

## 卡吕冬野猪 | Calydonian Boar

亦称"Caledonian",是希腊神话中的一头庞大而力大无穷的野猪。它由**克罗米翁牝猪**所生,阿尔忒弥斯为了惩罚卡吕冬国王俄纽斯(Oeneus),命令它去袭击卡吕东的田地和牲畜,阻止人们播种。俄纽斯许诺把野猪皮赏给能够杀死它的人,于是一群最卓越的希腊人便去追捕它,其中包括英雄伊阿宋和忒修斯;墨勒阿革洛斯给了野猪最后一击,但得到野猪皮的是最先伤到它的阿塔兰忒。(Apollodorus, *Library*, 1.8)

## 剑桥半人马 | Cambridge Centaur

这是一件**简尼·翰易韦**,由杰弗里·霍普金斯(Geoffrey Hopkins)制于1962年,在剑桥大学兽医解剖学分部(现已被新设的"生理学、发展和神经科学部"吞并)一直放到1993年。这是一具约60厘米高的骨架,制作者打算让它成为剑桥大学兽医协会的吉祥物。它的头部和躯干来自一只猕猴,固定在一只小狗的身体上。(Bailey, *Conn.* 108; Dance, *Animal Fakes*, 113-14)

## 鹿豹 | Camelopard

这种生物产自非洲，全称为"Camelopardalis"，又名"Nabis"，意为"野羊"或"骆驼豹"。老普林尼记载道（*Nat. Hist.*, 8.18）："埃塞俄比亚人称它为'Nabis'，它的脖子像马、腿和蹄子像牛、头像骆驼，身体呈红色，有白色斑点，因此人们称它为'骆驼豹'[①]。它第一次现身罗马，是在独裁官优利乌斯·凯撒设立的竞技场上，自那之后，它不时被带到罗马来。它外观的奇异引人注目，但并不凶猛，因此获得了'野羊'这个名字。"在古人看来，这种野兽是骆驼（Camel）和黑豹（Panther）杂交产下的后代——黑豹最初称为"Pard"（拉丁语"Pardus"）。顺带一提，花豹（金钱豹，*Panthera pandus*）也被认为是狮子（拉丁语"Leo"）和黑豹杂交的产物。当然，这种生物其实就是长颈鹿，林奈将它的学名定为 *Giraffa camelopardalis*（努比亚长颈鹿）。

## 坎珀 | Campe

亦称"Kampe"，来自古希腊语"kampos"（弯曲），是一条守护地狱的雌龙。现存最早的关于她的记载来自公元2世纪，说她在塔尔塔罗斯看守着被监禁的百臂巨人和独眼巨人。（Apollodorus, Library, 1.6）一份5世纪的记载最为详细地描述了她："一千条爬虫爬下她毒蛇般的脚，那是一大群畸形的蜷曲物，向远处吐出毒液，使厄倪俄（Enyo）升腾火焰。她的脖子上围着五十个兽首，有些是咆哮的狮头，有些是面容阴沉的出谜者**斯芬克斯**的头，其余的则是从獠牙上飞溅出口沫的野猪头。她的脸与**斯库拉**相似，整齐地挤满了一大堆狗头。她还有另一个女人的身体，位于躯体

---

[①] 即身体像骆驼，而花纹像豹。

中央，头发是口流毒液的蛇群。在她巨大的身躯上，从胸部直到躯干与大腿的交界处，都覆盖着坚硬的、奇形怪状的海怪鳞片。她的手掌宽阔地分开，爪子勾起，就像弯曲的镰刀。从脖子后面，越过那可怕的双肩，她把尾巴高举到自己的喉部，那是一条蝎尾，有冰冷锋利的螫刺，缓缓地移动着，盘卷在她自己的身体上。这融合了诸多动物特征的坎珀正抬起身躯，扭动着，飞过大地、天空和深邃的海洋，拍打一对昏暗的翅膀，吹起狂风、掀起风暴；那塔尔塔罗斯的黑翼女仙，从她的眼睛里喷射出火焰，火花飞溅得很远。"( Nonnos, *Dion.*, II, 18.238ff. ) 她后来被宙斯所杀，因为宙斯要释放她看守的巨人以对抗克罗诺斯。

### 卡佩斯怀特 | Capelthwaite

这是一种超自然的动物，出自旧威斯特摩兰郡[①]和约克郡与其接壤的一些地区。"它可以以任何四足动物的样子出现，但一般现以**大黑犬**的形貌。"位于米尔索普附近的比瑟姆教区的卡佩斯怀特谷仓据说是它的住所；它甚至会帮助农民把羊赶回家，但它不喜欢牧师。约克郡的塞德伯附近的卡佩斯怀特农场也曾被一只这种生物骚扰，那里有五张被填充的牛犊皮，据说是在卡佩斯怀特的影响下奇怪地生产下来的，后来便放在那里作为纪念。( Henderson, *Notes*, 275-6 )

### 夜鹰类 | Caprimulgus

这个名字是拉丁语，源自希腊语的"吸山羊者"（复数为"Capri-

---

① 威斯特摩兰（Westmorland），英格兰历史上的郡之一，位于英格兰北部。1974年并入坎布里亚郡。

mulgi")。最先记载这种鸟类的是亚里士多德（*Hist. Anim.*, c. xxx）："它们会飞到山羊身上吸奶，因此得名。据说，被吸奶的山羊会停止产奶，并且失明。虽然并非全天如此，但它在晚上的视力非常敏锐。"老普林尼记载道（*Nat. Hist.*, 10.40）："'Caprimulgus'是夜间的盗贼，因为它们在白天看不见东西。它们会飞进羊圈，从母羊的乳房上吸奶；这会使羊的奶水逐渐干枯，并且会导致失明。"1544年，威廉·特纳①（Turner, *Birds*, 49-50）记载了他对一种鸟类的探寻："当我在瑞士时，我见到一个老人，他在山上喂养他的羊……我问他是否知道一种鸟，大小类似乌鸫，白天无法视物，但夜间的视力很敏锐。它惯于在黑暗中吸食山羊的乳房，使山羊失明。他回答说，十四年前，自己在瑞士山区亲眼见过许多次这种鸟，也因为它们损失了许多山羊。他曾有六只母羊因这种鸟而失明；但它们现在已经飞离瑞士，去了低地德国，在那里，它们不仅会偷奶、使羊失明，还会杀死那些羊。我问他那种鸟的名字，他说，叫'Paphus'，要么就叫'Priest'（牧师）。但这个老人也许只是在跟我开玩笑。"这种鸟被认为是夜鹰；当然，夜鹰不会吸山羊的乳房。不过林奈还是用这个名字来命名夜鹰，即Caprimulgidae（夜鹰科）。欧洲夜鹰（Nightjar）也被称为**夜渡鸦**。关于另一种"吸山羊者"，参见**卓柏卡布拉**。

## 翼猫 | Cat, Winged

这是一个孤立的标本，名叫"托马斯·贝西"（Thomas Bessy），

---

① 威廉·特纳（William Turner，约1509—1568），英国神学家、医生、博物学家。

性别不详，曾于 20 世纪 60 年代前期在伦敦展出。根据标本附带的故事，在 19 世纪的一天，这只长着翅膀的小猫被一个马戏团的老板发现，他把它搞到了手。当猫的原主人知道这个马戏团的老板靠展览猫赚钱之后，便提起了诉讼，想把猫要回来。法庭支持他的要求，猫被装在一个装有食物的盒子里送回；当它被送到的时候已经死了，据说是因为食物里下了毒。原主人把它做成了剥制标本。转述这个故事的彼得·丹斯[1]曾试图买下这个标本，但失败了。(Dance, *Animal Fakes*, 113)。

## 卡托布列皮斯 | Catoblepes

亦称"Catoblepas"。据老普林尼记载，"在埃塞俄比亚的西部，有一眼名为'尼格里斯'（Nigris）的泉水，大多数人都认为它是尼罗河的源头，这一点我们已经论证过了。在泉眼附近，栖息着一种叫'Catoblepes'[2]的生物，它的大小适中，四肢移动缓慢，但有一个非常沉重的头颅，难以抬起，总是垂向地面。若非如此，它对人类就是致命的；它所目睹的任何人都会立即死亡"。(*Nat. Hist.*, 8.21) 尼罗河有两条主要的支流——青尼罗河和白尼罗河，这两条河都不是源于名叫"尼格里斯"的地方。这种奇怪的动物此后便被各种动物寓言和博物学著作转述，直到 17 世纪。爱德华·托普塞尔在出版于 1607 年的著作《四足兽的历史》中记载了"戈尔贡，或称 Catobleponta"，这可能是它最后一次被人认真地当成实际存在的生物。

---

[1] 斯坦利·彼得·丹斯（Stanley Peter Dance, 1932—    ），英国贝壳学家、博物学家。

[2] 词源来自古希腊语 "καταβλέπω"（向下看的）。

## 革律翁的牛 | Cattle of Geryon

参见**革律翁**。

## 凯菲·杜尔 | Ceffyl Dŵr

威尔士的**水马**[①]。它是一种邪恶的精魂，外观被描写为美丽的灰色矮马。它会引诱孤独的旅行者骑上马背，带他在河流和山岭之上翱翔，然后像清晨的薄雾那样消失，让骑手坠向自己的灾殃。人们可能会在格拉摩根谷的格林尼思和弗莱明斯顿发现这种生物，在其他时候，它可能会发出奇怪的灯光和神秘的声音，预示有人溺水。它相当于苏格兰的**凯尔派**。（Owen, *Welsh Folk-Lore*, 138-9; Trevelyan, *Folk-Lore*, 58-61）

## 半人马 | Centaur

这是希腊神话中的一种半人半马的怪物，词源来自希腊语"κένταυρος"（centauros），意思是"杀死公牛者"，首次出现于荷马的《伊利亚特》和《奥德赛》中，最初是一个生活在希腊色萨利（Thessaly）的山地和森林中的野蛮种族，后来被想象成人和马的组合。它们曾被描述为整个身子是人，下半身是马，长着马尾和马腿（Pausanius, *Desc. Gr.*, 5.19.7，该形象见于一个箱子上的雕刻，时代为公元前7世纪，科林斯僭主库普塞鲁斯统治初期），但最广为人知、可能也是更晚出现的形象则是一个人的头部和上半身安在一匹马的身体和四条马腿上。有各种幻想故事讲述它们的起源：根据

---

[①] 威尔士语。"ceffyl"，马；"dŵr"，水。

半人马（13 世纪）

品达<sup>①</sup>写于公元前 5 世纪的诗作（*Pythian*, 2），拉比斯国王伊克西翁与一片云结合（即云之女仙涅斐勒，由宙斯按照他的妻子赫拉的形象塑造的一片云<sup>②</sup>），生下了肯陶洛斯，"既不被人类也不被诸神的法则尊重"，他与马格尼西亚<sup>③</sup>的母马交配，生出了"一个奇异的部落，这些生物同时具有父母双方的特点：下半身像母亲，上半身则像父亲"。狄奥多鲁斯<sup>④</sup>（4.69）则称，半人马是伊克西翁的儿子，它们和母马交配，生出了人马族（hippocentaur）。还有一些说法是，伊克西翁直接和母马交配，生出了半人马（Serv., *Ad Aen.*, 8.293，公元 4 或 5 世纪），或者宙斯变成一匹牡马，去和伊克西翁的妻子迪亚交配（Nonnos, *Dion.*, 16.240, 14.193，同样出自公元 4 或 5 世纪）。半人马或人马族（词源来自"hippo-"，"马"）最初是两个不同的种族，但在后来的作品中合二为一。由于在拉比斯国王庇里托俄斯婚宴之后的冲突（一个半人马企图诱拐新娘），半人马曾与拉比斯部落交战，即所谓"人马之战"（centauromachy），最后半人马败北，被逐出他们

---

① 品达（Pindar，约前 522—约前 443），古希腊抒情诗人。
② 拉比斯（Lapith）国王伊克西翁（Ixion）是最初杀害自己血亲的人类。宙斯为了净化他的罪行，邀请他参加诸神的宴会，但伊克西翁竟然在宴会上勾引赫拉，还与赫拉交合，但这个"赫拉"不过是宙斯用一片云造出的涅斐勒（Nephele）。宙斯对伊克西翁的行为十分愤怒，将他打入塔尔塔罗斯，受永恒的火轮之刑。在生下肯陶洛斯（Centaurus）之后，根据赫拉的命令，涅斐勒与彼奥提亚王阿塔玛斯（Athamas）结婚。
③ 马格尼西亚（Magnesia），位于色萨利东南的一个地区。
④ 西西里的狄奥多鲁斯（Diodorus Siculus），生于西西里岛的希腊历史学家，生活时间约在公元前 1 世纪。

的传统领土。年轻的阿喀琉斯也曾以一个叫喀戎的半人马为师。神话中的半人马可能源于一个历史事实，即早期的色萨利人以骑兵闻名，骑在马上狩猎公牛也是他们的风俗习惯。（Smith, *Dict.*, 666）自古希腊时代以来，半人马诱拐女性未遂的故事一直是西方艺术中的热门主题，例如鲁本斯的《希波达弥亚的劫夺》（1636-8）和阿尔伯特-欧内斯特·卡里尔-贝勒尤斯[①]的动态雕塑《希波达弥亚的绑架》（1877）。关于现代的"半人马标本"，参见**剑桥半人马**。

## 肯提克尔 | Centicore

参见**耶鲁兽**。

## 凯弗斯 | Cephus

这个词的复数为"Cephi"，亦称"Semivulpes"。老普林尼于公元1世纪在《自然史》中记载道（*Nat. Hist.*, 8.19）："'伟人'格涅乌斯·庞培……还展出了一些从埃塞俄比亚带来的动物，它们叫'Cephi'，前足像人的手，后部的腿和脚也像人。从那以后，这种生物再未在罗马出现过。"老普林尼没有描述它的其余部位长得像什么。

## 角蝰 | Cerastes

角蝰最初出自老普林尼在1世纪的记载（*Nat. Hist.*, 8.23）："角蝰拥有小角，通常是四支，从头部伸出。它会把身体隐藏起来，

---

[①] 阿尔伯特-欧内斯特·卡里尔-贝勒尤斯（Albert-Ernest Carrier-Belleuse，1824—1887），法国雕塑家。《希波达弥亚的绑架》（*The Abduction of Hippodameia*）是其最著名的作品。

只让角露在外面,以此吸引鸟类。"在 7 世纪,塞维利亚的伊西多尔为其增加了一些幻想元素(*Etym.*, 12.4.18):"角蝰之所以得名,是因为它像公羊一样在头上长着角;希腊语的'角'是'κέρατα'。这种蛇有四支小角,会把角作为诱饵,捕杀接近的动物。它会把身体隐藏在沙里,只把角露在外面,除非是为了猎捕动物或鸟类,否则绝不现身。角蝰似乎没有脊椎,因此比其他蛇类更加灵活。"

## 刻耳柏洛斯 | Cerberus

"地狱犬"的起源。它是希腊神话中的一条可怕的狗,守卫着冥府哈迪斯的入口。早在公元前 8 世纪,荷马就在《伊利亚特》和《奥德赛》中提到过它,而在公元前 7 世纪的《神谱》中,赫西俄德给出了它的名字和描述:"刻耳柏洛斯,哈迪斯的看门狗,长着五十个脑袋,吠声刺耳,力大残凶,以生肉为食。"(310ff.)刻耳柏洛斯是半人半蛇的**厄喀德娜**和身为巨龙的**提丰**的后代。到了公元前 5 世纪、欧里庇得斯[①]的时代,它的头已经减为三个,但也新增了一堆蛇头鬃毛和一条龙尾,这些蛇头显然也可以咬人。(Apollodorus, *Library*, 2.5)在公元前 1 世纪,罗马诗人贺拉斯[②]又将它的头增加到一百个(*Carm.* 2.13.34)。把这只怪物拽出冥府是赫拉克勒斯的十二项功绩中的最后一项,这呼应的是赫拉克勒斯的第一项功绩——用蛮力战胜它的同母异父兄弟**尼米亚猛狮**,不过赫拉克勒斯这次没有取它的性命。在公元 1 世纪,老普林尼还提到了一则关于有毒植物乌头的寓言(*Nat. Hist.*, 27.2),说赫拉克勒斯在把刻耳柏洛斯拖出哈迪斯时,从它嘴里飞散出的口沫落到地上,就产生

---

[①] 欧里庇得斯(Euripides,前 480—前 406),古希腊悲剧作家。
[②] 贺拉斯(Horace,前 65—前 8),全名为昆图斯·贺拉提乌斯·弗拉库斯(Quintus Horatius Flaccus),罗马诗人。

赫拉克勒斯与刻耳柏洛斯（1545年）

了这种植物："据说，由于这个原因，这种植物在本都的赫拉克勒亚[①]附近生长繁多。那里是当初赫拉克勒斯走出冥府的地方。"关于希腊神话中的另外一只多头犬，参见**俄尔图斯**。

## 刻律涅亚牝鹿 | Ceryneian Hind

亦称"Cerynitian"，是希腊神话中的一匹神圣牝鹿，为阿尔忒弥斯女神所有，长着金色的角。欧里庇得斯在他的作品中暗示其天性恶毒："那金角的斑鹿，折磨着乡村。"（*Her.* 375）由于它传奇般的速度，奥维德[②]说它"岂是在跑，竟是在飞"（*Met.* 9.188）。

---

① 本都的赫拉克勒亚（Heraclea Pontica），位于黑海南岸的希腊城市，今土耳其的卡拉代尼兹埃雷利。希腊人相信，那里位于赫拉克勒斯出入冥府的洞窟附近，故该城以赫拉克勒斯命名。
② 奥维德（Ovid，前43—约17），全名为普布利乌斯·奥维狄乌斯·纳索（Publius Ovidius Naso），罗马诗人。

赫拉克勒斯与刻律涅亚牝鹿（1608年）

生擒它并将它献给欧律斯透斯是赫拉克勒斯的第三项功绩，他用了整整一年来猎取它，一直把它追到"冰冷北风吹打的土地"（Pindar, *Odes*, 3.28［50］ff.）。最终，赫拉克勒斯用箭射伤了它；在把它运回的途中，他遇到阿尔忒弥斯和阿波罗，二位神祇要求他归还牝鹿，但赫拉克勒斯说服了他们，成功地把牝鹿带回迈锡尼，献给欧律斯透斯。（Apollodorus, *Library*, 2.5.3）考虑到地处极北、牝鹿有角，里奇韦[①]提出（*The Early Age of Greece*, 360ff.），这匹牝鹿实际上是驯鹿，因为驯鹿无论雌雄，都长有鹿角。

## 鹿斑狼 | Chama

这种生物出自老普林尼笔下，拉丁文为"lupus cervarius"，是

---

① 威廉·里奇韦爵士（Sir William Ridgeway，1858—1926），英国古典学家、考古学家。

一种长着豹斑的狼,栖息在古代的高卢(今法国),高卢人称它为"rufius"(*Nat. Hist.*, 8.28, 34)。在旧版的《自然史》中,它曾被称为"chaus"及"ruphius",直到法国巴黎国家图书馆所藏的更加权威的抄本面世,才被改成现在的名字。最初英译《自然史》的菲利蒙·霍兰德将它译作"hart-wolf"(雄鹿狼)或"hind-wolf"(雌鹿狼),而约翰·博斯托克将它译作"stagwolf"。据老普林尼记载,庞培曾在罗马展出过这种动物,它们的食性非常奇怪:"他们说,这只动物即便正在贪婪地进食,一旦回头张望,无论它有多饿,都会忘记刚才所吃的东西,从上面爬过,去寻找别的食物。"一般认为它是某种猞猁,但无法确定种类。

## 卡律布狄斯 | Charybdis

这是希腊神话中的一只**海怪**,最早在荷马的《奥德赛》中出现,可追溯到公元前 8 世纪,但无疑基于更古老的口头传统。《奥德赛》讲述了奥德修斯的冒险,他在特洛伊陷落(《伊利亚特》的主题)后试图回国。在赫尔墨斯的帮助下,他战胜了女巫喀耳刻(Circe),喀耳刻告诉他该如何躲避卡律布狄斯和**斯库拉**,以及其他危险。因此就有了"在卡律布狄斯和斯库拉之间"这个习语,即"进退维谷"之意。当时,奥德修斯在某个海峡里航行,卡律布狄斯在一边,斯库拉在另一边:"当它[1]张口吞吸大海的咸涩水流时,大海咆哮奔流,把内里的一切全都暴露,崖壁可怖地发出呻吟,海底显露出乌黑的泥沙,令大家陷入苍白的恐惧。我们惊恐地注视着面前可能的陷灭……"(*Odyssey*, 12.142-259)现代的一种解释认为,卡律布狄斯是墨西拿海峡里的漩涡。当我们审视

---

[1] 指卡律布狄斯。

旧海图上那些出现在波涛之间的海怪时，应该考虑到一种可能性：大洋中的各种自然灾害也许就是它们的原型。

### 刻尔希纳 | Chersina

这是一种栖息在沙漠中的陆龟，据说除露水外不摄入其他饮食。据老普林尼记载（*Nat. Hist.*, 9.12）："也有一种名叫'陆龟'的龟，它们的壳可以用来制作工艺品，故称'chersinae'。这种龟生活在非洲沙漠中最为荒芜不毛的地区，据说只靠露水为生。除了它们之外，没有动物能在那里生存。"这个名字现在被用来命名安哥洛卡陆龟（*Chersina angulata*），这种陆龟生活在南非的半干旱地区，但并非生活在沙漠之中。

### 水陆蛇 | Chelydros

这是一种神奇的蛇，出自塞维利亚的伊西多尔笔下（*Etym.*, 12.4.12）："'chelydros'是一种蛇，亦称'chersydros'，水陆两栖，因为希腊语的'陆地'是'χέρσος'，'水'是'ὕδωρ'。被这种蛇游过的土地会冒出烟雾，正如马克尔①所描述的：'一旦这条污浊的蛇游过，地面就升腾烟雾、鼓起水泡、喷出泥浆……'它总是直线前进，因为如果在前进过程中扭曲身体，它就会立即断裂。"

### 奇美拉 | Chimaera

亦称"Chimera"，是希腊神话中的一只怪物。在公元前8世

---

① 埃米利乌斯·马克尔（Aemilius Macer, ?—前16），罗马诗人，著有说教诗《蛇》，现已失传。

纪,荷马曾形容它"是神圣的种族,不是凡人所生,它头部是狮、尾巴是蛇、腰身是羊,嘴里可畏地喷出燃烧的火焰"(*Iliad*, 6.179-82)。赫西俄德说它"呼气为火,高大可怕,身强力壮,快步如飞,长有三个头——一个是目光炯炯的狮首,一个是山羊之首,另一个是蛇首或称凶猛的龙首。上半身是一头猛狮,下半身是一条巨龙,身体中段像山羊,呼出来的是熊熊火焰。"(*Theog.*, 319)据赫西俄德记载,它由**厄喀德娜**和**提丰**所生,被柏勒洛丰和**珀伽索斯**所杀。这个名字现在被用作大西洋银鲛的学名(*Chimaera monstrosa*)。参见**海鼠**。

奇美拉(公元前14世纪)

## 哥勒 | Chol

这个名字来自希伯来语"לוח",意为"尘沙",相当于《圣经》及后来犹太教概念中的**不死鸟**。它出自《约伯记》29:18:"我便说,我必死在家中(窝中),必增添我的日子,多如尘沙(chol)。"犹太教文学也用其他一些词指代不死鸟,如"**席兹**"或"urshina"。传说哥勒曾生活在伊甸园里,当夏娃把智慧之果喂给鸟类和野兽时,只有它拒绝了。据说它能活一千年之久,每过一千年,就会有一丛火焰在它的窝中爆出,把一切都燃烧殆尽,只留下一个蛋,从蛋里会孵化出新的哥勒。拉比们对此解释道:就像堕落了的人类那样,夏娃将智慧之果的诱惑扩大到所有动物,屈服于这种诱惑的动物也会死亡。只有哥勒遵从上帝的命令,没有吃智慧之果，因此才能得享传奇般的长寿。在另一些故事中，哥勒是世界的守护者，它会张开翅膀，阻挡来自太阳的有害射线，以此保护人类。它吃的是从天而降的吗哪、喝的是地上的露水（露水由一种蠕虫分泌），而排泄的则是肉桂。（Niehoff, 'Phoenix', 245-65）

## 克律萨俄耳 | Chrysaor

这个名字的意思是"金剑"；它是希腊神话中的一只有金翼的野猪（通常被描绘成人形），为海神波塞冬和美杜莎所生，是飞马**珀伽索斯**的兄弟。他与一位大洋女仙卡利罗厄（Callirhoe，是一位**涅瑞伊得**）生下了**革律翁**和**厄喀德娜**。（Hesiod, *Theog.*, 280ff, 979）

## 克律索马罗斯 | Chrysomallus

这是希腊神话中的一头会飞的金毛公羊，由瑟奥芬妮和海神波塞冬所生[①]。一条神谕称，如果彼奥提亚国王阿塔玛斯将自己和涅斐勒所生的儿子弗里克索斯献祭给宙斯，他的人民将重获繁荣。可以理解地，涅斐勒派这头公羊去营救弗里克索斯和她的女儿赫勒；两个孩子骑在羊背上飞过天空，但赫勒不慎掉到海里淹死，因此那片海就被称为赫勒斯滂[②]。只有弗里克索斯安全到达科

---

[①] 瑟奥芬妮（Theophane）是比萨尔特斯（Bisaltes）的女儿，由于惊人的美貌而不堪追求者骚扰。波塞冬把她带到克里尼萨岛（Crinissa），但追求者们也尾随而来；波塞冬便把瑟奥芬妮变成一只母羊，自己变成一头公羊，又将岛上的居民变成动物。当追求者开始杀戮这些动物时，波塞冬把他们变成了狼。后来，瑟奥芬妮就生下了金羊克律索马罗斯。
[②] 赫勒斯滂（Hellespont），分隔欧亚大陆的水道。今达达尼尔海峡。

尔基斯，在这里，他将这头公羊献祭给宙斯，把金羊毛给了国王埃厄忒斯[1]。埃厄忒斯把金羊毛挂在阿瑞斯的圣林里，日后伊阿宋和阿尔戈英雄们会去取它。克律索马罗斯则升上天空，成为白羊座。（Apollodorus, *Library*, 1.80; Smith, *Dict.*, I, 699）

克律索马罗斯（公元 2 世纪）

## 卓柏卡布拉 | Chupacabra

这个词的正确拼法为"Chupacabras"，是西班牙语"吸山羊血者"的意思。它是一种存在于美洲的假想动物，会吸食牲畜的血液。根据描述，它的体形比人类小，毛皮呈灰色，能改变自身的颜色，头部极其巨大，长着两只红色的巨眼，尖刺从头顶延伸到后背。尽管身上覆盖着毛皮，流行的描写还是称它类似爬虫人[2]，以双足行走。对它的记载一般可追溯到所谓的"莫卡吸血鬼"，这是一只动物或一个外星人，据说应为 1974 年发生在波多黎各的家畜神秘死亡事件负责。对它的目击报告在 20 世纪 90 年代达到顶峰，如今则已不太常见。（Eberhart, *Myst. Creat.*, I, 134-6）

---

[1] 涅斐勒嫁给阿塔玛斯后，生下了孪生兄妹弗里克索斯（Phrixus）和赫勒（Helle）。后来，阿塔玛斯另娶伊诺（Ino），伊诺厌恶这对兄妹，便贿赂祭司做出假神谕称，如果不将这对兄妹献祭给宙斯，彼奥提亚的饥荒就不会停止。弗里克索斯最后被科尔基斯国王埃厄忒斯（Aeetes）收留，埃厄忒斯还把自己的女儿卡尔基奥佩（Chalciope）嫁给了他。
[2] 爬虫人（reptilian），现代阴谋论中的一种外星人，据说长得类似人形蜥蜴，会诱拐人类。

## 教堂牲灵 | Church Grim

在约克郡的部分地区，"grim"一词被用来表示"幽灵"或"骷髅"的意思；"grim"的头就意味着死神的头。据说这一词汇源自"教堂牲灵"："在教堂的建设者中有一个盛行的习俗，即在教堂接近完工的那一天，抓住第一只穿过他们的行列的生物，把它活生生地砌进墙里。于是，那只生物就成了永远萦绕在教堂里的居民，这个灵魂的任务便是警告即将到来的死亡。因此，一个教区会有几种不同形态的动物来做'教堂牺灵'（kirkegrim），我们听说，这些犬魔（Barguest）有獒犬、猪、狗、牛犊等形态。此外，'教堂牲灵'还有一种比较温和的交流方式。据《克利夫兰方言词汇表》的作者 J. C. 阿特金森[①]牧师所述，有时'当牧师独自一人在墓地里执行宗教仪式时，可以看到它们。牧师不会把自己的视线投向教堂钟楼的窗口，因为幽灵会坐在那里。他可以通过这只生物的朝向，得知死者究竟是得到了拯救还是迷失了方向'。"（Harland, *Gloss.*, 83）这种习俗可能起源于斯堪的那维亚半岛。参见**教堂牺灵**。

## 肉桂鸟 | Cinnamologus

最初提到这种"肉桂鸟"的是公元前5世纪的希腊历史学家希罗多德，他称，这是一种阿拉伯人用来采集肉桂的鸟："据说，有一种大鸟会啄取一种树枝筑巢，腓尼基人告诉我们希腊人，这种树枝叫'肉桂'。它们的巢被某种泥巴粘在人类不可能攀登得到的断崖绝壁上，阿拉伯人为了得到肉桂，会把牛、驴等牲畜切

---

[①] 约翰·克里斯托弗·阿特金森（John Christopher Atkinson, 1814—1900），英国牧师、作者。

成很大的肉块，把肉块放在鸟巢附近，然后撤到一定距离以外。之后，大鸟就会俯冲下来，攫住肉块，将肉块带回巢。然而，鸟巢不能支撑肉块的重量，因而会从山崖上脱落，掉在地上。于是

肉桂鸟（13 世纪）

阿拉伯人便返回那里，收集肉桂，人们再把肉桂从阿拉伯带到其他国度去。"（*Hist.*, 3.111）在公元前 4 世纪，亚里士多德又补充道（*Hist. Anim.*, 14.2），阿拉伯人会用增重的箭头射鸟，把它们赶出鸟巢。1 世纪的老普林尼重复了一遍这个故事（*Nat. Hist.*, 10.33）。在长久的时间中，人们一直对这个故事坚信不疑。7 世纪时，塞维利亚的伊西多尔（*Etym.*, 12.7.23）又把这个故事写了一遍，在他笔下，这种鸟获得了"Cinnamologus"这个名字。直到 13 世纪，我们还能在英格兰的巴塞洛缪斯的著作中发现一模一样的故事（*Prop. Rer.*, 17），只不过经过了大量的添油加醋；他把这个故事放在"制造宝贵及昂贵之物"的条目下。

## 基雷因·基罗因 | Cirein Cròin

这是苏格兰民间传说中的一种**海蛇**，是世界上最大的动物。它亦称"Mial mhòr a chuain"（大洋巨兽）、"cuartag mhòr a chuain"（大洋巨鲸）、"uilebhéis a chuain"（大洋怪物）。一则凯思内斯郡的歌谣这样描述它："一条鲑鱼能吃七条鲱鱼，／一只海豹能吃七条鲑鱼，／一条鲸能吃七只海豹，／一条基雷因·基罗因能吃七条鲸。"有时还会加上一句："一个大恶魔能吃七条基雷因·基罗因。"它的形象源自世界之蛇**尤蒙刚德**。（Campbell, *Sup. High.*, 220）关

于世界上最小的动物，参见**吉格罗鲁姆**。

## 能言鸡｜Cock, Talking

老普林尼在《自然史》中记载道（*Nat. Hist.*, 10.21）："我在我们的编年史中发现了一则记录。当玛尔库斯·列皮都斯与昆图斯·卡图路斯执政之年①，在阿里米努姆②地区，有一只普通的公鸡口吐人言；那只公鸡所在的农场归某个姓伽列里乌斯的人所有。此事空前绝后，除此例以外，我从未听闻。"

## 蛇鸡｜Cockatrice

中世纪的人最初用这个词翻译希腊语的"ichneumon"（追踪者）和拉丁语的"calcatrix"（走过），最早的例子是 12 世纪法语中的"calcatris"。之后，这个词以"kokatrice"的形式出现在威克里夫③译于 1382 年的第一个《圣经》英译本中，经过种种变形，最后在 16 世纪固定为"cockatrice"。亦有说法称，它源自"crocodile"（鳄鱼）的另一种拼法（Breiner, 'Cockatrice', 32）。"Cockatrice"原本是"**鸡蛇**"的同义

蛇鸡（1584 年）

---

① 公元前 78 年。
② 位于亚平宁半岛东北部海滨，今意大利之里米尼。
③ 约翰·威克里夫（John Wycliffe，约 1320—1384），英国神学家，第一个用英语翻译《圣经》的人。

词，被用来翻译拉丁语的"basiliscus"，以及《圣经》拉丁文武加大译本[①]中的"regulus"[②]和"aspis"（毒蛇）。后来，蛇鸡逐渐形成了自己特有的造型和故事，其典型外貌为：拥有公鸡的头和翅膀（有时是蝙蝠翼）、两条后腿，以及一条龙尾。和鸡蛇一样，它的头顶有一个类似鸡冠的冠，这个冠有时会延伸到背部，甚至翅膀上。据信，蛇鸡来自被蟾蜍或毒蛇孵化的鸡蛋；它的出生既使世间多了一只能用视线杀死其他生物的怪物，同时也是即将来临的厄运的预兆。在纹章学中，这个概念变成了：如果由一只蟾蜍来孵蛇鸡的蛋，就会生出"双头蛇鸡"（Amphisian Cockatrice），它在尾巴末端有形似龙头的第二个头。在威尔士的民间传说中，拉德诺森林[③]是一只蛇鸡的家园，它会吸取奶牛和家禽的血液，并且特别喜爱鸡蛋。淘气的孩子会被告知，蛇鸡同样也会吸他们的血。据说，它不仅在正常的地方有眼睛，在脑后也有。（Brand, *Pop. Antiq.*, 132; Trevelyan, *Folk-Lore*, 170）

### 鱼尾鸡 | Cockfish

这是纹章学中的一种复合动物，形象为长着一条鱼尾的公鸡。巴伐利亚的盖斯（Geyss）家以它为纹章，但除此之外，它极其罕见。（Fox-Davies, *Comp. Guide*, 231）"Cockfish"也是一种南美鱼类的名称，学名为 *Callorhinchus callorynchus*（叶吻银鲛）（Linnaeus, 1758）。"cock fish"还被用来称呼一般的雄鱼。

---

[①] 《〈圣经〉武加大译本》（*Vulgata*），译于4世纪末至5世纪初的一个拉丁语《圣经》译本，从中世纪开始一直被视为《圣经》拉丁语译本的标准。
[②] "regulus"原意为"小小的王者"（与"Basilisk"的希腊语原意相同），既指现实存在的戴菊鸟（Kinglet），同时也是鸡蛇的另一种拉丁语译法。
[③] 拉德诺森林（Radnor Forest）位于威尔士中部，并非森林，而是一座山丘。

赫拉克勒斯与克里特公牛（1731年）

## 克里特公牛 | Cretan Bull

这是希腊神话中的一头凶猛的公牛，一说称它曾把腓尼基公主欧罗巴诱拐到欧洲，另一说称它系被海神波塞冬送来，波塞冬命令克里特王米诺斯将它献祭给自己。米诺斯本应把从海里上来的第一个生物献祭给海神，但看到公牛华美的样子，他起了私心，献祭了另一头公牛。波塞冬当然没有被愚弄，作为惩罚，他让公牛发疯，在克里特岛横冲直撞。欧律斯透斯命令赫拉克勒斯生擒这头公牛，作为他的第七项功绩；赫拉克勒斯完成了任务。后来，欧律斯透斯又放出了这头公牛，它跑到阿提卡，在通往马拉松的大道一带继续滋扰当地，故又名"马拉松公牛"。（Apollodorus, *Library*, 2.5.7）美狄亚密谋除掉忒修斯，便撺掇他的生父埃勾斯不认他，还把他送去对付公牛，期望公牛将忒修斯杀死；但她失望了，忒修斯战胜了这头公牛。（Apollodorus, *Epit.* E.1）克里特公牛还被认为与米诺斯的妻子帕西法厄生下了**米诺陶**。（Apollodorus, *Library*, 3.1）

## 克罗·希 | Cro Sith

这是凯尔特民间传说中的一种海奶牛或仙奶牛，名字源自苏格兰盖尔语，亦称"crodh-mara"（海牛）[①]。它通常是暗褐色的，不过根据记载，也有红色和有斑点的版本。据说它的耳朵为红色，在一边有一个切口，或者两边都有切口。它生活在海底，但有时会上岸；它能游过大海，吃的不是牧草，而是海草。当它来到普通的奶牛群中时，会遭到牛群攻击，因为它没有角来保护自己；所以，它又被称为"bo adhaol odhar"（无角褐色牛）。如果把沙子（从墓地中取来的泥土效果更好）撒在它和海浪之间，就可以

---

[①] "cro""crodh"，牛；"mara"，海（属格）。

阻止它返回大海。与它相关的地点是：波特里[1]附近的古尔沙德（Guershader）、哈里斯岛[2]南部的卢斯肯提尔（Luskentyre）海滩、哈里斯海峡、斯凯岛上的斯克里布雷克（Scorribreac）、泰里岛[3]，以及伯纳雷岛[4]。（Watson, 'High. Myth.', 54）一首关于仙灵牧女的歌是这么唱它们的："弯曲的那个，褐色的那个，／小翼斑白，／黑奶牛，白奶牛，／小公牛，黑色头，／我的产乳母牛回了家，／哦，亲爱的！牧民会到这里来！"在哈里斯岛上的斯特鲁特（Struth）和欧贝（Obbe），曾有一个海中仙女赶着几头海牛上岸，还唱着奇妙的歌："坎纳岛[5]海面低声传，／一头牛从泰里岛来，一头牛从巴拉岛[6]来，／一头牛从艾拉岛来，一头牛从阿伦岛[7]来，／还有一头从长满白桦的翠绿琴泰岬[8]来。／我会去，我会去，我会去马尔岛，／我会去狠心之人的爱尔兰，／我会去小矮人的小帆船，／我会去法国，没有事故来阻拦。"（Campbell, *Sup. High.*, 29-30）据麦格雷戈[9]记载（*Peat-Fire*, 39），1854 年，有人在罗斯-克罗马蒂[10]的盖尔洛赫湖（Loch Gairloch）或一个与它邻近的湖边目击到了一只被描述为"水奶牛"的野兽。参见"海公牛"**塔布-乌斯吉**。

---

① 波特里（Portree），斯凯岛上最大的城镇。
② 哈里斯岛（Isle of Harris），苏格兰外赫布里底群岛最大岛屿"刘易斯和哈里斯岛"的南部。
③ 泰里（Tiree）岛，苏格兰内赫布里底群岛西端的岛屿。
④ 伯纳雷岛（Berneray）岛，苏格兰外赫布里底群岛中的一个岛屿。
⑤ 坎纳（Canna）岛，苏格兰内赫布里底群岛中的一个岛屿。
⑥ 巴拉（Barra）岛，苏格兰外赫布里底群岛南端的一个岛屿。
⑦ 阿伦岛（Isle of Arran），苏格兰克莱德湾中的一个岛屿，和赫布里底群岛之间被琴泰岬半岛隔开。
⑧ 琴泰岬（Kintyre）半岛，位于赫布里底群岛南端的一个狭长半岛。
⑨ 阿拉斯代尔·阿尔平·麦格雷戈（Alasdair Alpin MacGregor, 1899—1970），苏格兰作家、民俗学家。
⑩ 罗斯-克罗马蒂（Ross and Cromarty），苏格兰北部的一个地区。

## 鳄鱼 | Crocodile

鳄鱼看起来很像一种"幻兽",当然,我们知道,它是完全存在于现实中的生物。关于它的传说可能是**龙**的传说的源头之一,但鳄鱼也有属于自己的奇幻历史。早在公元前 5 世纪,希罗多德就记载了一些关于鳄鱼的奇怪习俗(*Hist.* II.69):"一些埃及人将鳄鱼视为神圣的动物,但另一些埃及人则相反,将鳄鱼视作敌人:住在底比斯的人和住在莫伊利斯(Moiris)湖附近的人特别尊敬鳄鱼,这两个地方的人每人都要养一只鳄鱼,驯养它,把它驯熟。他们把用黄金及熔化的石头[1]做成的饰品挂在鳄鱼的耳朵和脚腕上,喂给它们食物,向它们献祭牺牲,在它们活着的时候尽可能妥善地照顾,等它们死了之后,就把它们的尸体进行防腐处理,埋入圣墓。但那些住在象岛(Elephantine)上的城市里的人却会吃鳄鱼,也不认为它们是神圣的。埃及人将鳄鱼称为'champsai',爱奥尼亚人称它们为'crocodile',因为它们的外貌与栖息在爱奥尼亚地区、会爬在石墙上的'crocodiles'(一种蜥蜴)很像。"鳄鱼被认为具有巨大的药用价值,老普林尼列举了 17 个需要用到鳄鱼的、各自不同的药方,包括一种从"crocodilea"中提取出来的药材(*Nat. Hist.*, 28.28),它的眼睛和牙齿还可以壮阳(32.50)。同样据老普林尼记载,鳄鱼首次在罗马展出,是在公元前 2 世纪玛尔库斯·埃米利乌斯·斯考路斯(Marcus Aemilius Scaurus)任营造官时举办的公共赛会上。古埃及人崇拜鳄鱼头的神祇索贝克[2],在女神塔沃里特[3]和超自然生物**阿姆特**身上也有鳄

---

[1] 即玻璃。
[2] 索贝克(Sobek),埃及神话中的鳄鱼之神。
[3] 塔沃里特(Taweret),埃及神话中的分娩与生育之神,河马首,有鳄鱼的背和尾。

鱼的元素，就如阿兹特克神话中的希帕克特里[①]。参见**爱尔兰鳄鱼**。

## 克罗库塔 | Crocotta

亦称"corocotta""crocottas""crocutes""krokottas"或"kynolykos"（希腊语"犬狼"），是一种栖息在非洲的怪物："埃塞俄比亚有一种动物叫'Krokottas'，俗称'Kynolykos'。它拥有异常惊人的力量，据说能够模仿人类的声音，会在夜间呼唤人类走出家门，然后把他们扑倒、吃掉。这种动物具有狮子的勇气、马的速度、公牛的力量，而且只能被铁质的武器杀死。"（Ctesias, *Anc. Ind.*, 52-3）老普林尼（*Nat. Hist.*, 8.30）写道，这种生物是一种特殊的獒犬，属于狗和狼杂交的产物，"它们可以用牙齿咬碎任何东西，然后将其迅速吞下，送进胃里消化"。参见**琉克罗库塔**。

## 克罗米翁牝猪 | Crommyonian Sow

这是希腊神话中的一头巨型母猪，据说是**厄喀德娜**和**提丰**的后代，或者是一个名叫斐亚（Phaea）的老太婆的后代；它得名于科林斯的村庄克罗美昂（Crommyon），或得名于生下它的斐亚。普鲁塔克称"这是一头异常庞大的生物，暴烈难驯"（*Thes.*, 9）。它生下了**卡吕冬野猪**，之后被忒修斯所杀。（Apollodorus, *Epit.* E.1; Strabo, *Geog.*, 8.6）普鲁塔克还提供了一种解释，这头母猪实际上"是一个女强盗，她住在克罗美昂，行为凶残而放纵，由于她的行径和态度而被称为'母猪'"。（*Thes.*, 9）

---

[①] 希帕克特里（Cipactli），阿兹特克神话中的一只原初海怪，半鳄鱼、半鱼或青蛙，总是处在饥饿之中，在每个关节上都有一张嘴。诸神将它杀死后，在它的尸体上创造了世界。

## 库·希 | Cu Sith

这个名字是苏格兰盖尔语，意为"仙灵犬"，复数形式为"Coin Sith"，爱尔兰盖尔语称为"Cu Sidhe"："这只生物是一个凶兆……人们有时会在漆黑的夜晚遇到它，它会迅速而无声地从一处移动到另一处。"（MacGregor, *Peat-Fire*, 36）它们的身躯庞大如两岁的小牛，躯干呈深绿色，足部呈浅绿色。它们的尾巴长长地卷曲到背上，或者扁平地被编织起来，"就像负重马鞍上的草毡"。它们的叫声比普通的狗的叫声响亮，但听起来有些类似，尽管它们吠叫的间隔很长，且一共只叫三声。在听到第一声吠叫时，人还有时间逃跑；听到第二声吠叫时，它一定会追上听到叫声的人。据说，人们在沙地、泥地、雪地里发现过它们的脚印，那脚印和人手一样大。传闻还称，它拥有邪眼的力量。（Watson, 'High. Myth.', 68）在内赫布里底群岛中的泰里岛上，一个靠近岸边的山洞被称为"仙狗洞"，因为人们经常能听到一条大狗在里面咆哮。它们与躁动不安、乘风而行的斯鲁阿[①]并肩奔跑，进行仙奔[②]或狂猎[③]。库·希的牙齿被认为拥有魔力，只要把它放在病牛的水槽里，牛喝了水就能痊愈。如果女巫或邪灵让奶牛无法产奶，它也能打破这种诅咒。阿拉斯代尔·麦格雷戈有一个朋友的爷爷是刘

---

[①] 斯鲁阿（Sluagh），爱尔兰及苏格兰神话中的一种躁动的亡灵，据说是被天堂、地狱、彼世、凯尔特诸神乃至地球本身摈弃的罪人的灵魂。
[②] 仙奔（Fairy Host），爱尔兰及苏格兰的一种民间传说，称斯鲁阿的行列会在夜间成群结队而行。它们会抓走留在屋外的人，甚至会试图进入屋内，带走人的灵魂。这似乎是狂猎传说的一种变体。
[③] 狂猎（Wild Hunt），一种广泛存在于欧洲各地的民间传说，核心是超自然的猎手带着马或猎犬等动物（有时只有动物）于夜间出现，咆哮着前进，或飞行、或奔驰，带给所见之人灾难。这个传说的起源似乎是北欧神话中奥丁在夜间的行猎，后受基督教影响，逐渐被视为恶魔夜行。

易斯岛[1]人，该人声称自己曾见过一颗这种牙齿。另一种超自然的犬类是"白毛红耳猎犬"（Gadhar Cluas-dhearg Ban），出自民间故事"峡谷暨山峰暨小径骑士"。这条猎犬实际上是一个被施了魔法的仙灵，名叫"夏日露珠"（Samhradh-ri-dealt），与骑士最小的女儿结婚之后，他恢复了原状。还有传说称，芬恩的猎犬布兰[2]是他与一名被变成猎犬的女人所生的女儿。"仙灵犬"广受崇敬；凯尔特神话中的英雄库丘林的名字就来自"Cu"（犬），他被禁止吃狗肉，如果打破这一禁忌，他就会死亡。[3] 关于一般的超自然犬类，参见**黑犬**。（Henderson, *Survivals*, 173; MacDougall and Calder, *Folk Tales*, 6-7）

## 短尾黑母猪 | Cutty Black Sow

参见**胡赫·杜·古塔**。

## 冥界犬 | Cŵn Annwn

这是威尔士的"冥界猎犬"[4]，是一种可以穿过空气的幽灵猎犬，相当于英国的**加百列猎犬**。听到它们的嚎叫是死亡的预兆。

---

① 刘易斯岛（Isle of Lewis），苏格兰外赫布里底群岛最大岛屿刘易斯和哈里斯岛的北部。
② 芬恩有两条猎犬，叫布兰（Bran）和西奥兰（Sceolang），它们是芬恩的姨妈崔兰（Tuiren）被变成猎犬时所生的双胞胎。崔兰曾与一名仙女的丈夫有染，故被该仙女变成猎犬。正文中说布兰是芬恩的女儿，这可能是这一传说的其他版本。
③ 库丘林（Cuchulain，或 Cú Chulainn），凯尔特神话中主要的英雄之一，幼时曾将铁匠库兰（Culann）的猎犬杀死，因此承诺代替该犬保护库兰，并立誓不吃狗肉。"库丘林"字义即为"库兰之猎犬"。
④ 威尔士语。"cŵn"，犬。

对它们的外观有各种不同的描述：1. 身躯细小的白狗，有红色的耳朵和闪耀的眼睛；2. 大狗，黑毛红斑，或红毛黑斑（最恶劣的一种是血红色的），眼睛像火球；3. 灰毛红斑；4. 依然是小狗，但毛皮呈现出火焰的颜色，即一种红色和白色的混合色，或称肝脏色。它们最喜欢在以下这些基督教节日的前夜狩猎：圣约翰节、圣马丁节、圣米迦勒节、万圣节、圣艾格尼丝节、圣大卫节，以及圣诞节、新年和受难节。这些猎犬会在十字路口相遇；当它们的爪子触碰大地时，曼陀罗草会发出尖叫。在相遇之后，它们会聚集成群，通常被自己的主人、彼世之王阿洛恩[①]带领。阿洛恩被描写为一个巨大、黑暗的形体，带着一支号角和一柄猎矛。在卡马森郡，他会步行前进，用牵狗的皮带牵着两条黑色猎犬，还有一条半是狼的狗跟在他后面；他会受到"灰王"布勒南·卢伊德[②]的欢迎，住在后者的雾之宫廷里，他的猎犬会与"天空犬"（Cŵn y Wybr）[③]共眠，这两种狗有时会被混淆（或混同）。在格拉摩根郡、布雷肯郡、拉德诺郡，阿洛恩会穿一件灰色的斗篷、骑一匹灰马（参见**凯菲·杜尔**）。在全威尔士的范围内，他都可能会由邪恶的鬼婆玛尔特·厄·诺斯（Mallt y Nos，夜之玛蒂尔达）[④]陪伴。参见**暗黑犬**。（Trevelyan, *Folk-Lore*, 47-51）

## 犬头人 | Cynocephalus

这种生物的希腊语名称为"κυνοκέφαλος"，经拉丁语译为

---

① 阿洛恩（Arawn），威尔士神话中"Annwn"（彼世、冥界）的主宰。
② 布勒南·卢伊德（Brenin Llwyd，此名即威尔士语"灰王"之意），威尔士神话中的"迷雾之主"。
③ 威尔士语。"wybr"，天空。
④ 这是一名陪伴阿洛恩行猎的鬼婆，据说系沉迷打猎的贵族女子受到惩罚所变。一说"Mallt"源自威尔士语"malltod"（枯萎、腐烂）。

犬头人（1642 年）

"犬首"，亦称"Kynamolgoi"，"似犬的"。希罗多德于公元前 440 年第一次提到它们，说它们栖息在利比亚（*Hist.*, IV. 191）。在公元前 5 世纪末，克特西亚斯①更加详细地描述了它们："在印度的这个可以见到甲虫（κανθάροι）的地区，生活着'Kynamolgoi'，这个名称来自它们像狗一样的头部和外貌。但它们的其余部分都与人类相似，穿着野兽的毛皮四处活动，行为非常正直，不会伤害任何人。它们不能说话，只发出一种嚎叫，不过也理解印度人的语言。它们捕猎野兽为生，由于奔跑速度极为迅速，它们的狩猎十分便利。"老普林尼复述了克特西亚斯的记载，同时还加上一句："'犬首的'猿猴十分凶猛、暴躁。"（*Nat. Hist.*, 8.80）在公元 2 或 3 世纪，德尔图良②曾用这个词称呼**阿努比斯**（*Apol.*, 6）。克特西亚斯记载的生物纯属幻想，而老普林尼笔下的生物显然是狒狒属（*Papio*）的狒狒。有两种狒狒的学名体现了这种奇妙的起源：*Papio anubis*（东非狒狒），以及 *Papio cynocephalus*（草原狒狒）。莎士比亚也在《皆大欢喜》中提到过"狗猿"（*As You Like It*, 2.26-7）："人家所说的恭维／就像是两只狗猿（dog-apes）碰了头。"

---

① 克特西亚斯（Ctesias），公元前 5 世纪的希腊医生、作家，曾在波斯帝国宫廷担任御医。
② 德尔图良（Tertullian，约 155—约 240），基督教神学家。

## 苍蓝虫 | Cyonoeides

这是一种**龙**（"虫"）或**蛇**，被发现于印度的恒河。据老普林尼记载（*Nat. Hist.*, 9.17）："斯塔提乌斯·塞波苏斯[①]记载过一种非常不可思议的生物。这条河中还有一种虫或蛇，它有一对鳃，长六十肘[②]，呈深蓝色，由其独特的外观得名（称为"Cyonoeides"[③]）。它们力大无穷，当大象走到河中喝水时，它们会用牙咬住大象的长鼻，将其拖入水中。"关于另一种栖息在恒河里的怪物，参见**暴牙虫**。

---

[①] 斯塔提乌斯·塞波苏斯（Statius Sebosus），罗马地理学家，生活时间约在公元前 1 世纪上半叶。
[②] 一肘约 0.445 米，六十肘约 26.64 米。
[③] 词源来自古希腊语"κυάνεος"（深蓝）。约翰·博斯托克认为这种生物可能是对蟒蛇的夸大式讹传。

# D

### 大衮 | Dagon

非利士人的水神，词源是闪米特语的"dag"（鱼）。其原型是巴比伦神祇达冈（Dagan）；也有观点认为这个名字的词源是"dgn"（粮食）。大衮被认为拥有半人半鱼的形象。他最著名的出处就是《圣经》:《圣经》中出现过"伯大衮"（Beth Dagon）城[①]，意为"大衮的房子或城市"；迦萨（加沙）的大衮庙被参孙摧毁[②]；非利士人掳获了约柜后，将其放入亚实突（阿什杜德）的大衮庙，结果庙中的大衮像被破坏[③]。（Macalister, *Philistines*, 90ff; Mackenzie, *Myth. Bab.*, 31-2）参见**俄安内**。

### 丹姆哈斯特（丹麦马）| Dammhast (Dam-Horse)

参见**巴克阿斯特**。

### 丹迪犬 | Dandy-Dog

出自康沃尔郡的民间传说。一个超自然的猎人会在荒原上出

---

[①] 《约书亚记》15:41、19:27。
[②] 《士师记》16:23-30。
[③] 《撒母耳记上》5:2-5。

没,还带着一群咆哮着的猎犬;当地人称它们是"魔鬼和他的丹迪犬"。风暴之夜和荒凉的沼泽地是它们最喜欢的时间和地点,它们会把灾难带给遇到它们的人。有一个故事讲一个贫穷的牧民在暴风雨之夜跋涉过沼泽地回家,他在风暴的呼啸声中听到了狗吠和猎人的嚎叫。他匆忙前行,但声音越来越大,直到他向后瞥了一眼,看到猎人的样子是一个具有燃烧的双眼的黑暗人形轮廓,有双角和嗖嗖甩动的尾巴,一群狗跟在猎人身边,它们的鼻息喷出火焰。当这群狗就要扑到牧民身上的时候,牧民遵照牧师的嘱咐,双膝跪倒,做了一个可以保护他不受利爪和火焰呼吸伤害的祷告。于是,魔鬼和他的丹迪犬仓皇逃窜,去寻找另一个受害者。和它们相似的怪物,还有希思猎犬(Heath Hound)、**夜嘶猎犬**,以及**魔犬**。(Wright, *Rust. Sp.*, 196)

## 德尔斐巨蛇 | Delphine

参见**皮同**。

## 威尔士红龙 | Ddraig Goch

这个名字是威尔士语,意为"红龙",同时也是威尔士的国徽。为世人所熟知的威尔士龙可以追溯到罗马占领不列颠的时期,当时它被罗马人用作军旗。后来,它被当地居民吸收,例如在贝叶挂毯[①]表现的黑斯廷斯战役中,就可以看到哈罗德一方打着这面旗帜。在13世纪,它甚至成了英格兰人对抗威尔士人的旗帜;14

---

① 贝叶挂毯(Bayeux Tapestry),一块表现1066年黑斯廷斯战役场景的著名挂毯。是役,诺曼底公爵威廉击败了英王哈罗德。

世纪，英国人还在克雷西战役①中把它当作战旗。然而，14世纪末，英格兰将圣乔治作为自己的主保圣人，从而必须废除那些作为军事和皇室象征的龙徽②，尽管亨利七世在15世纪末又复兴了这种徽记（Tatlock, 'Dragons', 223-35）。威尔士人与红龙的最早关联，出现在内尼乌斯于9世纪撰写的《不列颠人的历史》③中：在5世纪，不列吞人（Briton，不列颠岛上的早期凯尔特居民）的国王伏提庚（Vortigern）邀请撒克逊人来帮他对抗皮克特人和苏格兰人，但这些暴烈的客人反而开始向他进攻，最终把他赶到了王国的西部边缘。伏提庚决定在威尔士北部兴建一座城堡来保护自己以及现在被称为"迪纳斯·安姆雷斯"④的地方的人民，但他的顾问们——一个十二人的贤人团劝告道，他必须先用一个天生就没有父亲的男孩的血来将城堡的基址神圣化。伏提庚派出使者寻找这样的男孩，最后终于在蒙茅斯郡的巴萨里（Bassalig）找到了一个。当男孩发现自己即将被祭献时，他向贤人团挑战，看谁能解释一个异象：在一个池塘里有一顶帐篷⑤，里面有两条蛇，一红一白；这两条蛇醒来后互相战斗，白色的更强壮，但红色的更胜一筹，将白色的赶走，去追逐它，直到双双消失。贤人们都无法解释这个异象，但男孩告诉伏提庚："池塘就是世界，帐篷就是你的国家。两条蛇就是两条龙，红蛇是你的龙，而白蛇代表的是目前占据了不列颠的几个省份和地区、领土甚至从海洋直达海

---

① 克雷西战役，百年战争中英军大败法军的一场战役。
② 因为圣乔治最著名的事迹是屠龙。
③ 《不列颠人的历史》（*Historia Brittonum*），著于9世纪的一本关于不列颠的历史书，从传说时代一直写到当时的年代。相传为僧侣内尼乌斯（Nennius）所著。
④ 迪纳斯·安姆雷斯（Dinas Emrys），威尔士语，意为"安布罗斯的要塞"，是位于威尔士贝德盖勒特（Beddgelert）附近的一个山丘，其上有古代防御工事的遗迹。
⑤ 原文如此，疑为洞穴之意。

洋的那些人。然而，我们的人最终将会崛起，打败撒克逊人，把他们赶向大海对面，让他们从哪里来还回哪里去。但你必须离开现在这个地方，你不能在这里建立城堡；命运将这座宅邸留给了我，我将留在这里，而你必须去其他的省份，去别的地方建城。"（Giles, *Six Old Eng.*, 403）这男孩报出自己的名字：他叫安布罗斯（Ambrose，不列颠语的 "Embresguletic"，亦称 "Emrys"），蒙茅斯的杰弗里[①]在他作于 12 世纪的《不列颠诸王史》(*Historia Regum Britanniae*) 中称他为梅林（Merlin）。(Giles，前揭书) 更晚的《马比诺吉昂》记载了一个关于卢德（Lludd）和勒维利斯（Llevelys）的民间传说（12 至 13 世纪）：两条分别代表两个无名部落的龙在迪纳斯·安姆雷斯互相争斗，又双双被封印在地下。威尔士的其他一些地区也与龙的传说相关：在威尔士东北部的兰埃德尔-因-摩克兰特（Llanrhaeadr-ym-Mochnant），一只食人的凶怪中了陷阱，将自己钉在尖柱上而死，因为它仇恨红色；南威尔士的尼斯谷（Vale of Neath）也有自己的龙。在格拉摩根郡，被林木环绕的彭林（Penllyn）城堡曾被一群龙骚扰，那些龙全身闪闪发光，就像镶满了宝石。除此之外，还有许多与龙有关的场所。(Trevelyan, *Folk-Lore*, 167-8) 考虑到它的起源，红龙与其说是威尔士的，不如说是不列颠的；但不列颠长久以来一直屈服于侵略，已经不再是古不列颠人的土地。至今如此。

### 狄奥梅迪斯鸟 | Diomedeae

亦称 "Cataractae"，在老普林尼的《自然史》(*Nat. Hist.*, 10.61) 中被称为 "狄奥梅迪斯鸟"。这种鸟有牙齿、"如火焰般闪亮的"

---

[①] 蒙茅斯的杰弗里（Geoffrey of Monmouth，约 1100—约 1155），英国教士。

红色眼睛，以及白色的羽毛；它们仅仅栖息在一个岛——意大利海岸边的伊索莱特雷米蒂（Isole Tremiti）群岛中的圣尼古拉岛——上，狄奥梅迪斯（Diomedes）的坟墓和神殿就在那里。它们会对所有的外来者大叫，只有对希腊人除外，这是为了"向狄奥梅迪斯的民族表达敬意"。它们还有很奇怪的习性："它们每天都会在喉咙里含水，把翅膀弄湿，然后去清洗狄奥梅迪斯的神殿。由此就产生了这样一个奇异的传说，即这些鸟是狄奥梅迪斯的同伴变化而成的。"狄奥梅迪斯是参与特洛伊战争的希腊英雄之一，出自荷马的《伊利亚特》。关于这些鸟，有两个互相矛盾的传说：1. 在狄奥梅迪斯去世后，他的随从中有一个人对维纳斯说了不敬的话，因此所有随从都被变成了鸟；2. 狄奥梅迪斯的随从哀悼他的死，哭得极为伤心，女神怜之，将他们变成了鸟。林奈后来将这个名字用作信天翁科（Diomedeidae）和信天翁属（*Diomedea*）的学名。亚当[①]（*Sum. Geo.*, 459）认为这种鸟是一种鹭，并坚称普林尼把它们形容成了黑鸭；普林尼的英译者约翰·博斯托克认为它们可能是风鹱属（*Procellaria*）鸟类或白鹭（*Ardea garzetta*）。

## 多瓦库 | Dobhar-Chú

这是爱尔兰及苏格兰传说中的一种"水犬"。在现代的爱尔兰，"dobharchú"被用来称呼水獭，虽然"mada-uisge"这个称呼更加常用；它的原型似乎就是**昂库**（Onchú），意思也是"水犬"[②]。当然，它也与神秘的**爱尔兰鳄鱼**有关。它的样貌被描述为半狗半

---

① 亚历山大·亚当（Alexander Adam，1741—1809），苏格兰作家、古物学家。
② 盖尔语。"dobhar"，水，可追溯至古凯尔特语，威士语有同源词"dŵr"。"chú"，即"cú"，犬。

水獭，有时在前额的中央还长着一只角。在利特里姆郡[①]德鲁姆曼斯的康沃尔墓地（Congbháil Cemetery in Drumáin，"Congbháil"即 Conwall，"Drumáin"即 Drummans），有一个坟墓，墓旁有一块俗称为"多瓦库墓碑"的砂岩石碑。它高约 137 厘米，宽约 56 厘米，上面雕有一个神秘生物的轮廓："它表现出一只倚躺着的动物，身体和腿像狗，有着深陷的肋骨和有力的大腿。尾巴长而弯曲，末端有一处明确的毛发……到目前为止的描述都是一只狗；然而，它的爪子异常地大，脖子长而粗，头颅短，头部和颈部都难以确定。这些特征，再加上一对小耳朵，使它看起来像水獭或某种鼬类"（Tohall, 'Dobhar-Chú', 127-9）。碑上还有一只手，手里抓着一柄长矛或鱼叉，正在追赶这只动物。碑文在 20 世纪中叶已难以辨认，读起来似乎是"（此处长眠着）格蕾丝·康纳利（Grace Connolly），她是特伦斯·麦克劳克林（Terence MacLoghlin）之妻，逝于主后 1722 年 9 月 24 日"。另一块"多瓦库墓碑"位于格伦纳德（Glenade）湖[②]南端的基尔鲁斯克（Cill Rúisc，或 Kilroosk），但现在已经遗失了。当地传说称，一个叫格兰妮（Grainne，相当于 Grace）的女人去格伦纳德湖洗衣服，然后就再也没有回来。她的丈夫麦克劳克林去找她，发现"她血淋淋的尸体躺在湖边，一只多瓦库在她的胸前沉睡"（Tohall, ibid.）。麦克劳克林用匕首杀死了这只野兽，但它在死前用尖叫唤来了另一只同伴。麦克劳克林只得逃命，不过他终究返回，杀死了这另外的一只。一只有独角的多瓦库，看起来像**独角兽**，据说曾被杀死在凯希尔班（Caiseal-bán）的巨石阵里，位于斯莱戈郡[③]的凯希尔加隆（Cashelgarron）附近。多瓦库也被认为是一种水獭王或水獭

---

① 位于爱尔兰北部，历史上属于康诺特省。
② 亦在利特里姆郡。
③ 位于爱尔兰西北海岸，历史上属于康诺特省。

首领，并被说成是普通的水獭的第七个幼仔。在苏格兰的赫布里底群岛，曾有传说称："只要有九只水獭，其中就会有多瓦库。它是雄性，胸前有一个斑点，要杀死它，就只能攻击这个地方。它身体的其余部分刀枪不入。它喷出的烟能放倒六十码外的人。"（Goodrich-Freer, 'More Folklore', 35）就像水獭首领一样，白斑再次与它产生了联系。参见**巨水獭**。（Williams, 'Beasts and Banners', 62-78）

## 犬 | Dog

作为超自然物种的狗通常以颜色区分：深绿色的狗（**库·希**）；红耳的白狗；白色的**加里-特罗特**；**黑犬**。也有生活在水里的狗：**多瓦库**、**海犬**。狗也可以被视为灵魂的一种形态："有时，人的好天使和坏天使会以白狗和黑狗的形态互相撕咬。"（Hazlitt, Brand's, 665）关于长着狗头的生物，参见**犬头人**。

## 白领暗鸦 | Dog-Collared Sombre Blackbird

这种鸟类的学名为 *Clericus polydenominata*[1]，由弗兰克·A.古德利夫（Frank A. Goodliffe）识别并记录在《动物学记录》（1964年）[2]中："外观：类似平信徒，但羽毛和行为有所不同。羽毛为黑色，但有不间断地环绕于喉部的白领；足部亦为黑色，材质类似皮革。喙为粉红色，在冬季常变为青色……筑巢：通常发现于带尖顶的古老建筑附近。它们通常非常友好，在茶点时间，可以看到它们环绕在平信徒的筑巢地点周围。"其独特的叫声为"熊——

---

[1] 拉丁语，大意为"多重命名的牧师"。这种"生物"是对牧师的恶搞。"Dog-Collar"为双关语，既指狗项圈，也指牧师黑服上的白色硬立领。
[2] 《动物学记录》（*Zoological Record*），重要的动物学年刊。

弟——呀"（Brrrrr-rethren），并且"通常会在教堂里唱歌"。（Dance, *Animal Fakes*, 82）

## 龙 | Dragon

7世纪，塞维利亚的伊西多尔在他的《词源》（*Etymologies*）中写道："希腊人称它为'δράκων'（drakon），在拉丁语中转写为'draco'。"后来，通过古法语，这个词变成了现代英语中的"dragon"。此外，希腊语的"δράκαινα"（drakaina）意为"雌龙"，例如，复仇女神厄里倪斯（Erinyes，愤怒）会被这么称呼。伊西多尔继续写道："它们比所有的蛇，乃至世界上所有的动物都大。"这个词最初也是指**蛇**，但它后来获得了许多额外的特性，以至于自身可以单独成为一类生物。在一些神话中，龙的特性通常表现为一种原始的生物，代表了一个地区的混沌状态，它必须被身为战士的神祇或英雄征服，这些神祇或英雄来自一个比它年轻的种族：在巴比伦神话中，**提亚玛特**被马尔杜克击败；在古希腊神话中，**提丰**被宙斯、**皮同**被阿波罗，**拉冬**和**勒拿海德拉**被赫拉克勒斯击败；在迦南神话中，洛坦（Lotan）被巴尔（Baal）击败；在犹太神话中，**利维坦**被耶和华击败；在基督教传说中，天使长米迦勒和圣乔治都会击败代表撒旦的龙；在北欧神话和后来的日耳曼神话中，托尔击败了世界之蛇**尤蒙刚德**，希格尔德（Sigurd）或称齐格菲尔德（Siegfried）击败了法弗尼尔（Fafnir）；在古英语文学中，贝奥武甫（Beowulf）也击败了一条不知名的喷火龙，但在战斗中受了致命伤。在流行观念中，龙是宝藏的守护者，《贝奥武甫》中的喷火龙就是典型的例子，诗人称它为"出没在火焰中的虫""喷吐暴烈火焰的龙"。我们看到，在这之后，与火焰相关变成了龙的一条新特性；但在最早的神话中，龙却是水的人格化，

D

1533年飞跃巴伐利亚的龙（1540年）

例如公元前三千纪的苏美尔神话中的**库尔**；因为蛇的形状就像弯曲的河流或起伏的波浪。

然而，对龙的记载不仅限于古代神话，《盎格鲁-撒克逊编年史》（约编于890年）写道，792年，"这一年，不祥的预兆在整个诺森布里亚出现，人们被吓得惊慌失措。巨大的火焰划过整个天空，火焰的龙群也在空中飞舞，给人们带来严重的饥荒"（Plummer, Sax. Chron.）。一千多年之后，1864年，W. 温伍德·里德[①]写道："有翼的龙并非不可能源自这种动物，我们保存了这种叫'飞蜥'（Draco volans）的动物的标本，它是一种小蜥蜴，拥有类似蝙蝠翅膀的翼膜。但我们至少可以说，这种可能性很低。"（Savage Africa, 370）在人类历史的大部分时间中，人们都相信龙的存在，正如编年史记载的那样，甚至还可以看到它们；即使是在维多利亚时代，

---

① 威廉·温伍德·里德（William Winwood Reade, 1838—1875），英国历史学家、探险家。

它们的真实性也得到了认真、严肃的对待；当然，也有怀疑论者存在。

《盎格鲁-撒克逊编年史》中的龙群可以用自然的空中现象来解释，实际上，大阿尔伯特①就是这样解释的："我认为那些关于在空中飞行、喷出白炽火焰的龙的轶事完全不可信，除非这些故事指的是一种被称为'龙'的水汽。"（*An. Hist.*）但他提到的"水汽"似乎也一样神秘；他可能指的是被太阳染红的云层，或是流星。

天空中的龙一般都被解释为灾难到来的预兆；当龙于 792 年出现在英格兰上空之后，后面的事情似乎就不可避免了："之后不久，在这一年的 6 月 8 日，残忍的异教徒无情地踩踏了林迪斯法恩（Lindisfarne）岛上的基督教堂，人们遭到了无耻的掠夺和屠杀。"（Plummer, *Sax. Chron.*）

### 《自然史》中的龙类 | The Natural History of Dragons

在关于龙的早期记载中，最有影响力的著作是 1 世纪的罗马作家老普林尼的《自然史》。他把龙放在印度，称它是大象的死敌："大象栖息在非洲的苏尔提斯（Syrtes）沙漠的彼方、毛里塔尼亚、埃塞俄比亚，以及前文所述的穴居人（Troglodyte）的领土上。但最大的大象产于印度，印度同时还出产龙类，它们与大象进行着永无止境的斗争。这些龙巨大无比，甚至可以把大象缠卷起来，一圈圈地紧紧缠绕，使大象动弹不得。它们双方都会在这样的斗争中丧命：大象会被缠死，但倒地的时候，它的重量也会把龙压烂。……龙最难对付的一点是，它可以爬到非常高的地方；它会守在路上的大象脚印旁边，爬到附近的参天大树上，等大象

---

① 大阿尔伯特（Albertus Magnus，约 1200—1280），德国哲学家、神学家。

再次经过的时候，就从高处落到它的头上。大象知道，自己一旦被卷住，就在对抗中非常不利，所以会寻找树木或岩石来摩擦身上的龙。龙当然也会防范大象这么做，它会首先用尾巴把大象的腿卷住，限制它的移动。大象会努力用鼻子解开腿上的限制，但龙则会把头钻进大象的鼻孔，使它无法呼吸，同时撕裂它最柔软的部位。而当大象和龙在路上出乎意料地相遇时，龙会直起上身，直接进攻大象，特别是瞄准它的眼睛进攻。这就是人们经常发现目盲、疲惫、饿得瘦骨嶙峋，看起来痛苦不堪的大象的原因。这只能解释为，大自然以观赏这样的斗争为乐，希望看到这样的斗争；否则，还有什么理由可以解释这样的死斗？关于这种斗争，我还要再讲一个故事。据说，大象的血液是非常冷的，因此，在灼热的夏季，它特别容易遭到龙的袭击。龙会藏在河里，等大象来饮水的时候，就顺着它的鼻子爬上去，紧紧咬住它的耳后，那里是大象唯一无法用鼻子保护的地方。据说，龙的身躯大得可以吸干大象的

以龙的形象现身的恶魔（1767—1768年）

血液；血被吸干的大象倒地身亡，而龙也因大象的血陷入酩酊状态，从而被大象压烂，双方同归于尽。"(*Nat. Hist.*, 8.11-12)

然而，龙的栖息地点也不只限于印度。普林尼告诉我们（8.13）："埃塞俄比亚也出产像印度一样的龙，但没有那么大，仅有二十肘长。唯一让我吃惊的是，朱巴（Juba）相信，它们拥有头冠。在埃塞俄比亚，一个叫阿萨凯伊人（Asachaei）的种族会驯养大象，据他们讲，在他们所处的沿海地区，大象会互相连接在一起，在海上组合成某种筏子，然后把头仰起来充当帆，就这样乘着海浪渡过大海，前往位于阿拉伯的更加丰美的牧场。"

据普林尼记载，就像与大象的死斗那样，龙有另一个死敌——鹰；普林尼称（10.4）："鹰会与龙进行更加可怕的战斗。虽说这种战斗发生在空中，但其结果非常值得怀疑。龙会在恶毒的贪婪中渴求鹰的蛋，作为报复，鹰无论在任何地方见到龙，都会将它攫起。龙会在鹰的翅膀上反复缠卷、狠狠缠绕，直到它们一起坠地身亡。"在以上所有引文中，普林尼对龙的称谓都是"draco"。

**动物寓言集中的龙 | The Dragon in the Bestiaries**

普林尼关于龙象斗争的主题被后来的大多数（如果不是全部）博物学著作引用。从埃利安的《论动物特性》（6.21）直到 13 世纪英格兰的巴塞洛缪斯的《事物本性》。尽管普林尼十分权威，但后来的作家也会添加自己的修饰，尤其是添加越来越多的《圣经》中的内容。12 世纪，佛洛伊的修伊[①]为龙引入了一些来自**鸡蛇**的元

---

① 佛洛伊的修伊（Hugo de Folieto，约 1100—约 1172），法国牧师，作有大量动物寓言。

素，称龙可以用它的气息和尾巴杀死别的生物。而且，由于它的庞大，他将龙象征性地联系到魔鬼身上："龙，所有蛇中最大的蛇，是魔鬼，万恶之王。就像它会用它有毒的呼吸和尾巴带来死亡那样，魔鬼会用思想、言语和行动摧毁人的灵魂。他用傲慢的呼吸杀死人们的思想；他用恶意毒化人们的言语；他用邪恶的行为扼杀人们，就像用尾巴绞杀一样。"修伊也以民间传说的方式对潮汐进行了解释："犹太人说，上帝创造了一条大龙，叫利维坦，它住在海里；根据民间传说，大海退潮是那条龙回去的缘故。"（Hugo de Folieto, MS Sloane 278, in Druce, 'Elephant'）到此为止，动物寓言集中还没有出现过关于龙喷火的描述；这一描述无疑来自它致命的呼吸。在另一本13世纪的动物寓言集（British Library Harley MS 4751）中，出现了一个概念："这种生物经常偷偷地从它在山峰中的洞穴里飞出来，身体发着光，在空中狂暴地飞行。"这又把我们带回到了《盎格鲁-撒克逊编年史》中那些在天上飞翔的"燃烧的龙群"。

## 关于龙类的其他记载 | The Evidence for Dragons

13世纪末，伟大的旅行家马可·波罗记载道，哈喇章省（Carajan，今中国云南）的"蛇和巨蟒是如此庞大，会使目睹它们的人心惊胆寒。同时它们又是如此丑恶，会使听闻它们的人惊奇莫名"。他说，这些蛇有十步长，只有两只前腿，腿上长着像鹰或狮子一样的爪子，巨大的脑袋上长着"比大面包还要大"的眼睛。它们满口都是尖牙利齿，嘴大到足足能吞下一个人。当他的《游记》以《奇异之书》（Livre des Merveilles）的名字于1403年出版的时候，这一描述已经有了插图：他笔下的蛇长出了翅膀，身体的每一个部分都像龙，但是只有两条腿，因而严格说来，它们其实是

**飞龙**。英国的第一位印刷出版商威廉·卡克斯顿在 1481 年出版了《世界之镜》(*Mirror of the World*),这是在英格兰出版的第一本有插图的书,以及第一本百科全书;这本书中当然有关于龙的记载,著者自信地声称,龙住在印度的一个叫普罗巴恩(Probane)的岛上,与**狮鹫**、**蝎尾狮**住在一起。爱德华·托普塞尔在他出版于 1607 年的著作《四足兽的历史》中依然把龙与其他生物并列记载,而且大量引用了老普林尼的幻想成分甚多的记述。晚至 1614 年,还有一个叫"A.R."的人写了一本小册子《真实与神奇:关于奇怪的、怪异的蛇或龙的论述》(*True and Wonderfull: A Discourse Relating a Strange and Monstrous Serpent, or Dragon*),详细介绍了一条曾经蹂躏过苏塞克斯郡的龙:它长达九英尺,甚至更长,脚很大,鳞片上半部分是黑色的,下半部分是红色的,可以把毒液喷出四杆远的距离。有些人甚至宣称,自己拥有真实的龙的标本。17 世纪,牛津大学植物学教授雅各布·博巴特(Jacob Bobart,1599—1680)曾藏有一只小"龙"的干燥标本,至少他自己是这样说的。同时,从"燃烧的龙群在空中飞过"到潮汐的涨退,很多自然现象都被当作龙真实存在的证据。再加上古代权威作者的记载、马可·波罗从欧洲人第一次涉足的世界其他地区带回欧洲的报道等,这些只能让人们肯定龙的存在。被发现的恐龙化石一直是人们对巨人或巨怪物种的幻想或猜测之源。广泛存在的、对恐龙化石真相的无知,使许多不法之徒编造出关于巨怪的幻想,将巨大的骨架在公众面前展览。除此之外,还有各种各样、供应丰富的**简尼·翰易韦**的案例,例如博巴特的"龙"。轻信者总是会轻易受骗。也一直有人将自然界真实存在的爬行动物与想象中的龙混为一谈,就像温伍德·里德所写的那样。我们甚至会将"龙"作为一些物种的学名或俗称,从飞蜥属(*Draco*)的蜥蜴,到弥尔顿笔下的"**河龙**"(鳄鱼),再到"科摩多龙"(学名为

*Varanus komodoensis*,即科摩多巨蜥)。本词条没有提及的其他重要龙类还有:威尔士的龙(**威尔士红龙**)、苏格兰的龙(**贝尔**)、**中国龙**。参见**虫**以及虫中的一些特殊个体,例如**莱德利虫**、**莱姆顿虫**、**林顿虫**、**斯托尔虫**。

## 中国龙 | Dragon, Chinese

中国古代的权威学者,如王符[①],认为中国版的龙"角似鹿、头似驼、眼似兔、项似蛇、腹似蜃、鳞似鱼、爪似鹰、掌似虎、耳似牛"。它靠头上的某种气囊飞行,身体为三等分,[②]身上的鳞片有特定的数目[③]。有一些龙是善良的,其余的龙是邪恶的。它们分为很多变种:牛龙、犬龙、鱼龙、马龙、蛇龙、蛤蟆龙等等。老虎是它的宿敌;即便这样,也有虎头龙存在。它可以变成任何形状:人类、动物,甚至无机物。它们是水与风之神。(Mac-kenzie, *Myths China*, 46-7)

## 德拉古埃 | Drangue

亦称"Drangoni"(复数为"Drangonis")、"Dragu"(复数为"Dragona"),来自拉丁语"draco(nem)"、意大利语"dragone"。在阿尔巴尼亚的斯库佩塔尔(Shcypetaar)部落的传说中,这是一

---

① 王符(约85—约163),东汉政论家、文学家、哲学家。
② 罗愿《尔雅翼·释鱼一·龙》:"王符称,世俗画龙之状,马首蛇尾。又有三停九似之说,谓自首至膊,膊至腰,腰至尾,皆相停也。九似者,角似鹿、头似驼、眼似兔、项似蛇、腹似蜃、鳞似鱼、爪似鹰、掌似虎、耳似牛。头上有物如博山,名尺木,龙无尺木不能升天。"
③ 李时珍《本草纲目·鳞部》:"其背有八十一鳞,具九九阳数。"这句话是李时珍在转引《尔雅翼·释龙》时添加的。

条会与企图掀起风暴、毁灭人类的库尔谢德拉（Kulshedra）作战的龙，是一种仁慈的男性精魂，而库尔谢德拉则是邪恶的女性精魂。男人或雄性动物可以在死后成为德拉古埃——如果切开身体时发现他有一颗金心，里面包裹着一颗宝石。同样地，女性也会在死后成为蛇或其他有害的生物。这个部落的人称，猛烈的雷暴就是德拉古埃和库尔谢德拉在战斗。（Durham, 'High Alb.', 453-72; Haussig, *Götter*, 473）

## 达德利蝗虫 | Dudley Locust

亦称"达德利昆虫"，是一种"不可能存在的生物"的化石，以西米德兰兹郡的达德利镇命名。达德利镇有一座著名的石灰石采石场，在这里发现过许多古生代的三叶虫化石；然而，被发现的化石大都是不完整的，但只有完整的标本才能卖出高价，因此大胆的采石工往往会将不同的化石碎片拼凑成完整的化石，从而创造出全新的未知三叶虫物种。威尔士国家博物馆对这类化石有出色的收藏。与此类似的假菊石化石被称为**蛇石**。（Dance, *Animal Fakes*, 104）

## 顿尼 | Dunnie

有时是一匹马，有时又是一个死人——顿尼以其令人生厌的恶作剧在诺森伯兰郡的哈兹尔里格（Hazlerigg）闻名。它最喜欢干的坏事是："当农家需要接生婆，一家之主骑马去接她时，顿尼会变成马的样子。这匹假马会安全地载着他，直到他把接生婆接来，两人同乘这匹马往家里去；在回家的路上，道路最泥泞之处，它会突然消失，把这两个人扔在泥地里挣扎。此外，当农夫（自认为）在田地里抓住自己的马，把它带回家，想为它装挽具的时候，他会惊讶而失望地发现，挽具'直接掉在了地上'，而马奔跑起来，像风一样跑过这个村庄。"但它也能够以显然是人类的身姿出现，徘徊在切维厄特丘陵①，悲叹自己"丢了边界的钥匙""我永远毁了"。由此可以猜测，它曾是强盗中的一员，曾经劫掠过边境的乡村，但后来丢失了自己藏在峭壁上的财宝，在孤寂和确定无疑的贫穷中死去。参见**赫德利考**和**皮克崔·巴拉格**。

**D**

---

① 切维厄特丘陵（Cheviot Hills），在英格兰与苏格兰之间。

# E

## 埃赫-希 | Each-Sith

这是苏格兰传说中的一种仙马,名字来自盖尔语[1]。它通常作为**凯尔派**的另一个称呼使用,不过也可能是暗指**埃赫-乌斯吉**。

## 埃赫-乌斯吉 | Each-Uisge

这个名字是苏格兰盖尔语,意思就是"水马",是一种凯尔特**水马**,在爱尔兰语中称作**奥吉斯凯**:"在盖尔人面对的所有超自然存在中,它是最恐怖、最令人畏惧的一种。"(Kennedy-Fraser, *Songs*, 94)与欧洲大陆上的白色或灰色的水马相反,埃赫-乌斯吉几乎总是黑色的。不可将其与类似的**凯尔派**混淆;埃赫-乌斯吉总是会以最适合观看者的样貌出现:"对于男人,它总是显现为一个巨大、黑色的多毛怪物,喷着响鼻、咬着牙齿,从此往后不断缠扰着他们,就像一场噩梦;对于女人,尤其是对于年轻漂亮的女人,它则会现身为一个英俊的青年。"(Kennedy-Fraser)据信,这种生物经常出没的地点有:斯佩河、拉赛岛、刘易斯岛、埃格岛、莫纳赫群岛。在詹姆斯·博斯威尔[2]于1773年与塞缪尔·约翰逊游览苏格兰高地和岛

---

[1] 盖尔语。"each",马。
[2] 詹姆斯·博斯威尔(James Boswell,1740—1795),英国传记作家,以为其好友、著名文人塞缪尔·约翰逊(Samuel Johnson,1709—1784)撰写的传记闻名。

屿的旅程中（*Journal*, 195-6），他记载道，他们的导游马尔科姆·麦克劳德（Malcolm M'Cleod）"告诉了我一则奇怪的、难以置信的传说"。他们两个（当时约翰逊没去）当时正在前往拉赛岛上的顿卡恩（Dùn Caan）山的途中，已经经过了两个湖泊；在经过第一个湖泊——莫纳湖（Loch na Mna），而不是梅里赫湖（Loch na Meilich）——时，马尔科姆记起了一则传说："他说，这湖里曾经有一只野兽，一只'海马'，它曾从湖里出来，吃掉了一个男人的女儿。于是，那人点燃一堆巨大的篝火，烤了一头猪，用香味吸引怪物。火里放着一根烤肉扦。那人自己趴在一道松垮的矮石墙后面隐藏身形，他此前还用两排巨大的平石为怪物垒了一条路，这条路从山顶的火堆直通湖边。怪物来了，那人用烧红的烤肉扦捅死了它。马尔科姆将那个低矮的藏身处和两排石头指给我看；他讲这个故事的时候没有笑。"参见**凯尔派**、**塔布-乌斯吉**（水公牛）。（Campbell, *Pop. Tales*, IV, 307-8; Henderson, *Survivals*, 116; MacDougall and Calder, *Folk Tales*, 307-319）

## 耶尔 | Eale

参见**耶鲁兽**。

## 厄克内斯 | Echeneïs

这个名字源自希腊语"ἔχειν"（echein），"握住"，及"ναυς"（naus），"船"，拉丁语称为"remora"，"延滞"。这是一种小鱼，据老普林尼称，它拥有超自然的力量："这是一种非常小的鱼，称为'厄克内斯'，它能够抵消海上的风暴。风可以吹，风暴可以肆虐，但厄克内斯却可以控制风和风暴的愤怒，抑制那种强大的力量，使船只无法前进；不用缆绳、不用锚，只靠自己那与体形完全不符的重量，它们就能做到这一点！这种鱼会约束大海那鲁莽的暴力、征服宇宙那疯狂的愤怒，但它们自己却不会做出任何努力，并未采取行动去抵抗这些力量，甚至什么也不做。实际上，它们只是黏附在船底而已！当它黏附到船底之后，尽管自身微不足道，却足以抵消所有这些自然界的力量，阻止船只前进。人们建造全副武装的舰队，在甲板上堆起高塔和舷墙，使海战变得像攻城战一样，但这都只是人类的虚荣心而已！——所有这些船首、青铜或铁质的撞角，以及船上的武装，全都会被一条小鱼牢固地固定在海面上，而它的全长不过半尺！据说，在阿克提乌姆海战①中，一条这种鱼定住了安东尼的座舰，当时他正在巡视整个舰队，一艘接一艘战舰地鼓舞、激励他的部队。因此，当他的座舰无法航行时，他不得不改换到另一艘战舰上。这一变故使凯撒②的舰队开始获得优势，激起加倍的战意。在我们的时代也发生过这种事：一条这种鱼使盖乌斯皇帝③的御船无法航行，当时他正要从阿斯图拉返回安提乌姆④；事实证明，这条不起眼的小鱼预言了一桩极为重大的事件——皇帝刚刚回到罗马，就被他的部下刺杀了。直到发现这条鱼为止，御船的停止都是一个谜，因为当时在整个舰队中，只有皇帝本人乘坐的这艘五列桨船停止了前进。那时，一些水手跳进海里，查看两侧船舷，结果发现一条'厄克内斯'黏

---

① 阿克提乌姆（Actium）海战，罗马共和国时期的最后一场战役。公元前31年9月2日，屋大维（奥古斯都）的舰队在阿克提乌姆附近海域击败了安东尼和克利奥帕特拉的联合舰队，从而确定了屋大维在内战中的最终胜利。
② 即奥古斯都。
③ 即罗马暴君卡里古拉（Caligula, 12—41），他的全名为盖乌斯·优利乌斯·凯撒·奥古斯都·日耳曼尼库斯（Gaius Julius Caesar Augustus Germanicus）。
④ 安提乌姆（Antium），今意大利安齐奥（Anzio）；阿斯图拉（Astura），安提乌姆附近的一个小岛（现在是半岛），当时是罗马名门望族的度假胜地。

附在舵上。在水手们把鱼呈到皇帝眼前时,他勃然大怒,因为仅仅这样一条小鱼就阻止了他的御船,就连四百名桨手拼命地划桨也是徒劳。众所周知,尤其令他吃惊的是,当鱼附着在船上的时候,它能够阻止船的前进,但被拿上甲板之后,它就失去了这种力量。根据当时在场的、以及后来看过鱼的人所言,那条'厄克内斯'酷似一只大蛞蝓。"(*Nat. Hist.* 32.1)普林尼还补充说,希腊人相信这种鱼拥有魔力,将它作为护身符佩戴可以防止流产,而如果将它保存在盐中,就会有助于妇女生育。1758年,林奈用这个词来命名鮣属(*Echeneis*)及其下的鮣鱼(*Echeneis naucrates*);1789年,俄国博物学家苏耶夫①又为这一科增加了一个叫白鳍鮣(*Echeneis neucratoides*)的新种。鮣属鱼类的背部有一个独特的吸盘,可以让它吸到其他大鱼的身上。

## 厄喀德娜 | Echidna

她是希腊神话中的一位女仙或次级女神,刻托(Ceto)和**福耳库斯**的女儿②,半人半蛇。赫西俄德在他写于前700年左右的《神谱》中这样描述她:"凶残的女仙厄喀德娜……半是女仙——目光炯炯、脸蛋漂亮,半是蟒蛇——庞大可怕、皮肤上斑斑点点。她住在神圣大地之下的隐僻之处,以生肉为食。在那个远离神灵和凡人的地方,在深深的地下的一块中空的岩石下,她有一个洞穴,于是神灵就把那儿赐予她作光荣的寓所。可怕的厄喀德娜,这个长生不死的女仙……"(*Theog.*, 307)根据赫西俄德的记载,她与巨龙**提丰**生下了双头犬**俄尔图斯**、多头犬**刻耳柏洛斯**、**勒拿海德**

---

① 瓦西里·费奥多罗维奇·苏耶夫(Vasily Fyodorovich Zuyev, 1754—1794),俄国博物学家。
② 一说为克律萨俄耳和卡利罗厄的女儿。

厄喀德娜,科尔基斯龙之母(约 1663 年)

拉、奇美拉、拉冬和科尔基斯龙(Colchian Dragon)[1],然后又和俄尔图斯生下了**斯芬克斯**和**尼米亚猛狮**。阿波罗多洛斯[2]还把克

---

[1] 这是一条在科尔基斯的阿瑞斯圣林中看守金羊毛的龙,它永远不需要睡眠。在伊阿宋和阿尔戈英雄们去取金羊毛时,美狄亚设法使这条龙睡着,伊阿宋才得以取得金羊毛。
[2] 伪阿波罗多洛斯(Pseudo-Apollodorus),身份不详的古代作家,重要的希腊神话文献《书库》(*Bibliotheca*)的作者。《书库》的残存手稿将作者的名字写为"阿波罗多洛斯",此人曾被认为是古希腊学者、雅典的阿波罗多洛斯(约前 180—约前 120),但后来发现书中引用文献的写作时间与雅典的阿波罗多洛斯的生活时代不合,因此习惯上将作者称为"伪阿波罗多洛斯"。

**罗米翁牝猪**归为她的后代。希罗多德还称，赫拉克勒斯为了取回被她拐走的马匹，也曾与她同寝，他们之间生下了阿伽杜尔索斯（Agathyrsus）、盖洛诺斯（Gelonus）、斯基泰斯（Scythes），而斯基泰斯就是未来的斯基泰国王（*Hist.*, 4.8-10）。根据阿波罗多洛斯的记载，她在睡梦中被百眼巨人阿尔古斯（Argus）所杀，阿尔古斯"浑身都长着眼睛"（*Library*, 2.1.2）。

## 象 | Elephant

各种纯属幻想的大象都曾见于记录，例如**海中象**和有翼的大象。后者就像是印度的**珀伽索斯**，常见于印度神话及艺术；一本关于大象的印度著作《象戏》（*Matangalila*）就描写了几个长有翅膀的大象的例子。同时，在印度教神话中，支撑世界的也是一头名叫"摩诃帕德摩"（Mahapadma）的大象。（Murthy, *Myth. An. Ind.*, 13）

## 埃梅特 | Emmet

这是纹章学中的蚂蚁，亦称**皮斯米尔**，象征着勤劳与理解。约翰·古利姆[①]在他出版于 1610 年的著作《纹章一览》（*A Display of Heraldrie*）中写道："埃梅特或皮斯米尔可能表示一个人在他从事的所有事务中表现出的伟大的勤劳、智慧、远见，是对他在未来或现在取得的成就的纪念。"在弥尔顿的《失乐园》中，我们读到："先看极细小的蚂蚁（Emmet），却能知未来，／小小的容器却容得下伟大的心，／可以说是以后正义、平等的模型……"（Bk 7）

---

① 约翰·古利姆（John Guillim，约 1565—1621），英国古物学家、伦敦纹章院的纹章官。

蚂蚁和蜜蜂是仅有的被用在纹章里的昆虫。在苏格兰，人们会用杯子和蚂蚁（Caora-Chòsag）进行粗糙的天气占卜，方法是把蚂蚁装到杯子里，摇晃杯子，直到它看起来快死了为止，然后把它倒在桌子上。根据蚂蚁的姿势是躺是卧，以及它逃跑的速度有多快，人们可以依据一些已被遗忘的理论预知第二天的天气。（Campbell, *Sup. High.*, 228）

## 恩巴尔 | Enbarr

出自爱尔兰神话，是玛纳诺·麦克·列[①]的一匹白马，其名意为"灿烂的鬃毛"。它"比春风更快"，可以在大地和海洋上奔跑。它的缰绳来自一匹**水马**。（Eiichirô, '"Kappa" Legend', 35; Howey, *Horse Magic*, 142-3）

## 恩菲尔德 | Enfield

这是纹章学中的一种复合动物，有狐狸的头部、灵缇的前胸、鹰的爪子、狮子的躯体和后腿，以及一条狼尾。有些时候，它的后腿是灵缇的、爪子是狮子的。伦敦市恩菲尔德区的纹章就是它，不过与恩菲尔德关系最密切的还是爱尔兰的凯利（Kelly）或奥凯利（O'Kelly）家。关于这个家族的传说称："在威缅因（Hy-many）的奥凯利家族中有一个传统，他们必须佩戴恩菲尔德的饰章。这个传统可追溯至泰德·莫尔[②]的时代；据说在克隆塔

---

[①] 玛纳诺·麦克·列（Manannán mac Lir），爱尔兰神话中的海神。
[②] 泰德·莫尔·瓦凯拉（Tadhg Mor Ua Cellaigh, ?—1014），威缅因（Uí Maine，英语形式为 Hy-many，爱尔兰的一个小古国，位于康诺特南部）的国王，在克隆塔夫战役中战死。奥凯利是瓦凯拉（又称奥凯拉，Ó Ceallaigh）的英语形式。

夫战役[①]中，这只奇妙的动物自海中而来，从丹麦人手中保护了奥凯利，直到他得到扈从的救援。"（O'Donovan, *Tribes*, 99）威廉姆斯（'Beasts', 62-78）相信，这只动物的原型就是爱尔兰的**昂库**。

## 厄尔希尼 | Ercinee

参见厄尔希尼亚。

## 厄律曼托斯野猪 | Erymanthian Boar

在希腊神话中，这只巨大的野猪从厄律曼托斯山上下来，蹂躏位于北阿卡迪亚的普索菲斯城周围的乡村。活捉这只野猪是给

赫拉克勒斯与厄律曼托斯野猪（1608 年）

---

① 克隆塔夫战役（The Battle of Clontarf），1014 年 4 月 23 日，爱尔兰至高王布莱恩·博罗（Brian Boru）在都柏林附近的克隆塔夫率军击败了都柏林王、伦斯特王和维京海盗的联军。

赫拉克勒斯的第四项任务。赫拉克勒斯在路上与一群**半人马**打了一仗，然后把这只野猪赶进厚厚的雪地，直到它精疲力尽，最后活捉它，把它带回迈锡尼。（Apollodorus, *Library*, 2.5.4）

## 埃克索锡图斯 | Exocoetus

这是一种据说栖息在希腊伯罗奔尼撒半岛的两栖动物。老普林尼在《自然史》中记载道（*Nat. Hist.*, 9.19）："阿卡迪亚有一种奇妙的鱼叫'埃克索锡图斯'，这个名字源自它在岸上睡觉的习性。这种鱼产自克利托里乌斯（Clitorius）河的岸边，据说天生就会说话，没有鳃，有些作家称它为阿多尼斯（Adonis）。""Exocoetus"是古希腊语，字面意思是"睡在外面"；今天，这个名字被用作飞鱼属的学名。

## 非凡之鱼 | Extraordinary Fish

这条"非凡之鱼"是一件维多利亚时代的"深海奇迹"，据说是1861年在塔尔伯特港捕获的。它被描述为：长四至五英尺，"还有其他怪异的特征。它有两条腿，有类似小牛的蹄子，还有四排牙齿，等等。非常值得一看"。它在阿伯德尔市商业广场的金狮旅店展出，门票两便士，儿童半价。这一展览的宣传单现保存在加的夫的威尔士博物馆。

# F

## 法乌恩 | Faun

这是罗马神话中的一种半人半山羊的生物,类似希腊神话中的**萨提尔**。这里要提到一个名叫法乌努斯(Faunus)的神,后来的神话为这位神祇加上了许多与希腊的**潘神**相同的共性。法乌努斯有一个姐妹(在后来的神话里是妻子)法乌娜(Fauna);根据传说,他在喝醉了葡萄酒之后用一根桃金娘的树枝将她打死,但接下来又感到后悔,遂将她升为神祇。而法乌恩们(复数为"Fauni")则被视为他的侍从,人们相信,它们的性格是孩子气的,有时还会做一些恶作剧(噩梦被归因于它们的影响)。罗马每年有两个"法乌努斯节"(Faunalia),分别在2月13日和12月5日。(Peck, *Harper's Dict.*, 662-3)

## 可怕生物 | Fearsome Critters

这是一个范围广泛的术语,指由北美的伐木工人发明的各种神奇野兽,介于民间传说、吹牛大话和彻头彻尾的笑话之间。这些动物包括:"田地投棍兽"(Agropelter),住在空心树里,会挥舞大棍砸过路人;"斧柄猎犬"(Axehandle Hound),一种长得像斧子的狗,会吃掉没人看管的斧子;"球尾猫"(Ball-Tailed Cat)及其亚种"流星锤尾猫"(Digmaul)和"银猫"(Silvercat);跳跃的

"比尔达"（Billdad），生活在飓风镇（Hurrican Township）的分界池（Boundary Pond）周围；"仙人掌猫"（Cactus Cat），全身覆盖着尖刺，会喝酒，会整晚嚎叫；"营地花栗鼠"（Camp Chipmunk），以人们丢弃的果核为生；"中美三面兽"[①]（Central American Whintosser）；长得像短吻鳄，没有嘴，用鼻孔吸入猎物的"鼻吸鳄"（Dungavenhooter）；"鱼猎犬"（Fish Hound），由"地狱潜者"（Hell Diver）和水貂所生；"飞鼠"（Flittericks），一种危险的、会高速飞行的松鼠；"殡葬山棺材兽"[②]（Funeral Mountain Terrashot）；**毛皮鳟鱼**或称毛鳟鱼；"吉利加罗鸟"（Gillygaloo），会生正方体的蛋，以防它们顺着山坡滚下去；"戈方鱼"（Goofang），会向后游，以保持自己的眼睛露出水面；向后飞行的"戈夫鸟"（Goofus Birds）；"冈伯罗"（Gumberoo），身体肥胖而坚韧，比熊还大，易在夜间爆炸；有着可伸缩的腿的"吉亚斯库图斯"（Gyascutus），以岩石和地衣为生；喜欢挂在树枝上摆动的"垂挂兽"（Hangdown）；"躲树兽"（Hide-Behind），一种既高又瘦的生物，会藏在树后，喜欢吃人类的内脏；栖息在沼泽里的"霍达格"[③]（Hodag）；"桶箍蛇"（Hoop Snake），能叼住自己的尾巴形成轮形，以此滚动；13英尺高的"胡嘎格"（Hugag），它会把身体靠在伐木工的小屋上，以此摧毁小屋；"海波姆猪熊"[④]（Hyampom Hog Bear）；身体有蓝色条纹、腿有三个关节的"卢弗朗"（Luferlang），它可以向任意的方向奔跑（真是一个惊喜）；没有羽毛的"菲利罗鸟"（Phillyloo），它可以倒挂着飞行；只有一个翅膀的"尖峰松鸡"

---

① 这种生物的身体呈三角柱形，每个侧面都长着四只脚。
② 这种生物有一个长方体形的身体和四条长而细的腿。
③ 这种生物大嘴、短腿，头似青蛙，长着巨大的爪子和尖牙，背上生满棘刺。它现在已经变成了威斯康星州莱茵兰德（Rhinelander）市的一种吉祥物。
④ 这种生物的外形类似小熊，极嗜猪肉。

（Pinnacle Grouse），它被迫在任何合适的山峰之间飞来飞去；"绳嘴兽"（Roperite），它用绳状的喙套取奔驰的野兔；毯状的"卢姆提弗斯尔"（Rumtifusel），它会把自己蒙在粗心大意的受害者身上，吸取血肉；"山坡走兽"（Sidehill Dodger），一侧的两条腿长，另一侧的两条腿短，特别适合在山坡上行走；科罗拉多山脉中的"滑岩兽"[①]（Slide-Rock Bolter）；栖息在佛罗里达，用螺旋桨状的尾巴驱动前进的"斯诺利苟斯特"（Snoligoster）；会用头撞断树的"断树猫"（Splintercat）；宾夕法尼亚铁杉林中悲伤的"湿眶客"[②]（Squonk）；会发出啸声和喷出蒸汽鼻息的"茶壶兽"（Teakettler）；"搬运道沙嘎毛"（Tote-Road Shagamaw），会吃掉伐木工挂在树上或木头上而后忘掉的衣服等物；腿像三脚架的"三脚架腿兽"（Tripodero），可以用它枪状的喙喷射黏土颗粒；在树上筑巢的"陆鳟鱼"（Upland Trout）（虽然最近发现一种鳟鱼即"斑纹隐小鳟"的确会这么做）；"瓦帕罗西"[③]（Wapaloosie）；"威芬噗"（Whiffenpoof），一种味道像奶酪的鱼；"旋转低鸣兽"（Whirling Whimpus），它可以

可怕生物：断树猫（1910年）

---

① 这种生物的身躯巨大，只生活在超过45度的山坡上，平时用爪状的尾巴抓住山顶。在捕食猎物时，它松开尾巴，张着嘴一路滑向猎物，同时吞噬途中一切挡路的东西。
② 这种生物的全身都长着疣，由于为自己的外表感到羞愧，它大部分时间都在哭泣。
③ 这种生物只有小狗大，善于爬树，就连它被剥下来的毛皮也善于爬树。

立在自己的一只蹄子上高速自旋，快到肉眼几乎不可见。如果不是因为伐木业衰落，这个名单无疑还可以更长更长地延续下去；一个勤勉的考据者会发现，这个名单着实是太长了。像"冈伯罗"和"断树猫"这样的生物显然是在幽默地解释森林里的景观和怪象，例如某些令人费解的夜晚噪音，通常出奇地响亮，以及被暴风雨刮断的树木。另外一些，如毛皮鳟鱼，其实就是人造的赝品，即**简尼·翰易韦**，**鹿角兔**有时也包括在这一类别中。这些生物第一次得到汇编出版，是在威廉·T. 考克斯（William T. Cox）的《伐木者的可怕生物》（*Fearsome Creatures of the Lumberwoods*，1910 年）中。乔治·B. 萨德沃思（George B. Sudworth）还为这些动物编造了虚构的拉丁学名。亨利·哈灵顿·特赖恩（Henry Harrington Tryon）以他 1939 年的同名小说《可怕生物》使这个术语广为人知，这本书被题献给"那些拿着袋子猎鹬，被树上吱吱兽的叫声吓得跳到一旁的人"[1]，云云。这两本书都附有插图。其他重要的汇编包括两本讲述传说中的伐木工保罗·班扬（Paul Bunyan）的小书，作者是威斯康星州麦迪逊市的州立历史博物馆的前馆长查尔斯·爱德华·布朗（Charles Edward Brown，1872—1946），以及《霍达格》（*The Hodag*），作者是卢克·西尔维斯特·"湖岸"·卡尼（Luke Sylvester 'Lake Shore' Kearney）。

## 凤凰 | Feng Huang

凤凰是中国版的**不死鸟**，象征四方的神兽之一（南方、火）。

---

[1] "猎鹬"（Snipe hunt）是一种美国恶作剧，让受害者拿着一个袋子在屋外的黑暗中制造响声，以诱捕一只想象中的生物。"树上吱吱兽"（Treesqueak）也是一种"可怕生物"，大小类似黄鼬，可以把自己裹在树干上，像变色龙一样变得与周围的树皮别无二致，还会发出各种各样的尖叫声。

它的形象被表现为生有头冠和长长的尾羽，看起来有点像孔雀。凤凰的羽毛有五种鲜艳的颜色——青、白、赤、黑、黄，分别对应中国的"五德"——仁、义、礼、智、信。[1] 这个名字是组合而成的：雄鸟为凤，雌鸟为凰。日本亦称同种生物为"凤凰"（Hou-ou，ほうおう）。(Ingersoll, *Birds*, 207-8）

## 芬里尔 | Fenrir

亦称"Fenris""Fenris-ulfr"，是北欧神话中的一条巨狼，为洛基与女巫安格尔波达（Angerboda）所生。它的兄弟姐妹包括世界之蛇**尤蒙刚德**，以及死亡女神赫尔（Hel）。诸神收留了芬里尔，想要驯服它，但它长得极大、极狂暴（兼之有预言警告说，它将给诸神带来末日），终于让诸神决定捆住它。在这一过程中，它还咬掉了战神提尔的一只手。诸神又用一把剑撑住它的上下腭，遂流血成一条河，名叫瓦恩（Van）。巨大的猎犬**加尔姆尔**看守着它；当"诸神之黄昏"到来时，芬里尔会杀死奥丁，然后被奥丁的儿子维达尔（Vithar）杀死。(Rydberg, *Teut. Myth.*, I, 215; Sturluson, 'The Beguiling of Gylfi', §34, *Prose Edda*, V, 42-3）

## 火鸟 | Fire Bird

老普林尼称它为"燃烧之鸟"（incendiaria avis）："有一种被称为'燃烧之鸟'的不祥鸟类，我在我们的编年史中发现，罗马总是因它的出现而执行净化仪式。例如，当路西乌斯·卡西乌斯与

---

[1] 葛洪《抱朴子》："夫木行为仁，为青。凤头上青，故曰戴仁也。金行为义，为白。凤颈白，故曰缨义也。火行为礼，为赤。凤嘴赤，故曰负礼也。水行为智，为黑。凤胸黑，故曰尚知也。土行为信，为黄。凤足下黄，故曰蹈信也。"

奥丁和芬里尔(1909年)

盖乌斯·马略执政之年[1]，出现了一只猫头鹰（Bubo），因而执行了净化仪式。我不清楚'燃烧之鸟'是一种什么鸟，也没有查到与它有关的记录；有人对我说，会从祭坛或祭桌上攫走木炭的鸟一律称为'火鸟'，也有人称其为'Spinturnix'（不祥之鸟），但我还没遇到过一个能说出它属于哪种特殊鸟种的人。"（*Nat. Hist.*, 10.13）老普林尼还记载道："我们听说，在日耳曼的厄尔希尼安森林中，有各种奇怪的鸟，它们的羽毛像夜间的火焰一样闪耀。"（10.47）他认为这个故事太牵强了；但可参见**厄尔希尼亚**。其他的火鸟包括波斯的"呼玛"（Huma）、希腊与罗马的**不死鸟**、斯拉夫的"札尔皮查"（Zhar-ptitsa），以及中国的朱雀。

## 火龙 | Fire-Drake

这是曾被误认为具有生命的各种发光现象。在布洛卡[2]著于1616年的《英语讲解》（*An English Expositor*）中，我们可以读到："有时，人们可以看到一团火在夜空中飞行，就像一条龙；它被称为'火龙'。平民大众认为这是一种精魂，它藏有一些宝藏。"（引自 Brand, *Pop. Antiq.*, 235.）伯顿[3]在他著于1621年的《忧郁的解剖》（*The Anatomy of Melancholy*）中说，鬼火（will-o'-the-wisp）"是火焰的精魂或魔鬼，俗称'火龙'，或'愚人火'（ignes fatui），因为它经常把人引向河流和断崖"（120-1）；圣艾尔摩之火（St. Elmo's Fire）"是精魂或火焰变成火龙群或闪耀群星的样子坐在桅杆上"（121）。（Dyer, *Folk-Lore*, 80）

---

① 公元前107年。
② 约翰·布洛卡（John Bullokar, 1574—1627），英国医生、词典编纂家。
③ 罗伯特·伯顿（Robert Burton, 1577—1640），英国牧师兼学者。《忧郁的解剖》为其最著名的著作。

## 蚁狮 | Formicoleon

这个名字的英文直译就是"ant-lion"。塞维利亚的伊西多尔记载道（*Etym.*, 12.3.10）："它之所以叫'蚁狮'，乃是因为它既是蚂蚁中的狮子，又同时身兼狮子和蚂蚁。它是一种小动物，非常憎恨蚂蚁，会隐藏在尘土里，趁蚂蚁搬运谷粒时杀死它们。因此，它被称为'狮子暨蚂蚁'——对蚂蚁而言，它是狮子，但对其他动物而言，它又是蚂蚁。"19世纪，乔治·F.穆尔[①]（*Desc. Voc.*, 54, 58）曾用"狮蚁"一词翻译澳大利亚原住民语言中的公牛蚁"kallili"或"killal"。

## 福赫·弗里赫 | Fuwch Frech

这个名字是威尔士语，亦称"Fuwch Fraith"，意为"杂色或有斑点的奶牛"。它是威尔士民间传说中的一头传奇奶牛，可以让所有需要牛奶的人挤奶，而奶永远不会流干。有一个故事称，"一个女巫来挤这头奶牛的奶，但奶牛刚让整个地区的人挤过奶，因此女巫挤不出牛奶。作为报复，她让奶牛发疯，牛在野外翻山越岭，对全郡造成巨大的危害，最后被休（Hu）杀死在登比郡的希赖索格（Hiraethog）附近"。有一次，在兰鲁斯特（Llanrwst）镇的一座宅邸的后院出土了一根极其庞大的骨头，当地人认为，这就是福赫·弗里赫的肋骨；这根骨头似乎是鲸骨。传说，福赫·弗里赫是厄赫因·巴纳温（Ychain Banawg，"大角公牛"）的母亲。它相当于英国的"棕褐奶牛"（Dun Cow）。另一头超自然的威尔士奶牛是福赫·古菲里恩（Fuwch Gyfeiliorn，流浪牛），据说来自

---

[①] 乔治·弗莱彻·穆尔（George Fletcher Moore, 1798—1886），英国人，澳大利亚早期殖民者，为最早记录澳大利亚原住民语言的西方人之一。

仙灵的牛群，同样能提供大量牛奶，直到人类对它做出蠢事为止。（Owen, *Welsh Folk-Lore*, 130-7; Rhys, *Celtic Folklore*, vol. 2）

## 毛皮鳟鱼 | Fur-Bearing Trout

正如其名，"毛皮鳟鱼"是一种覆盖着毛皮的鱼。位于爱丁堡的苏格兰皇家博物馆收藏有这种鱼的一个标本，标本的说明是："捕获于苏必利尔湖的格罗角，该地位于阿尔戈马地区的苏圣玛丽（Sault Ste. Marie）。据信，这些鱼生

毛皮鳟鱼（2009 年）

存水域的深度和极度的寒冷使它们长出了浓密的、（通常是）白色的皮毛。由安大略省苏圣玛丽的标本剥制师罗斯·C. 乔布（Ross C. Jobe）剥制。"一个买下它的妇女把它带到博物馆，想知道更多关于这种鱼的事情；博物馆的员工好心地解释道，这是一条用兔子毛皮包裹的鳟鱼。于是，她把这条鱼扔在了博物馆里。(Dance, *Animal Fakes*, 115)"毛皮鳟鱼"还有一个毛发较少的表兄弟：冰岛的**毛绒鳟鱼**（Lod-Silungur），这是一种据说拥有淡红色毛发的鱼，在下颌、颈周和身体的零星各处都长着毛。(Davidson, 'Folk-Lore', 331)

# G

## 加百列猎犬 | Gabriel's Hounds

亦称"Gabriel Ratchets""Gabble Ratchets""Gabble Raches",源自古英语,"ræcc"指依靠嗅觉进行狩猎的猎犬,"gabble"指急促而含混不清、意义难解的交谈。这是一种出没于英格兰北部特别是约克郡和兰开夏郡的超自然犬类,它们会嚎叫着穿过深夜或凌晨时分孤寂的风景。听到它们的叫声是死亡的预兆,听者或听者熟悉的人不久之后一定会死。它无疑是狂猎传说中的一个遗存;"狂猎"是一个普遍存在于欧洲神话中的主题。信仰基督教的人认为,它们是未受洗礼就夭折的孩子那哭喊的灵魂的化身。因为天使加百列在某个星期日进行了狩猎,作为惩罚,他必须引领这些猎犬,直到世界末日为止[①]。华兹华斯的一首十四行诗暗示了这种迷信:"那巡行空中的加百列猎犬,/命中注定,跟随它们不敬的主人,飞翔的雄鹿,/在天空庭园中永远地追捕。"1861 年,某个"谢菲尔德的霍兰德"(Holland of Sheffield)先生声称自己曾听到过它们的声音:"我永远不会忘记这些加百列猎犬的嚎叫。那时我正走过谢菲尔德的堂区教堂,周围夜深人静,一片漆黑。突然,一阵脚步声传来,非常像十二条猎兔犬一起奔跑,但是声音没有那么大。这一点强烈地暗示着,它们是超自然的存在。"(引

---

[①] 出自德比郡的民间传说(*Notes and Queries*, 7s [1886], 206)。

自 Hardwick, *Traditions*, 153-4）这个名字最早出自《盎格鲁对照词典》（*Catholicon Anglicum*）①，该书最初的版本可追溯至1483年："Gabrielle rache, camalion"。据推测，这种幽灵般的追逐声实际上可能是大雁或其他野生禽类的飞行声，在冬季到来时，它们会开始向南迁徙。（Wright, *Rust. Sp.*, 195; Swainson, *Prov. Names*, 98）参见**丹迪犬**和**夜嘶猎犬**。

### 伽古鲁斯 | Galgulus

这个名字是拉丁语，意为"小鸟"，复数形式为"galguli"，是一种难以描述的怪鸟。根据老普林尼的记载（*Nat. Hist.*, 10.50）："如果传闻准确，'galguli'是把腿悬在树枝上睡觉的，它们认为这样更加安全。"他没有写更多的内容，但我们可以从中窥见某种怀疑。后来，林奈将这个名字用作"蓝宝石冠鹦鹉"的学名（*Psittacus galgulus*），现在它被称为"蓝冠短尾鹦鹉"（*Loriculus galgulus*）。一名到访过苏门答腊岛和菲律宾的旅行者记载过具有类似行为的鸟。瑞典探险家佩尔·奥斯贝克②也于1751年在爪哇岛附近见过这种鸟："它倒挂在树上，背朝地面，很少改变这种姿势。"（*Voyage*, I, 151）不管它是不是老普林尼记载的那种鸟，这都说明，这样的生物至少是实际存在的；不过，英译者经常将其译为"witwall"，这是金黄鹂的一个别名。

---

① 这是一本由匿名作者撰写的英语-拉丁语对照词典，为最早的英语词典之一。
② 佩尔·奥斯贝克（Pehr Osbeck, 1723—1805），瑞典牧师、博物学家，卡尔·冯·林奈的学生。他于1750—1752年作为瑞典东印度公司的随船牧师前往中国和东南亚，为林奈搜集了大量有关当地动植物的资料，还在1757年出版了游记《中国和东印度群岛旅行记》。

## 加里-特罗特 | Gally-Trot

亦称"Galley Trot",是英国民间传说中的一种可怕的狗。在英格兰北部和萨福克郡,加里-特罗特是一条公牛大小的白狗——也许是更为常见的**黑犬**的白化版,虽然也有一些来源称它是黑色的。伍德布里奇(Woodbridge)和巴思-斯劳(Bath-slough)是它最常出没的地区;1577 年的《一件特异而可怕的奇事》描述了一起关于它的著名事件,那一年,"彭吉"(萨福克郡的邦吉①)附近的地区遭到了它的袭击:在一场暴风雨中,一条巨大的黑狗冲进堂区教堂,咬死了两个正在祈祷的信徒。它的名字据说源自"gaily"(当地方言的"吓唬、惊吓");这个词也可以用作超自然现象的总称。可以比较德文郡的"Gallitrap"(绞架陷阱),指一块被施过魔法的地方,有人注定要在那里被绞死。( Gurdon, *Suffolk*, 85-6; Henderson, *Notes*, 278; Wright, *Rust. Sp.*, 194 )

## 加古伊尔 | Gargouille

这个名字是法语"龙卷风"的意思。它是一条曾于 7 世纪栖息在塞纳河中的龙,根据传说,它威胁着鲁昂城,直到被鲁昂主教圣罗马努斯(St. Romanus)杀死。这位主教显然是早期异教英雄的一种替代品。它的名字(即便不是关于它的记忆),其实还活在中世纪教堂上的那些奇形怪状的、被称为"gargoyle"的喷水嘴上②。( Vinycomb, *Fict. Sym.*, 81 )

---

① 邦吉(Bungay)镇,在萨福克郡东北。
② 在现代奇幻作品中,"gargoyle"变成了一种可化身为石像的怪物,一般译为"石像鬼"。

## 加尔姆尔 | Garmr

亦称"Garm",是北欧神话中的一条巨犬。它被描述为犬类中最出类拔萃的,就如同奥丁是神中、**史莱普尼尔**是马中最出类拔萃的一样。它的作用类似看门狗:当它开始咆哮时,就意味着"诸神之黄昏"到来,束缚洛基和**芬里尔**的锁链崩裂。但我们也读到,它自己也像芬里尔一样被锁链捆住,直到世界末日时才被解放,前去攻击战神提尔。(Rydberg, *Teut. Myth.*, II, 564; Sturluson, 'The Beguiling of Gylfi', § 51, in *Prose Edda*, V, 79)

## 迦楼罗 | Garuda

亦称"Superna"(美翼),是印度神话中的一只半巨人半鹰的生物,为群鸟之王。根据不同版本的描述,有时他拥有人类的身体和头部以及鸟的翅膀,有时只是长着鸟爪,有时又是鸟身人首。他由仙人迦叶波与毗那达所生,或者根据另一种传说,由迦叶波与底提所生。迦叶波的母亲的姐妹迦德卢为诸蛇之母,由于姐妹之间发生争吵,迦楼罗成了蛇的死敌。他还曾从诸神那里偷走仙药"甘露"(amrita),那是诸神使自己获得力量、保持不朽的神奇物质;雷神因陀罗向他投出闪电,但是只打掉了他的一根羽毛。由于他的母亲被蛇绑架,迦楼罗要把甘露送给蛇以赎回母亲,而因陀罗又把甘露偷了回来。在《摩诃婆罗多》中,迦楼罗是毗湿奴神的坐骑(Vāhan),他"快得能嘲笑风"。他相当于苏美尔神话中的**祖鸟**(Mackenzie, *Myth. Bab.*, 74-5)。印度教典籍《迦楼罗往世书》(*Garuda Purana*)成书于中世纪的某个时候,体裁为迦楼罗和毗湿奴之间的对话,内容关系到死亡、葬礼仪式和轮回,它可以在印度教的葬礼上朗读。将迦楼罗之名重复三遍,可以作为抵御蛇的咒文。(Wilkins, *Hindu Myth.*, 450-6.)

## 革律翁 | Geryon

革律翁原本是一个三头巨人，后来又被增加了三个躯干和六只手臂，以及（来自某些来源的）六条腿（例：可见 Hesiod, *Theog.*, 287）。他是飞马**珀伽索斯**的兄弟**克律萨俄耳**的后代，克律萨俄耳与一位大洋女仙卡利罗厄生下了他。到了但丁的时代，他的形象已经完全定型：一个男人的上半身加一条巨蛇的下半身，蛇尾是蝎子的毒刺（*Inferno*, C, xvii）。他住在传说中的岛屿厄律忒亚（Erytheia）岛上，与巨人欧律提翁（Eurytion）以及自己饲养的双头犬**俄尔图斯**一起生活，看守着他的红色牛群。他被赫拉克勒斯在其第十项任务中杀死。(Apollodorus, *Library*, 2.5.10)

## 吉格罗鲁姆 | Gigelorum

亦称"Giolcam-daoram"，在苏格兰民间传说中，它是世界上最小的动物，在螨虫的耳朵里筑巢。(Campbell, *Sup. High.*, 220)

## 吉塔布利鲁 | Girtablilu

亦称"Girtablullû"，巴比伦神话中的"蝎人"，是大海龙**提亚玛特**创造的一只怪物。在巴比伦创世史诗《埃努玛·埃利什》中，提亚玛特创造了十一只魔怪对抗马尔杜克，蝎人就是其中之一。在提亚玛特败北后，马尔杜克收伏了十一只魔怪，从此蝎人变成了行善的恶魔，被用来阻挡邪魔和疾病。他的样子被描绘为一个男性，通常戴着有角帽，有时有、有时没有翼翅。他的脚类似猛禽，阳物顶端是一个蛇头，把手掌向外举着，以此挡开邪恶。这个怪物非常古老：《埃努玛·埃利什》的起源可追溯至公元前2000年，而对吉塔布利鲁的描绘可以举出早至公元前12世纪的例子：在尼布甲尼撒一世时期（约前1125—前1104年）的一块界石上，刻有蝎人咄咄逼人地张弓搭箭的样子（BM 90858）。一块晚期亚述圆筒印章上刻着蝎人在保护什么人的样子，印章的所有者是列玛尼·依鲁（Remani-ilu），他是卡鲁夫[①]的一名政府官员、宦官，生活时间为前9世纪末、前8世纪初（Florence 14385）。虽然最初由提亚玛特创造，但一些雕刻也把蝎人表现成在与提亚玛特（或**祖鸟**）作战的样子；这些刻画显然把他当成了马尔杜克的一个代理者。（Langdon, 'Six Bab.', 46）在史诗《吉尔伽美什》[②]中，一男一女两名蝎人守护着恐怖之地马什（Māšu，或 Mashu）山的大门，太阳每天都从那扇门里升起及落下。吉塔布利鲁的星座可以确定为射手座。他有时也被视为后来的帕祖祖[③]的原型。（Green, 'Scorpion-Man', 75-82; Jastrow, *Rel. Bab.*, 488-9; Wiggerman, *Mes. Prot. Sp.*, 180-1）

## 格莱斯提格 | Glaistig

这是苏格兰的一种水中生物，有时被描述为一半是女人、一半是山羊，有时则被描述为一个削瘦、灰白的女人，黄色的头发垂到脚面，喜欢穿绿色的衣服。她的脸曾被形容为"一块长满青

---

① 卡鲁夫（Kalhu），前9世纪—前6世纪的亚述首都，今之尼姆鲁德（Nimrud）。
② 《吉尔伽美什》（*Gilgamesh*），苏美尔史诗，是世界已知最古老的史诗，讲述了乌鲁克（Uruk）城的统治者吉尔伽美什的传奇故事。
③ 帕祖祖（Pazuzu）是美索不达米亚神话中的风暴邪神，同样拥有翼翅、猛禽脚、蝎尾和蛇头阳具。

苔的灰色石头"（MacGregor, *Peat-Fire*, 58-65）。她的天性多变，有时是善意的，有时是恶意的。在老故事里，"一般无害而可爱"，但现在"她已经沦为女恶棍"（Watson, 'High. Myth.', 54）。这个名字源自盖尔语的"glas""glaise"，意为"灰绿色的"，这指的是水。在不同的记载中，她也被称为"glastic""glaisnig""glaisric""glaislid"；在马恩岛，她被称为"glashtin"。洛哈伯①的高原地区是格莱斯提格喜欢出没的地方。与格莱斯提格的传说有关的地点还有：马尔海湾②旁的石冢山（Carn-na-Caillich）；洛哈伯的格伦波洛戴尔（Glenborrodale）、阿肯托尔（Achantore）、阿德托尼希湾（Ardtornish Bay）；本布雷克（Ben Breck）的夏兰河（Ciaran Water）边的"棚屋石"（Ruighe-na-cloiche）、莫尔维恩（Morvern）半岛；马尔岛上的阿德纳德罗夏伊德（Ardnadroichaid）、阿克纳克雷格（Ach-na-Creige）；内赫布里底群岛中的科伦赛（Colonsay）岛；斯凯岛的斯利特（Sleat）半岛上的加缪斯城堡（Castle Camus）；阿盖尔-比特③的埃蒂夫湖（Loch Etive）畔的因维劳宅邸（Inveraw House）、邓斯代夫纳奇城堡（Dunstaffnage Castle）；泰里岛上的"岛上宅邸"（Island House）；科尔岛④上的布瑞亚夏查（Breachacha Castle）城堡；阿盖尔-比特的杜诺莱城堡（Dunollie Castle），以及爱奥那岛⑤上的斯陶恩奈格（Staonnaig）附近的"格莱斯提格石"。一个常见的主题是，人听到细微的声音，仿佛十分遥远，但随着格莱斯提格以极快的速度接近，声音变得愈来愈大。她的呼喊声也被认为具有非自然的能力。她会经常捕食

G

---

① 洛哈伯（Lochaber），苏格兰高地西部的一个地区。
② 马尔海湾（Sound of Mull），在马尔岛与苏格兰之间。
③ 阿盖尔-比特（Argyll and Bute），苏格兰西部的一个行政区。
④ 科尔岛（Island of Coll），苏格兰内赫布里底群岛中的一个岛屿。
⑤ 爱奥那岛（Iona），苏格兰内赫布里底群岛中的一个岛屿。

牛，靠祈求可以安抚她。1880年，科伦赛岛上的一个妇女称，作为一种仪式，她会把一碗牛奶留给格莱斯提格。这可以联系到科伦赛岛的一个传统，在一年中的第一个晚上，所有的牛都要被留在外面过夜，而每个佃农都要把自己的一头奶牛在这一晚产的奶献给格莱斯提格；这些牛奶会被倒入巴尔纳哈德（Balnahard）农舍附近的一块石头上的洞里。晚至1910年，还有对这一习俗的记载。在一则古老的传说中，在向格伦胡利奇（Glenhurich）的格莱斯提格贡献祭品时，要将一匹灰色母马刚刚生下的马驹投入一个通往地下溪流的洞里。格莱斯提格会放牧鹿群，但只有那些拥有"第二视觉"①的人才能看到她。如果格莱斯提格得到很好的照顾，她也会帮助人类的家庭，通常是在晚上，以棕精灵（Brownie）的做法帮忙。但她也会进行相当聪明的恶作剧。家里有一个格莱斯提格的人总是能够预知客人的到来，因为如果有客人要来，格莱斯提格会格外努力地整理及制作待客之物。但她也会误导这同一批客人，如果客人在晚上离开房间，她就会让他们在陌生的环境中徘徊、迷失。懒惰的仆人和那些不认真对待她的人常常在夜间遭到她的袭击。一个去捕鱼的男人如果空手回来，可能就会说，是格莱斯提格抢走了鱼。在大多数故事中，格莱斯提格特别讨厌狗，但也有一个故事讲她变成了狗的形貌。一个人决不应该用手给她任何东西，因为她会抓住那东西，把人拖走。把冬青树枝放在门上或者把《圣经》放在门楣上可以阻挡她进入，但并非总能成功。（MacDougall and Calder, *Folk Tales*, 233-69）

---

① "第二视觉"（Second Sight）是一种超感官知觉，能够看到未来（预知）或遥远之处的事件（遥视）。

## 格拉斯提 | Glashtyn

出自马恩岛上的民间传说,是一种恶毒的**水马**,形象略近于"芬诺泽里"①,后者意为"毛发"加"长袜或长筒袜"。它的形象是一匹灰色的小马,喜欢勾引马恩岛的女性。(Rhys, *Celtic Folklore*, 288-9)

## 格里肯 | Glycon

这是一条长着人脸的蛇,2世纪的某个"亚历山大"称,它是一个新神;这个人被称为"帕弗拉戈尼亚人亚历山大"或"阿波诺泰库斯(他的出生地)人亚历山大"。帕弗拉戈尼亚(Paphlagonia)是安纳托利亚在黑海南岸的一个古老地区,阿波诺泰库斯(Abonoteichos)是这里的一座沿海城市,后来在亚历山大的建议下改名为伊奥诺波利斯(Ionopolis)。这个故事由罗马讽刺作家琉善②记载(*Alex.*, 6):当地兴建一座新的神殿时,亚历山大在地基里发现了格里肯。他将一条刚出生的蛇塞到鹅蛋里,把蛋埋进泥中,然后去市场上宣布,一个新神已经降临,最后自己挖出蛋,将蛋打破。琉善认为,亚历山大制造了一桩彻头彻尾的骗局,他"准备了一个亚麻编成的蛇头,这个蛇头有人的脸,涂以彩色,非常逼真。靠着马尾毛的控制,它的嘴可以打开及合上,同时也有一条叉状的、黑色的舌头,就像真蛇的舌头,同样

---

① 芬诺泽里(Fenodyree)是马恩岛传说中的一种精魂,名字据说来自"fynney"(毛发)加"oashyree"(长筒袜)。不同的研究者对格拉斯提的分类不同,有些人认为它更接近芬诺泽里这种精魂,另一些人认为它更接近水马。尼克尔的情况也与此类似。
② 萨莫萨塔的琉善(Lucian of Samosata,约125—180),罗马帝国时代用希腊语写作的讽刺作家。

格里肯（约公元前 2 世纪）

靠马尾毛控制，可以吐出及收回"。靠着这件巧妙的装置，亚历山大吸引无数参观者进入一间昏暗的房间，让他们相信自己所说的一切。"其次，"琉善写道，"还有许多绘画、雕塑或宗教偶像，它们有些是青铜制的，有些是银制的；理所当然，这个神也有自己的名字。据说是感受到了神意，他称这个神为'格里肯'。亚历山大宣称：'我是格里肯，宙斯的孙子，凡人的指路明灯！'"格里肯后来还出现了会说话的版本："这种手段并不困难。他把鹤类的气管捆成一束，穿过那个栩栩如生的蛇头，当其他人提问的时候，他就在外面通过管子回答。"靠着格里肯，亚历山大成为了（有偿的）预言家和传达神谕者，直到他于 170 年去世为止。早在公元前 20 年，贺拉斯也提到过一个神秘的"格里肯"（*Epistles*, Bk I）："你在无敌的格里肯的肌肉下感到绝望。"据推测，这可能指一个极为优秀的人类雕刻家"格里肯"所雕的赫拉克勒斯像——由于手艺出色，他的雕像也被称为"格里肯"。

## 吸山羊者 | Goat-Sucker

参见**夜鹰类**和**卓柏卡布拉**。

## 黄金帽贝 | Golden Limpet

1776 年，在巴黎掀起过一阵为"黄金帽贝"而疯狂的热潮。这些罕见而奇妙的贝壳实际上只是普通的帽贝（南极笠螺），通常产于马尔维纳斯群岛（福克兰群岛），只要在炽热的灰烬中炙烤或者在平底锅中轻轻翻煎，它们的颜色就会从红褐色变成闪耀的金色。其他一些知名的伪造贝壳包括：受到加热处理的大四眼宝螺（*Cypraea lurida*）；中国人用面糊捏成的绮狮螺（*Epitonium scalare*）；罕见的"树皮贝"（Tapa Cowry），实际上是磨过的阿拉伯宝螺（*Cypraea arabica*），用来卖给去斐济的游客。（Dance, *Animal Fakes*, 90）

## 格姆切 | Goomcher

这是一种生活在喜马拉雅山脉的啮齿动物，拥有难以置信的名声。英属印度陆军的少校劳伦斯·奥斯汀·沃德尔[1]记载道，它们与当地的民间信仰有关。他说 19 世纪 90 年代在干城章嘉峰周边地区探索时，"我也看到了一些无尾鼠或土拨鼠。菩提亚人[2]称这些小动物为'格姆切'，认为它们具有超自然的力量。无论受到人类任何形式的伤害，它们都会掀起可怕的、灾难性的风暴。我想，这种信仰显然出自这种生物在地下挖洞的习惯。据藏族人说，地下住着龙魂（dragonspirit），或称**纳迦**，它们可以掀起雷暴。由于这种迷信，极少有当地人愿意帮你捕捉它们，但他们却会毫无顾忌地掠夺它们储存的草料和食物，用来当作燃料或饲料。"（Waddell, *Am. Him.*, 219）

---

[1] 劳伦斯·奥斯汀·沃德尔（Laurence Austine Waddell，1854—1938），英国探险家，化学及病理学教授。
[2] 印度人和尼泊尔人对藏族及与藏族有关的民族的称呼。

## 醋栗妻 | Gooseberry-Wife

出自怀特岛上的民间传说，是一种巨大的、毛茸茸的毛虫，专门守护醋栗，使它们不被人类（特别是淘气的孩子）采摘。（Wright, *Rust. Sp.*, 198）

## 墓猪 | Grave-Sow

参见**教堂牺灵**。

## 狮鹫 | Griffin

亦称"griffon""gryphon"等，源自希腊语的"γρύψ"，"gryps"，意为"钩子"，在拉丁语中写作"gryphus"。在最初的记载中，它是一种大小如狼的鸟，长着狮子的腿和爪子。纹章学将雄性狮鹫称为**阿尔斯**，将有翼的狮鹫称为**奥皮尼库斯**。从公元前 7 世纪以来，狮鹫就是希腊艺术中的一个流行主题，但公元前 5 世纪的希罗多德是第一个记载这种生物的人，他将这种生物放在关于黄金及独眼人类种族的故事中："欧罗巴北部蕴藏的黄金比其他任何地区都更加丰富，但我不太了解它们是如何被开采出来的。有个故事说，这些黄金是由一个叫作阿里玛斯波伊（Arimaspi）的独眼种族从狮鹫那里偷来的，但我同样怀疑这种说法，因为我无法相信哪个民族的人只有一只眼睛，但身体的其他部分却长得和世界上的其他民族一样。尽管如此，以下的说法似乎依然是真实的：既然作为大地边缘的各个地区将其他的地区全部包围在里面，那么它们自然也会产生出最珍奇的以及人类所能想象得到的最美丽的东西。"（*Hist.* 3.116）"普洛孔涅苏斯人卡乌斯特洛比乌斯

（Caystrobius）之子阿里斯提亚斯（Aristeas）在他的叙事诗里说，当时他在被附体的迷狂中来到了遥远的伊塞多涅斯人（Issedones）的土地，在离伊塞多涅斯人更远的地方住着独眼的阿里玛斯波伊人，又往远去，住着守护黄金的狮鹫，而再往远去的地方住着希柏波利安人（Hyperboreans），他们的领土一直延伸到大海。"（4.13）同样在公元前 5 世纪晚期，希腊医生兼历史学家克特西亚斯也记载了看守黄金的狮鹫，但他把地点放在了印度："那里有许多高耸入云的山峰，狮鹫就栖息在那里。它们是一种四足鸟，大小如狼，长着狮子的腿和爪子，黑色的羽毛覆盖全身，只有胸部是红色的。"

1 世纪的老普林尼也听说过狮鹫，他称它们有"长耳朵和钩状的喙"，但他同样认为，它们只不过是幻想的产物（*Nat. Hist.*, 10.70）。然而，在 7 世纪，塞维利亚的伊西多尔却没有对此表示任何怀疑（*Etym.*, 12.2.17），他写道："狮鹫得名于'grypes'，因为它是一种长着四足、双翼的动物。这种野兽出生在希柏波利安的山脉里，身体像狮子，而头部和双翼像鹰。它们对马来说非常危险，并且会撕碎它们看到的任何人。" 13 世纪，英格兰的巴塞洛缪斯重复了这个故事，同时补充了一条奇特的信息："它的巢里有一种名叫'Smaragdus'的石头，这种石头可以对抗这座山脉里的有毒动物。" "Smaragdus"现在一般称为"祖母绿"（emerald）。14 世纪，约翰·曼德维尔爵士（*Travels*, 177）描述了被他称为"Bacharia"（可能是"Bactria"[巴克特里亚/大夏]，现在分属阿富汗和塔吉克斯坦）的地区，那里充满了邪恶而残忍的人、发苦的水、长羊毛的树、**马人**，以及狮鹫："在这个国家有许多狮鹫，比其他任何国家更多。有人说，狮鹫的身体上部是鹰，下部是狮子；如果他们说的是真的，这就是它们的样子。不过，一只狮鹫的大小和强壮却相当于八只狮子，而且，狮子只占它的身体的一

狮鹫（中世纪）

半，它的另一半的大小和强壮还相当于一百只我们的国度里的鹰。狮鹫如果发现一匹大马，就会攫住它，把它带回巢里，即使是正在拉犁的一对公牛，也会被它抓回巢中。狮鹫的脚长着巨大的钩爪，其大小就如巨大的公牛或水牛等牛类的角，人们会用它来做饮器。此外，狮鹫的肋骨和翼上的羽毛还可以做成强弓，用来射出箭矢。"哥本哈根动物博物馆藏有一只被剥制的"狮鹫"。

## 牲灵 | Grim

参见**教堂牲灵**。

## 鸡鸭 | Gruck

这种生物的名字来自"松鸡"（grouse）和"鸭"（duck），现存只有一个标本，保存在爱丁堡的苏格兰皇家博物馆。对于这个不同寻常的物种，已经不可能有进一步的发现：博物馆从前的标本剥制师伊恩·莱斯特（Ian Lyster）制造了它，他把一只凤头鸭的头安在了一只红松鸡的身体上，又从一只种类不明的鸭子身上

补充了各种额外的羽毛。(Dance, *Animal Fakes*, 80)

## 格利鲁斯 | Gryllus

这个词的复数形式为"grylli",意为"蟋蟀"。老普林尼用这个词表示通俗的、以奇幻动物为主题的罗马艺术,其下分为两类:动物(偶尔是鸟)的身体,长着人头;或是鸟(通常是公鸡)的身体,长着其他动物的头或脸,例如马头,使人联想到古希腊的**半鸡马**。它们被认为具有神奇的特性,可以用在魔法中,这一概念一直持续到中世纪,甚至中世纪之后。类似的组合生物也曾在很多地区被发现,例如撒丁岛塔洛斯[①]的墓地(始于公元前4世纪)、西徐亚(一块表现人身狮头生物的金质饰板),以及美索不达米亚的古城乌尔(Ur)。(Blanchet, 'Recherches', 43-51; Roes, 'New Light', 232-5)

## 古尔法克西 | Gullfaxi

在北欧神话中,古尔法克西(古诺尔斯语"金鬃")最初属于巨人赫朗格尼尔(Hrungnir)。有一次,奥丁骑着**史莱普尼尔**在巨人之国尤腾海姆(Jötunheimr)奔驰,骑到了赫朗格尼尔的家门口。这个巨人夸耀自己的马,然而奥丁用脑袋和他打赌,他的马没有史莱普尼尔快。赫朗格尼尔被激怒,遂接受挑战,骑上自己的马古尔法克西。史莱普尼尔的确较快,赫朗格尼尔落后于奥丁,但他被愤怒冲昏头脑,骑着马一直冲进了诸神的住所阿瑟加德。诸神请他饮酒;赫朗格尼尔喝醉之后胡言乱语说,要摧毁瓦尔哈

---

① 塔洛斯(Tharros),一个腓尼基人的殖民城邦,位于撒丁岛西岸。

拉（Valhalla），杀尽诸神，然后把芙蕾雅（Freyja）和希芙①带走。由于他傲慢无礼，托尔提出和他单挑。经过准备，他们两个进行了一场激烈的大战，最后托尔用雷锤米约尔尼尔（Mjölnir）砸碎了赫朗格尼尔的头。当赫朗格尼尔倒毙时，他的一条腿压在托尔的脖子上，而他是如此之重，除了托尔的儿子玛格尼（Magni）之外，没有神能够挪动。作为救自己一命的奖励，托尔把古尔法克西给了玛格尼，奥丁对此十分不悦，因为他希望古尔法克西归自己所有。（Sturluson, 'Skáldskaparmál', §36, 摘自 *Prose Edda*, 28）此外，还有一个关于古尔法克西的故事：冰岛童话《名马古尔法克西和名剑古恩菲德尔》（'The Horse Gullfaxi and the Sword Gunnföder'），收录于安德鲁·朗②的《深红童话故事书》（*The Crimson Fairy Book*, 1903）中。

## 盖特拉斯 | Guytrash

亦称"Gytrash"，是一种出没于英格兰北部的邪恶精魂，通常表现为牛或狗的外貌，与它相遇是死亡的预兆。19世纪，在霍顿小路（Horton Lane）、雷格拉姆斯小路（Legrams Lane）和鲍林小路（Bowling Lane），即今曼彻斯特路（Manchester Road）③一带，有一只滋扰当地的"霍顿的盖特拉斯"，在某人的童年回忆中，它被描述为"一只大黑狗，有可怕的眼睛"。它有时拖着叮当作响的铁链，有时没有铁链。这个叫埃德蒙·赖利（Edmund Riley）的霍

---

① 希芙（Sif），托尔的妻子，可能是与生育、家庭、婚姻相关的女神。
② 安德鲁·朗（Andrew Lang, 1844—1912），苏格兰诗人、作家，出版过一套《世界童话故事集》，其中的每一本都以不同的颜色命名。
③ 这里指的是位于布拉德福德南部、通往布里格豪斯的一段"曼彻斯特路"。

顿格林村[①]村民记得，霍顿地区的某个当地人"有一天晚上在'半夜三更'（witching hour）回家，当他经过霍顿庄园的大门时，感到有什么东西紧跟在自己的后面蹦跳。他吓了一跳，赶紧回头，果然看到了一只'大黑狗'。他尽可能快地跑回家，一到家就昏倒，或者近乎昏倒了；次日早晨，他得知，住在霍顿庄园里的夏普（Sharp）先生去世了。他去世的时候，正是自己见到'盖特拉斯'的那个时候。"（Peacock, 'Ghostly Hounds', 266-7）夏洛特·勃朗特也曾在《简·爱》中给出过她自己对这种生物的描述："我想起了贝茜讲过的几个故事，讲的是英格兰北部一个叫'盖特拉斯'的妖精，它经常变成马、骡子或者大狗的形状，出没在荒野小径上，有时会突然出现在赶夜路的人面前，就像这匹马现在就要出现在我面前一样。它已经很近了，但是还看不见。这时，除了马蹄的得得声外，我还听到树篱下有急促的跑动声，一条大狗紧贴着榛树干悄悄溜了过来，它那黑白相间的毛色在树丛衬托下特别醒目。这正是贝茜讲的'盖特拉斯'的一个化身——一头鬃毛很长、脑袋很大的狮子模样的动物。然而，它却安安静静地从我身旁走过。根本没有像我原先预料的那样，停下来用它那似狗非狗的眼睛打量我的脸。"（*Jane Eyre*, 124）（Wright, *Rust. Sp.*, 194）关于肯定与它有关的另一种生物，参见**特拉斯**。

## 暗黑犬 | Gwyllgi

出自威尔士民间传说，名字意为"黑暗之犬"，是一只超自然的黑狗，词源来自"gwyll"（黑暗，或仙灵、小妖怪、女巫）和

---

[①] 霍顿格林村（Horton Green），当时位于布拉德福德南部的一个村庄，今小霍顿巷（Little Horton Lane）一带。

"ci"（犬）。（Richards, *Antiquae*, 92, 256）据说它的大小和样貌都像一条巨大的獒犬，体带斑点，其巨大的、燃烧着的双眼会首先在黑暗中浮现。有一个关于南希·卢伊德（Nansi Llwyd）的故事称，她于黄昏时分在靠近蒙茅斯郡的阿伯利思图斯①的地方踢了一只"暗黑犬"，然后就变瘸了。这种狗总是单独在人们面前出现；它有时被视为**冥界犬**的一员。（Thomas, *Welsh Fairy*, 167; Trevelyan, *Folk-Lore*, 52）

---

① 阿伯利思图斯（Aberystruth），一个古代的教区，在蒙茅斯郡西北。

## 海莫罗霍伊斯蛇 | Haemorrhois

亦称"emorrosis"。这是一种会让人流血至死的神奇蛇类。最初由卢坎在《法萨利亚》中描述（9.821-39）："海莫罗霍伊斯蛇展开它的巨大身躯，盘绕、布满鳞片，／它的受害者的血液将无法／继续停留在自己的血管。"塞维利亚的伊西多尔延续了这个故事，并补充说，受害者会"血出如汗"而死（*Etym.*, 12.4:12-16）。这个故事还出现在12世纪的《阿伯丁动物寓言集》中，但蛇的名字变成了"emorrosis"。

## 哈弗古法 | Hafgufa

这是一只极为巨大的**海怪**，据说它侵扰着格陵兰岛周边的海域，"它的形状、长度和大小似乎超过了所有生物……与其说是鱼或海兽，不如说是一块陆地"；"它的身体长度足有几英里……当它喷水时，喷出的水仿佛能覆盖整个大海，它还有许多个头和无数只爪子"。（Egede, *Nat. Desc. Green.*, 86, 87）这种生物只有两只，否则它们就会吃光大海里的所有生物。哈弗古法每年只进食一次，它会张开下颌，发出某种令人愉悦的气味，吸引鱼甚至鲸游过来，然后把它们统统吸进肚子。这次进食如此之多，以至于它必须用一年里剩下的时间慢慢消化。最初提到它的著作是13世纪的《欧瓦尔-奥德斯萨迦》(Boer, *Orvar-Odds Saga*, 132)，后来，丹麦传教士汉斯·埃格德（Hans Egede，1686—1758）首先将它等同于**克拉肯**。与它类似的生物（如果不是相同的生物的话）是"石南背"（Lýngbakur），参见**岛鱼**。

## 海和尚 | Hai He Shang

"海和尚"是中文，日文为"海坊主"（Umibozu，うみぼうず）。在歌川国芳的浮世绘《船夫德藏智退海坊主》①（约1845）中，它被描绘成一个黑暗的轮廓，有着形如球根的头部。海坊主会掀起风暴，使船沉没；抵御这只怪物的仪式包括挥舞一根系着红飘带的棍子，同时还要敲锣并焚烧羽毛。它的原型据信是鱿鱼或乌贼，也可能是鳐鱼或蝠鲼，例如世界上最大的蝠鲼"鬼蝠鲼"（学名为 *Manta birostris*）。鬼蝠鲼极其巨大，最不可思议的特征是腹部状似人脸。它的翼展可达7米，会跃出水面，再随着雷鸣般的击水声回到海中。由于中医认为它可以入药，过度捕捞已经严重威胁这一物种的生存。（Carrington, *Mer. Mast.*, 59-62）

## 翠鸟 | Halcyon

这个名字源自希腊语的"ἀλκυών"，"halcyon"，亦称"Alcyon""Alcyone"，源自拉丁语的"alcedo"。最先记载这个名字的是荷马（*Iliad*, 9.560）："悲哀的翠鸟的命运。"伪阿波罗多洛斯这样解释这个神话（*Library*, 1.7, Frazer's ed.）："阿尔库俄涅（Alcyone）嫁给了黎明女神的儿子刻宇克斯（Ceyx），他们因傲慢而遭到惩

---

① 原名为《東海道五十三対 桑名 船のり徳蔵の伝》。

罚。因为丈夫说，他的妻子是赫拉；而妻子说，她的丈夫是宙斯。因此，宙斯把他们变成了鸟：妻子变成翠鸟（alcyon），丈夫变成三趾翠鸟（ceyx）。"*Alcedo* 如今被作为翠鸟属的学名。根据老普林尼的记载："翠鸟在冬至前后孵化它们的后代，因此那段时间被称为'翠鸟的日子'。在此期间，海上风平浪静，可以平安通航。"（*Nat. Hist.*, 10.47）

## 彭托皮丹海蛇 | Halsydrus Pontoppidani

在维尔纳博物学学会[①]于1808年11月19日举行的会议上，园艺学家帕特里克·尼尔（Patrick Neill）告诉听众，"一条庞大的海蛇"已经被冲上了罗斯霍姆湾（Rothiesholm Bay）的海岸，该海湾位于奥克尼群岛的斯特朗塞（Stronsay）岛[②]。它全长16.75米，"腰围与一匹奥克尼小马相当"，头部的大小与海豹的头部相当，丝状物像鬃毛一样从背部垂下，身体两侧各有三个像大爪子一样的鳍。这具尸体在暴风雨中被撕扯得残缺不全，但剩下的部分被搜集起来，送到了爱丁堡大学博物馆。后来，尼尔在自己的目击证词上签字宣誓，他提议把这只显然属于新物种的生物命名为"彭托皮丹海蛇"，以纪念埃里希·彭托皮丹（参见**克拉肯**）。人们后来发现，它实际上是姥鲨（学名为 *Cetorhinus maximus*）腐烂之后的遗体。成年姥鲨通常有8米长，所以，无论以任何标准，这个标本都非常巨大。这件物体在当时掀起了广泛的争论，对它的讨论一直持续到19世纪50年代。（Oudemans, *Grt. Sea-Serp.*, 61-88）

---

[①] 维尔纳博物学学会（Wernerian Natural History Society），存在于1808—1858年的英国博物学学会，以德国地质学家亚伯拉罕·戈特洛布·维尔纳（Abraham Gottlob Werner, 1749—1817）命名。
[②] 因此，该物体又称"斯特朗塞怪兽"（Stronsay Beast）。

## 哈比 | Harpy

"它们有鸟的身体、少女的脸，流着粪污，手是利爪，在不知餍足的饥饿中显出枯槁的面容。"（Virgil, *Aeneid*, 3.209ff.）哈比（通常使用复数"harpies"）源自希腊语的"Ἅρπυιαι"（Harpyiae），意为"迅疾的掠夺者"，是狂风的人格化，最初可以追溯到公元前8世纪的荷马。人类的突然失踪被归因于它们的恶意；例如，它们绑架了潘特瑞俄斯①的女儿们，把她们带给复仇女神厄里倪斯（愤怒）。通常的说法称，它们有两个或三个，但我们从古代作家的记载中可以发现九种不同的名称：埃罗（Aëllo，暴风、旋风）、埃罗波斯（Aëllopos，暴风足）、阿刻罗埃（Acholoë）、塞拉埃诺（Celaeno，黑暗者）、尼克索埃（Nicothoë，奔驰的胜利者）、俄库索埃（Ocythoë）、俄库佩提斯（Ocypetes，迅捷的飞行者）、俄库珀忒（Ocypode，似乎是前者的变体），最后还有珀达格（Podarge，闪耀足），它是第一只被记载下来的哈比，出自荷马笔下。根据某种说法，它们住在靠近地狱入口的斯特罗法德斯诸岛②上，或者住在克里特岛上的一个山洞里（Virgil, *Aen.* 3.210, 6.289; *Apollon. Rhod.* ii. 298）。在伊阿宋和阿尔戈英雄们的传说中，哈比在折磨目盲的菲纽斯，偷盗或抢劫他的食物。菲纽斯承诺，如果英雄们能帮他赶

---

① 潘特瑞俄斯（Pandareus）是米利都（Miletus）的国王，因从克里特岛的宙斯神殿中偷走曾在宙斯的幼年保护他的金狗，被宙斯变成石头。作为进一步的惩罚，他的女儿们被带去给复仇女神厄里倪斯当侍女。一说其女埃冬（Aedon）误杀了自己的儿子，因此被宙斯变成夜莺。
② 斯特罗法德斯诸岛（Strophades）是爱奥尼亚群岛南端的两个岛屿。在神话中，这个名字意为"折返岛"：色雷斯国王菲纽斯（Phineus）有预言能力，但屡次泄露天机，故被宙斯惩罚，派哈比来折磨他。阿尔戈英雄中的泽忒斯（Zetes）和卡莱斯（Calais）拯救菲纽斯脱离折磨之后，追杀哈比到此，但彩虹女神伊莉丝（Iris）在此现身，阻拦二人，并保证哈比不会再去折磨菲纽斯，二人乃回转，该地遂得此名。

走哈比，他就为他们提供帮助。虽然哈比经常被描述成人头鸟身，但也有这样的记载："据说，它们有羽毛、公鸡的头和翅膀、人类的手臂，手上长着巨大的爪子。胸部、腹部以及女性的下体也像人类。"（Pseudo-Hyginus, Fabulae 14）埃斯库罗斯称它们为"饥渴的猎犬，在天空中巡猎"（Fragment 155）。赫西俄德（*Theog.*, 267, &c.）称它们"长着可爱的秀发"（有些译者简单地译为"长发"）。由于哈比的迅捷，神话称它们为数匹**仙马**的母亲：在特洛伊战争中，为阿喀琉斯驾挽战车的一对仙马桑索斯（Xanthos）和巴利奥（Balio）；佛洛勾斯（Phlogeus）和哈帕戈斯（Harpagos），另一对仙马，它们和仙马桑索斯及库拉罗斯（Cyllaros）一起驾挽狄奥斯库洛伊（Dioskouroi）双子卡斯托尔（Castor）和波吕克斯（Pollux）的战车；此外，还有曾归赫拉克勒斯所有的仙马阿里翁（Areion/Arion）。正是出于这种将狂风人格化为女性的传统，直到今天，像卡特里娜飓风这样的气旋风暴还被冠以女性而不是男性的名字。

## 哈弗斯坦布 | Havestramb

这是一种格陵兰岛的男性人鱼，丹麦传教士汉斯·埃格德曾在 18 世纪描述过："它的样貌，如头、脸、鼻子和嘴，都类似一个男人，头部是椭圆形的，有些尖，就像甜面包。它的肩膀宽阔，双臂末端没有手，身体往下收窄、变薄。它中间以下的身体都藏在水里，无法观察到。"（*Nat. Descr. Green.*, 86）关于它的女性版本，参见**玛格雅**和**人鱼**。

## 赫德利考 | Hedley Kow

一捆能跑的秸秆、一头会笑的母牛、一匹闪着微光的马——

这就是赫德利考，出没于达勒姆郡①附近的一个淘气的精魂。它的惯用伎俩是伪装成一捆秸秆，躺在某些老人出门捡柴火的路上。当秸秆刚被背起时，它的重量令人快意，但之后越来越重，直到背负者不堪重负；一旦它被放下，就会大笑着跑掉。它会变成最受欢迎的奶牛，足以使挤奶女工快乐地绕着牧场跳舞，然后在奶桶快要被装满时，将它踢翻，随着其独特的大笑声逐渐消失。它被视为家庭和农场遇到的大多数困惑和烦恼的根源。（Henderson, *Notes*, 270-1）

## 赫尔赫斯特 | Helhest

这是丹麦的一种"地狱马"（Hel-horse），只有三条腿，是死亡的预兆。根据民间传说，"他会环绕教堂，接引死者"；其来源据说是在一块墓地投入使用（开始埋葬人类）之前，要先活埋一匹马，由此就产生了这种"会走的死马"。参见**教堂牺灵**。它有时也被描述为无头。在德国的石勒苏益格（Schleswig），人们传说，当瘟疫爆发时，死亡女神赫尔会骑着三足马出现。（Grimm, *Teut. Myth.*, 2.844）索普记录过一个在丹麦的奥尔胡斯教堂（Århus Domkirke）发生的故事（*North. Myth.*, 209）："有个人家里的窗户对着教堂的院子。一天晚上，他坐在家里，突然惊叫起来：'外面那是什么马？''也许是地狱马。'和他同坐的人回答他。'我看到它了！'那人朝窗外望去，脸色苍白得像死尸，但后来他再也没有提起自己看到的一切。不久他就病倒，然后死了。"（Schütte, 'Dan. Pag.', 360-71）

## 赫普提特 | Heptet

这是古埃及的一位蛇首女神。她被描绘成头部是一条长着胡

---

① 达勒姆郡（County Durham），位于英格兰东北部。

子的蛇，有角，角上顶着太阳盘、阿泰夫冠（Atef Crown）和蛇标（uraei），用一只手握着一把匕首。她参与了奥西里斯的复活仪式。（Budge, *Gods*, 131）

## 厄尔希尼亚 | Hercynia

厄尔希尼亚（13世纪）

这个名字的复数形式为"Hercyniae"。塞维利亚的伊西多尔在公元7世纪写道："这种鸟得名于日耳曼的厄尔希安森林①，因为它们就产自那里。它们的羽毛能够在黑暗中闪耀光芒，哪怕夜晚的阴影笼罩大地，也依然能够清楚地看到。它们会像护卫一样站在队伍前方，用光亮的羽毛清晰地标出路途。"（*Etym.*, 12.7.31）他的这段记载是在借鉴老普林尼在公元1世纪的描写（*Nat. Hist.*, 10.67），但添加了更多的细节。老普林尼并没有给出这种鸟类的名字，也不相信关于它的故事；但伊西多尔十分轻信。

## 赫伦-苏格 | Heren-Suge

亦称"伊萨比特之蛇"（Serpent d'Isabit），是巴斯克民间传说

---

① 厄尔希尼安森林（Hercynian Forest），古代位于欧洲中部的一片巨大而茂密的原始森林，从莱茵河东岸一直延伸到东欧。

中的一条七头龙。根据一则记录于 19 世纪的口述民间传说:"这条蛇将它的头枕在南比戈尔峰①的峰顶休息,它的脖子一直伸到巴雷热,身体塞满了整个吕圣索弗和热德尔,尾巴盘卷在加瓦尔涅的盆地中。它每隔三个月进食一次,每次进食都使当地变得荒凉一片。在强劲的吸气下,它把山谷中的一切都吸入胃里,包括羊群、牛群、男人、女人、孩子,也就是整个村庄的人口。吃完后,它变得迟钝起来,睡着了。几个山谷里的全体男性聚集起来商量该怎么办;他们经过漫长的争论也没有结果。这时,一个老人站出来说:'在它再次醒来之前,我们有三个月的时间;我们应该在这段时间里砍伐对面山上的所有森林,然后聚集我们所有的锻炉及所有的铁,用砍下来的木材当燃料,把这些铁熔成炽热的火团。最后,我们藏在岩石后面,尽可能地发出噪音,吵醒这只怪物。'老人这样说完之后,他们就这样做了。被吵醒的蛇非常愤怒,它看见山谷的对面有一点亮光,便深吸一口气,于是那炽热的火团随着一声霹雳般的巨响飞过山谷,正好射进怪物的喉咙。剧烈的抽搐接踵而至;岩石被砸毁、撕裂,山峰被粉碎,冰川在蛇那痛苦的缠绕和挣扎中化为齑粉。由于这种痛苦,它下到山谷里,喝光了从加瓦尔涅到皮耶尔雷菲特的所有河流。终于,在最后的抽搐中,它倒在山边,死去了。它的头部卧在深谷里,吞下的火团慢慢冷却,被喝下的水倾泻出来,形成了现在的伊萨比特湖(Lac d'Isabit)。"(Webster, *Basque*, 21-2)

## 半鸡马 | Hippalectryon

这是一种"马鸡",名字源自希腊语的"Ιππαλεκτρυων",拉

---

① 南比戈尔峰(Pic du Midi de Bigorre),比利牛斯山脉中的一座山峰。下文的巴雷热(Barèges)、吕圣索弗(Luz-Saint-Sauveur)、热德尔(Gédres)、加瓦尔涅(Gavarnie)、皮耶尔雷菲特(Pierrefitte)皆为比利牛斯山脉中的市镇。

丁语通常写作"Hippalectryôn"，由"hippo-"（马）和"alectryon"（公鸡）组成。它出现在公元前 6 世纪的早期雅典瓶画，以及公元前 5 到前 4 世纪的文学作品中，但未见于更晚的绘画或作品。如果阿里斯托芬是正确的，这一形象可追溯至古代美索不达米亚的太阳鸡，它的形象就是与一匹马结合的公鸡，称为"Parodash"。（Roes, 'New Light', 232-5）

## 半鱼马 | Hippocampus

这个名字源自希腊语的"Ιπποκαμπος"，"Hippokampos"，复数形式为"Hippokampoi"；拉丁化之后通常写作"Hippocampus"，复数形式为"Hippocampi"。它是希腊及罗马神话中的一种海马，其名字的字面意义为"有弯曲的鱼尾的马"。在公元前 8 世纪，荷马称它们长着黄铜的蹄子，但没有提到鱼尾。对这些马匹的最早描述出自公元前 3 世纪："一匹巨大的马从海中疾驰出来，这是一头可怕的动物，金色的鬃毛在空中飘舞。它摇了摇身体，如雨点般甩落身上的水沫，然后如风一般迅速地飞奔而去。"（Apollonius Rhodius, *Argonautica*, 4.1533ff）2 世纪时，波桑尼阿斯[①]在记载科林斯的一座波塞冬神殿里的画像时描述道："一匹马，长得像胸部朝下的'ketos'（海怪、鲸）。"（Pausanias, *Desc. Gr.*, 2.1.7-9）在 3 世纪，老菲洛斯特拉图斯[②]描述过尼亚波利斯（今那不勒斯）的一幅古老的希腊绘画，其内容是波塞冬驾着由半鱼马所拉的战车："这些生物有带蹼足的马蹄，善游泳，蓝眼睛。而且，出自

---

[①] 波桑尼阿斯（Pausanias），罗马帝国时期的希腊地理学家，生活时间约在公元 2 世纪。
[②] 老菲洛斯特拉图斯（Philostratus the Elder，约 190—约 230），罗马帝国时期的希腊哲学家。

半鱼马（约 1910 年）

宙斯的意志，它们在各个方面都像海豚。"（Philostratus the Elder, *Imagines*, 1.8）就像它们为波塞冬拉战车那样，半鱼马通常还充当**涅瑞伊得**（海中女仙）的坐骑，在那些从公元前 5 世纪幸存下来的艺术作品中，就有关于这一主题的出色范例。它们还被认为是海马属（*Hippocampus*）鱼类的成年版，众所周知，这种头部类似马头的小鱼也叫"海马"。这个词也被命名人类大脑的一个区域（海马体），因为它的形状与海马相似。

## 人马 | Hippocentaur

参见半人马。

## 鹫马 | Hippogriff

亦称"hippogryph""hippogrif",是**狮鹫**与牝马杂交的产物,名字源自希腊语的"hippo-"(马)和"gryps"(狮鹫)。涉及这种动物的最有名的作品是卢多维科·阿里奥斯托[①]于16世纪创作的长诗《疯狂的奥兰多》,它是诗中主角之一鲁杰罗(Ruggiero)的坐骑。与它类似的生物还有**骏鹰**。

## 仙马 | Hippoi Athanatoi

正如这个名词的直译"不朽之马"所指,**仙马**是希腊神话中诸神的马匹,它们有时长着鸟的翅膀:"两匹有翼的马十分乐意地在大地与星斗遍布的天空之间飞奔。"(Homer, *Iliad*, 5.711 ff.)它们大多是男性风神阿涅摩伊(Anemoi)与女性的风之魔怪**哈比**所生的后代,或称是海神波塞冬的后代。所谓"阿涅摩伊"就是四方的风神——北风之神玻瑞阿斯(Boreas)、西风之神泽费洛斯(Zephyros)、南风之神诺托斯(Notos)、东风之神欧洛斯(Euros),他们有时被表现为宙斯战车上的四匹驭马。战神阿瑞斯也拥有四匹会喷火的特殊马匹(Hippoi Areioi):"凶残的阿瑞斯来了,瞒着其他神,从天上下来,急于帮助特洛伊的战士们。他驾着他的四匹神驹——埃同(Aithon 或 Aethon,燃烧)、佛洛勾斯(Phlogeus,烈焰)、科纳玻斯(Konabos,喧嚣)、福玻斯(Phobos,惊怖)——投入战斗,这些骏马由咆哮的玻瑞阿斯和灰眼睛的厄里倪斯所生,它们的呼吸喷出跃动的火焰;颤抖的空气呻吟着,这队狂野的驷马在战场上疾驰,迅速来到特洛伊,沉重

---

[①] 卢多维科·阿里奥斯托(Ludovico Ariosto,1474—1533),意大利诗人。《疯狂的奥兰多》(*Orlando Furioso*)为其代表作。

地敲响它们蹄下的大地。"（Q. Smyrnaeus, *Fall of Troy*, 8.239 ff.）波塞冬自己当然也有许多海马；参见**半鱼马**。

## 马人 | Hippotayne

在 14 世纪的《约翰·曼德维尔爵士旅行记》中，作者描述了一片位于里海对岸、被他称为"巴卡里亚"（Bacharia）的土地：他可能想写"巴克特里亚"（Bactria），该地位于今天的阿富汗和塔吉克斯坦之间。那片土地上住着残忍的居民，树木像绵羊一样长着羊毛，河水是苦的，而且栖息着"马人"："那个国家有很多'马人'，它们有时住在水里，有时住在陆上。它们半人半马，就像我以前说过的那样。它们会吃掉任何被它们抓住的人。"（*Travels*, 177）

## 赫尼库尔 | Hnikur

这是一种冰岛的**水马**："它的样貌是一匹漂亮的灰马，不过蹄子是朝向后方的。它会努力引诱人骑到自己身上，一旦人骑了上去，它就会奔入水中。有些时候，它也能被驯服并用于工作，虽然只能持续很短的时间。"（Thorpe, *North. Myth*, 22）

## 霍奇森羚羊 | Hodgson's Antelope

参见**藏羚羊**。

## 霍瓦尔普尼尔 | Hófvarpnir

"格娜（Gná），芙蕾雅的使者，被她遣去各种地方；她拥有可以在天空及海洋之上奔驰的骏马，霍瓦尔普尼尔。"——成书于13世纪的《散文埃达》这样写道。这个名字源自古诺尔斯语，意为"有蹄的投掷者"，属于女神格娜，她是奥丁之妻芙蕾雅的使者。有一次，当别人看到她飞行的时候，格娜答道："我没有飞，／尽管我在前行；／我在空中滑翔，／骑在霍瓦尔普尼尔身上。"霍瓦尔普尼尔没有像**史莱普尼尔**那样被描述为长着八条腿，或者像**珀伽索斯**那样被描述为长着翅膀，但依然和它们一样具有来往于神界和人界之间的能力。(Sturluson, 'Gylfaginning', §35, 引自 *Prose Edda*, 47)

## 胡登马 | Hooden Horse

这个名字可能源自"木头"(wooden)，发音是"ooden"或"hooden"，也可能源自奥丁或称沃登(Woden)的名字。胡登马是肯特郡民俗"胡丁"(Hoodening)的核心部分，它是一个木制的马头，拥有可动的下颌，成排的钉子是它的牙。它要戴在一个农夫的头上，这个人被称为"胡登人"(Hoodener)，用粗麻布罩住全身。他被一个"马夫"领着，"马夫"要用长鞭"赶"他；还有一个"驭手"或"骑手"时时试图"上马"；一个打扮成女人的男人"莫莉"(Molly)跟在最后，用桦树扫帚扫过"她"走过的地方。这支队伍会在圣诞前夕巡回各村，获得金钱奖赏。(Ditchfield, *Old Eng. Cust.*, 26; Maylam, *Hooden Horse*, passim.)

## 胡德温克 | Hoodwink

已知有两种胡德温克：米克尔约翰的胡德温克(学名为 *Dissimulatrix spuria*)，以及"裸露前体的"胡德温克。它们都是20世纪的**简尼·翰易韦**，位于爱丁堡的苏格兰皇家博物馆藏有一件标本。"米克尔约翰的胡德温克"由 M. F. M. 米克尔约翰创造，据说他于 1950 年在《鸟类札记》①杂志上发表了论文②。苏格兰皇家博物馆非常幸运地获得了制作它的标本的权力，它的外观略微（或有些）简陋而普通，从所附的说明文字上完全看不出原型是什么。博物馆的标本剥制师伊恩·莱斯特，就是制造了**鸡鸭**的那位，使它得以在 1975 年 4 月 1 日展出；不用再多说了。另一种"裸露前体的"胡德温克则是由博物馆当时的另一位标本剥制师威利·斯特林（Willie Sterling）用一只小嘴鸦的头部、一只鸧的身体、鸭子的翅膀和尾羽、涉禽类的脚拼接而成的，"裸露的前体"是红蜡的效果。（Dance, *Animal Fakes*, 80-1）

## 马 | Horse

在古代欧洲的部族中，马受到广泛崇敬，与许多神话传说密切相关，并且至今仍是一些地区的民俗主题。北欧神话中有许多神奇的马："以下这些都是亚萨神族的战马。奥丁的八足天马**史莱普尼尔**（滑走者）是其中最好的，其次是格拉德尔（Gladr，灿烂），排第三的是古尔利尔（Gyllir，黄金），第四是格伦尔（Glenr，凝视者），第五是史凯德布利米尔（Skeidbrimir，疾驰的骏马），第六是西弗林托普尔（Silfrintoppr，银顶），第七是锡尼尔（Sinir，强健者），第八是吉斯尔（Gisl，光线），第九是法尔霍夫尼尔（Falhófnir，多毛蹄），第十是古尔托普尔（Gulltoppr，金顶），第十一是勒特费提（Léttfeti，光芒步）。巴尔德的马与他一同火葬；托尔步行参加审判。"（Sturluson,

---

① 《鸟类札记》（*Bird Notes*），英国皇家鸟类保护协会的会志，当时是季刊。
② M. F. M. 米克尔约翰（M. F. M. Meiklejohn，1913—1974）是鸟类学家。这是他的一个恶作剧，他称这种鸟会主动从观察者的视线或镜头前逃开。英语"hoodwink"即"哄骗"之意。

'Gylfaginning',§15,摘自 *Prose Edda*, 28）此外还有**古尔法克西和霍瓦尔普尼尔**。参见**赫尔赫斯特**。属于欧洲各地传统特色的马有柴郡民俗中的"老霍伯"（Old Hob）、肯特郡的**胡登马**、康沃尔郡的彭格拉斯（Penglas，或 Penglaz）、威尔士的**玛丽·卢伊德**和马恩岛的拉尔·瓦恩①。在更远的地区，还有分布于德国各处的"白马"（Schimmel）和"白马骑手"（Schimmelreiter）。其他类似的与动物相关的民俗，还有德国东北部的乌瑟多姆（Usedom）岛上的**克拉帕波克**、德国哈尔茨山区的哈贝萨克（Habersack）、过去的上施蒂里亚②地区的哈贝盖斯（Habergaiss）。以上所有这些，都是欧洲古代信仰的遗迹。除此之外，**水马**作为一个独立种类单独划分出来。我们看到，所有的"飞马"都有一个粗糙的分类，即**珀伽索斯**这样的"天马"和**凯尔派**这样的"水马"。前者是诸神和英雄的战马，后者则是捕食人类的恶鬼。参见**独角兽**。

## 马鳗 | Horse-Eel

这是一种假想的鳗鱼，比普通的鳗鱼大得多，还长有像马一样的鬃毛。据说它们栖息在爱尔兰的上格兰达洛湖（The upper lake of Glendalough）中，有一次，它们中的一条从水里出来，吃掉了一头在附近吃草的牛。（Lover, *Legends*, 235）

## 荷鲁斯 | Horus

荷鲁斯是古埃及神话中的一位隼头神祇，是伊希斯与奥西里

---

① 拉尔·瓦恩（Laare Vane）即马恩岛语"白牝马"之意。
② 上施蒂里亚（Upper Styria）在奥地利南部，今施泰尔马克（Steiermark）州西北部分。

斯的儿子，在奥西里斯被**塞特**肢解后，伊希斯神秘地怀上了他。他被视为替奥西里斯复仇的存在，因此是塞特永恒的敌人。一般来说，他是天空与王权之神。荷鲁斯第一次出现在记载中，是早在约公元前 3000 年的时候。他的一个主要的象征是"荷鲁斯之眼"（udjat-eye），这是他在与塞特的战斗中失去的一只眼睛，这只眼睛代表着月亮。（Shaw and Nicholson, *Dict. Anc. Eg.*, 133-4）

### 冥界猎犬 | Hounds of Annwn

参见**冥界犬**。

### 赫莱-斯瓦尔格尔 | Hrae-Svelgr

亦称"赫莱斯瓦尔格尔"（Hraesvelgr，吞噬尸首者），是北欧神话中的一只巨鹰，一切风的来源："此乃第九问，／若尔果聪明绝顶；／风自何处而来，／吹过海洋，／无人得见？／（答曰：）其名为赫莱斯瓦尔格尔，／坐于天际尽头，／为巨人身披鹰羽，／当他扇动翼翅，／风便刮向世间。"（'The Lay of Vafthrudnir', *The Edda*, 英译文引自索普①）尚不清楚为何风要"吞噬尸首"，但"svelgr"也有"漩涡、涡流"之意（Arnoldson, *Body*, 49），因此这个问题中的"风"可能是指在海上刮起、淹死水手的风暴。（Schütte, 'Dan. Pag.', 365）

---

① 出自《诗体埃达》中的《瓦弗鲁尼尔之歌》，大意是奥丁与博学智慧的巨人瓦弗鲁尼尔斗智，双方在一问一答间讲述了北欧神话的基本世界观，以及从创世到世界重生的重大事件。此外，这首诗里的赫莱斯瓦尔格尔并不是巨鹰，而是披着鹰羽的巨人。

## 赫罗克-阿尔 | Hrōkk-Áll

这是冰岛的一种"缠卷鳗鱼",有60厘米长,喜欢生活在沟渠和死水里。根据戴维森的记载:"只要有动物或人类把腿伸进水里,这种鳗鱼就会绕着腿缠上去,一直切进骨头,甚至把骨头抠出来。马经常遇到这种事故,但绵羊通常能逃脱,因为它们的腿太细,使鳗鱼难以施力。"关于切割是如何进行的,人们的说法不一,有人说,这种鳗鱼具有剧毒,因此能腐蚀骨头和肉;也有人说,它的鳍就像锯齿一样锋利,它就以此为工具切割。也就是说,它的鳍锋利如钢刃,并且它的肉有毒。有一次,这种鳗鱼被网捕到,人们把它们扔在离水有一段距离的坚硬地面上,但它们立即钻进地面,挖出一条通道,向水而去。关于赫罗克-阿尔的起源,一个故事称,某个巫师把生命注入已经死亡、身体半腐烂的鳗鱼之中,从而创造出了这种有毒的生物。(Davidson, 'Folk-Lore', 330-1)

## 芬巴巴 | Humbaba

这是一只古老的美索不达米亚怪物,亚述人称它为芬巴巴,而苏美尔人称它为胡瓦瓦(Huwawa)。它被英雄吉尔伽美什及其同伴恩奇都(Enkidu)击败。在史诗《吉尔伽美什》中有对它的描述(Thompson, Third Tablet):"凶猛的芬巴巴……他的咆哮如同旋风,他张开口如同火焰,他的呼吸能使人丧命!"他守护着一片雪松林,那可能是指黎巴嫩的雪松林。他的样子被刻画成一个长着成排尖牙的鬼脸,作为驱邪之用。例如,在古巴比伦,墓葬里总是会发现芬巴巴的面具。就"将其杀死"和"使用其头颅"这两个主题来看,这也许是一个古老的故事原型,可以在神话和艺术两方面联系到希腊神话中的珀尔修斯(Perseus)以及他杀死美杜

莎的故事。（Hopkins, 'Ass. Elem.', 341-58）

## 海德拉 | Hydra

在出版于 1735 年的《自然系统》第一版中，林奈将"海德拉"放在**悖理动物**的条目下。他对其的描述为："身体是蛇，有两只脚、七条颈部，头的数目和颈部相同。没有翅膀。"这些描述来自一个在汉堡展出的标本。林奈还称，读者可以参照《启示录》中的兽——后者出自《圣经》，被他称为"启示录海德拉"（Hydrae Apocalyptica）。然而，林奈却不相信这种生物的存在，他认为，一个身躯不可能自然地长出多个头部。根据他自己对"汉堡海德拉"的观察，林奈认为这件标本的牙齿一般来说是属于黄鼠狼的，这证明了整件标本都纯属伪造。关于希腊神话中的怪物，参见**勒拿海德拉**。

## 西利曼海蛇 | Hydrarchos Sillimannii

1845 年，纽约市民得到了一次独一无二的机会，得以亲自检查一具长达 35 米的**海蛇**骨架，它在百老汇的阿波罗沙龙展出。一张当时的画像显示，一群来自上流社会的人物正在围观这只被高高挂起、拥有蜿蜒脊柱和巨大颚骨的可怕怪物；它以本杰明·西利曼[①]教授的名字命名，参观者只需花上 25 美分就能一饱眼福。虽然大多数参观者都被这具"已灭绝的海蛇"的化石深深打动，杰弗里斯·魏曼[②]教授却没有上当："这些遗骨绝对不属于同一种生

---

① 本杰明·西利曼（Benjamin Silliman, 1779—1864），美国化学家、地质学家。
② 杰弗里斯·魏曼（Jeffries Wyman, 1814—1874），美国博物学家、解剖学家。

CE SERPENT hideux auec ſes deux piedz
& ſept teſtes couronnées, fut apporté embaſmé
d'vn marchant d'Afrique a Conſtantinople,
& fut acheté deux mille eſcus par les Venitiens : puis ilz

海德拉（约 1560 年）

物，而且牙齿的解剖特征表明，它们并非来自爬行动物，而是来自温血的哺乳动物。"当这条蛇的消息传到伦敦之后，地质学家兼古生物学家吉迪恩·阿尔杰农·曼特尔[①]立即揭破骗局："这条所谓的'海蛇'——曾经在美国以'西利曼海蛇'的名义展出的东西，是由展出者科赫炮制的。它所用的骨头来自阿拉巴马州各地，属于一种已经灭绝的海洋鲸类的几个各自独立的个体，美国的博物学家称其为'龙王鲸'（Basilosaurus），它更广为人知的名字是'械齿鲸'（Zeuglodon），这个名字表示它拥有轭状的牙齿。"骨架的展出者阿尔伯特·C. 科赫[②]是在另一起伪造化石丑闻"**密苏里兽**"被揭穿后前往美国的，被魏曼再度揭穿骗局之后，他又去了德国的德累斯顿，在那里展出了他制造的这件假化石。（Mantell, *Illus. Lon.*; Oudemans, *Grt. Sea-Serp.*, 30-4; Wyman, *Proc.*, 65）

## 鬣狗 | Hyena

在老普林尼的《自然史》中（8.44），鬣狗也是一种奇妙的幻兽："鬣狗是雌雄双性的生物。人们相信，它们每隔数年就会轮流变性，而且雌性不需要雄性也能单独产仔。不过，亚里士多德对此持否定意见。鬣毛从它的颈部沿着脊骨延伸，因此，除非转动整个身体，否则它无法转动颈部。还有许多与这种动物有关的奇事，但最奇特的是，它会在牧羊人的小屋附近模仿人类的语言。当它得知屋中某人的名字时，就会叫他，如果那人出门察看，鬣

---

[①] 吉迪恩·阿尔杰农·曼特尔（Gideon Algernon Mantell，1790—1852），英国医生、地质学家、古生物学家，第一个发现恐龙化石的人。
[②] 阿尔伯特·卡尔·科赫（Albert Carl Koch，1804—1867），德裔美国"古生物学家"。虽然以骗局留名于世，但其展览实际上处于科学展览和娱乐性展览之间的灰色地带。

狗就会把他吃掉。它还会模仿人类呕吐的样子，吸引狗过来，然后吃掉狗。只有这一种动物会为了寻找尸体而扒开坟墓。它们的雌性很少被捕到：据说雌鬣狗的眼睛颜色千变万化，也有人说，狗只要碰到它们的影子就无法吠叫。它们还能施放某种魔法，只要被它们凝视三次，无论什么生物都会当场呆若木鸡。"它们还会与雌狮交配；老普林尼写道，当它们这样做了之后，雌狮就会生出**琉克罗库塔**。

## 胡赫·杜·古塔 | Hwch Ddu Gwta

出自威尔士传说，名字意为"无尾黑母猪"或"短尾黑母猪"，是一只与"立冬前夜"（Nos Galan Gaeaf，即万圣节）有关的精魂。一则古老的韵文讲道："一只无尾黑母猪，／坐在每个梯磴凸，／万圣节夜总在此，／又纺纱来又理梳。"（Rhys, *Celtic Folklore*, 226）

# I

## 獴 | Ichneumon

在老普林尼《自然史》的第一个英译本中,这种生物被译为"Icheneumon"(*Nat. Hist.*, 8.36):"'Ichenumones'[原文如此],或'印度老鼠',獴会多次钻进泥中,再让太阳把身上的泥晒干,这样为自己装备起好几层泥壳,就像戴着胸甲,然后去与阿斯庇斯蛇作战。在战斗中,獴会举起尾巴,背对着蛇,使蛇对自己的攻击无效,然后,只要找到机会,就从侧面转过头来,咬住蛇的喉咙。然而,它并不会满足于这种胜利,还会去征服同样危险的另一种生物。"普林尼同样相信,这种生物还会去攻击鳄鱼(8.37):"(当牙签鸟给鳄鱼剔牙的时候),鳄鱼会张开大嘴,舒适地沉沉睡去;而獴就在旁边等待着这一刻。然后,它会像投

埃及獴(约前600—前500年)

枪一样飞速钻进鳄鱼的喉咙，撕碎它的脏腑。"一般认为，这种幻想中的"獴"在现实中对应的生物是埃及獴，学名为 *Herpestes ichneumon*；它还有一个不那么科学的俗称——"法老的老鼠"。

## 鱼尾半人马 | Ichthyocentaur

特里同有时会被表现为用两条马腿代替了两只手臂。在这种情况下，它们被称为"半人马特里同"或"Ichthyocentaurs"，意为"鱼尾半人马"。(Smith, Dict., III, 1116; Tzetz, ad Lyc., 34, 886, 892)

## 伊尔赫维尔 | Illhvel

这是冰岛民间传说中的一种"恶鲸"，它们比普通的鲸掺进了更多想象的成分，是庞然巨怪，喜欢撞翻渔船、吞噬渔民。幸运的是，"无害的鲸"经常在船边伴游，保护船只，使恶鲸无法靠近。伊尔赫维尔有几种特殊的种类——斯托克库尔（Stōkkull），"跳跃者"，被认为是最致命的一种，因为它喜欢高高跃起，然后落下，砸沉船只："它总是想砸沉一切在它视野内漂浮的东西，还会不断地跃到空中，扫视并选择附近可以砸沉的东西，无论是船还是其他的什么。"渔民会把空桶或浮标扔在一旁作为诱饵让"跳跃者"砸沉，消耗它的体力，从而趁机逃脱。豪斯赫瓦鲁尔（Hrosshvalur），"马鲸"，有着马一样的头部和鬃毛，就连叫声也像马；它的出现总是预示着恶劣的天气。马鲸长 15 到 18 米，气味十分难闻。恶鲸中最大的种类之一是瑙特-赫维利（Naut-hveli），"牛鲸"，因为它的吼声像牛，就连渔夫划桨的手也会被这吼声震颤。斯温-赫瓦鲁尔（Svín-hvalur），"猪鲸"，"非常凶暴，对小船很危险"。它格外肥胖，只要咬上一口，脂肪就会立即推挤着流出，仿佛脂肪自身也有力量一般。劳德-宾古尔（Raud-bingur），"红冠"，或劳德-金依（Raud-kinnúng），"红颊"，得名于从头顶延伸到背部的红色鬃毛，或它的红色脸颊，"疯狂地喜欢摧毁船只，如果一个人从它那里逃脱，而它在一天中又找不到另一个受害者，它会极度懊恼而死"。长 18 米、速度飞快的"红冠"是一只可怕的怪物，这个一流的邪恶破坏者曾经连毁十八条船，而第十九条船依靠船长的机智成功逃生：他给一根原木套上衣服、推下船舷，"红冠"每次把它压进水中之后，它又重新浮起。这让"红冠"无暇他顾，船长和水手们遂得以逃脱。"红冠"和一角鲸是海里的好伙伴："红冠"负责粉碎船只，一角鲸去吃溺水的水手。还有一些其他的种类——布伦菲斯库尔（Brúnnfiskur），"棕鱼"，据说它生着一排獠牙；陶玛-菲斯库尔（Tauma-fiskur），"缰鱼"，因为它在黑色皮肤上生着白色条纹；斯科尔容古尔（Skeljúngur）或斯瓦夫赫瓦鲁尔（Svarfhvalur），"壳鲸"，不能忍受听到铁器碰撞的声音；姆加尔杜尔（Mjaldur），"雪鲸"，永远不会忘记受过的伤害。此外，还有巨大的莱恩巴库尔（Lýngbakur），"石南背"，或霍尔玛-菲斯库尔（Hólma-fiskur），"**岛鱼**"，足足有一个小岛大，背上生满植被，极易被人误认为小岛。（Davidson, 'Folk-Lore', 315-21）

## 爱尔兰鳄鱼 | Irish Crocodile

据说，在 17 世纪，爱尔兰曾有鳄鱼存在："这是一种相当罕见的生物，我们可以称它为'爱尔兰鳄鱼'（Irish crocodil［原文如此］）。至少在大约十年之前，这种生物中的一只还活着，那是一个悲伤的故事。一个男人只是从水边路过，他看到远处的水里有一只动物在游泳。他以为那是一只水獭，就没再注意它；但那只野兽似乎抬起头来，查看那个人的位置，然后潜到水里，一直游到岸边。然后，它突然冲出水面，咬住那人的胳膊，把他拖倒在地，接着又咬住那人的脑袋，企图把他拖到水里。在拖的过程中，那人偶然抓住一块石头，并且想起他的口袋里有一把小刀。他拿出刀，猛刺那野兽一刀，于是那野兽便放开他，逃入湖中。他周围的水都是血淋淋的，他不知道这是那只动物出的血，还是他自己的血，或者两者皆是。在他的记忆里，那只生物就像一条普通的灵缇，皮肤黑色、黏滑，没有毛发。据熟悉湖泊的老人说，的确有这样一种野兽，曾有一个强壮的小伙子带着一只狼狗在湖边遇到了它，经过一场长时间的奋战，它在一人一狗的攻击下逃离；但在很长一段时间后，随着湖泊水位的下降，人们在一个岩洞里发现了它高度腐烂的尸体。据说，这类生物在爱尔兰的其他湖泊里也存在，人们称它为'Dovarchu'，即'水犬'；或'Anchu'，也是同一个意思。"（Hardiman, *Chor. Desc.*, 19-20）哈迪曼[①]将这种生物联系到**埃赫-乌斯吉**，还讲了一个故事，称它当时仍然生活在爱尔兰梅奥郡的马斯克湖（Lough Mask，爱尔兰语 Loch Measca）里。关于"Dovarchu"和"Anchu"，参见**多瓦库**和**昂库**。

### 岛鱼 | Island Fish

这是冰岛民间传说中的一种无比庞大的鲸，它大得像一个小岛，背上长满了石南："即使在各种《萨迦》中，也会提到'石南背'（Lýngbakur），据说它是所有鲸中最大的一只。它看起来像一个小岛，背上长满石南，由此得名。'石南背'每隔三年才进食一次，在进食时，它会不加区别地吞噬一切位于它的上下颚之间

---

① 詹姆斯·哈迪曼（James Hardiman，1782—1855），爱尔兰学者。

的鱼类、鸟类或其他海洋生物。这种生物仅有一只，因此不会繁殖同类，但另一方面，它会永远存活下去，直到世界末日。据说，圣布伦丹①在大洋上航海时，曾在一个长满石南的小岛上举行弥撒，结果岛顿时沉没了；它就是'石南背'。直至今日，人们偶尔还能看到它；现在它被称为'岛鱼'（hólma-fiskur）。"（Davidson, 'Folk-Lore', 323）关于这种生物的其他名称，参见**盾龟鱼**、**哈弗古法**、**加斯科尼乌斯**。

---

① 克朗弗特的圣布伦丹（St. Brendan of Clonfert，约484—约578），爱尔兰早期圣徒，据说曾进行过海上历险。《圣布伦丹航海记》（*Voyage of Saint Brendan*）即以此为主题，记载了许多半传说的故事，同时还保留了许多凯尔特神话中的元素。

# J

## 鹿角兔 | Jackalope

这是北美的一种长着鹿角的兔子（野兔），名字由"jackrabbit"（长耳大野兔）和"antelope"（羚羊）组合而成。每一年，怀俄明州的道格拉斯商会都要颁发数千个对鹿角兔的狩猎许可证，当地的道路标志也会提醒驾驶者"注意鹿角兔"。一个本地的标本剥制师道格拉斯·"道格"·赫里克（Douglas 'Doug' Herrick, 1920—2003）和他的哥哥拉尔夫一起在1932年创造了这种生物，尽管对"**有角兔**"的描述最早可追溯至16世纪。拉尔夫的儿子吉姆从事贸易行业。位于华盛顿特区的史密森美国国立自然历史博物馆认为它是伪造物种的一个范例；这对兄弟还创造了"怀俄明鲇鱼"。鹿角兔类似于**沃尔珀丁格**。（Martin, 'Douglas Herrick', n.p）

## 投枪蛇 | Jaculus

这个名字的希腊语为"ἀκοντίας"，拉丁语为"jaculus"，是一种能像投枪（jaculum）一样飞行的蛇，最初出自卢坎笔下："看！远处，环绕着一棵光秃秃的树干，一条凶猛的蛇——在非洲，它被称为'投枪蛇'——将自己环绕成圈，然后猛冲向前，刺中保路斯，把头穿过他的太阳穴。它不需要蛇毒，造成的伤口已足以致死；在它看来，投石索投出的石块慢慢吞吞，斯基泰人射出的飞箭迟迟缓缓。"（*Phar.*, 9.962-6）接下来，这条蛇发现自己被老普林尼抓住了（*Nat. Hist.*, 8.35）："投枪蛇会从树枝上跳出来。它不仅会像一般的蛇那样威胁我们的脚，还会像被弹射出去一样，从空中飞来。"在公元 2 世纪，盖伦（*Ther. Pis.*, c.8）和其后的埃利安（*Anim. Nat.*, vi.c.18）都在他们的作品中提到过这种生物。后来，塞维利亚的伊西多尔也写道（*Etym.*, 12.4.28）："它们会跳到树上，一旦有动物进入射程，就立即将自己投掷（jactant）出去，杀死猎物，因而得名。"卢坎把这条蛇与投石及弓箭比较，只是比喻其速度之快，但后来的作者们都是从字面上去理解的 [1]。现代的动物学已经知道，并不存在这种"投枪蛇"。

## 贾勒巴 | Jalebha

这是一种神秘的**海中象**，是印度艺术作品中的一种"makara"，或称复合生物。（Murthy, *Myth. An. Ind.*, 48）

## 贾拉-图兰伽 | Jala-Turanga

这是印度版的海马，是希腊的**半鱼马**的另一个版本。它被描述为前半部分是马，有马头，长着鱼尾。《摩诃婆罗多》还提到过一种和它相反，仅仅长着马头的鱼，名为"Minavajis"。（Murthy, *Myth. An. Ind.*, 48）

## 加斯科尼乌斯 | Jasconius

在中世纪的爱尔兰传说中，这是一条曾被误认为一座岛的巨

---

[1] 中世纪的博物学著作还把这种蛇画成了长有翅膀的样子。

鱼。关于它的记载出自《圣布伦丹航海记》，该书最早的手稿约写于公元900年前后。圣布伦丹造了一艘小船，和追随他的一群修道士一起扬帆起航，去寻找"天堂岛"。在旅途中，他们来到了一个陌生的岛屿："岛上没有草，灌木极少，岸上也没有沙。"晚上，修道士开始祈祷，但布伦丹知道这是一条大鱼，因此留在船上。早晨，他们举行了弥撒，然后为了做早餐而生起火来。这时，"岛"自然就不像之前那样亲切了，"当他们把更多的燃料加进火里、锅开始沸腾的时候，岛开始像波浪一样起伏"。修道士们惊慌地跑回小船，并尽可能快地开船，"后来，隔着两英里远，他们还能看到自己燃起的火"。布伦丹向同伴们解释道："你们登上的并不是岛，而是一条鱼，在所有海洋生物中，它的躯体是最大的。有人曾经测量过它从头到尾的距离，但没有成功，因为它实在是太长了。"（O'Donoghue, *Brendaniana*, 126-7）参见**岛鱼**。

## 简尼·翰易韦 | Jenny Haniver

这是一种人造的"奇兽"工艺品，以一种或多种实际存在的动物为原料制成。在该类型中，最为常见的是用鳐鱼类和蝠鲼类制作的"怪物"，因为它们的腹部像人"脸"，并且很柔软，可以用来塑造、干燥成各种不可思议的形状。"简尼·翰易韦"一词的来源不明，不见于《牛津英语词典》。"Jenny"一般用来指代一个种族中的雌性，如"jenny-howlet"（雌猫头鹰），或者"简妮·鹪鹩"（"知更鸟·红胸"的妻子）[1]。据推测，"翰易韦"可能源自"安弗斯"（Anvers），这是安特卫普的法语名称，安特卫普可能曾

---

[1] 它们是英语古诗《知更鸟·红胸和简妮·鹪鹩的婚礼》（'The Wedding of Robin Redbreast and Jenny Wren'）中的两个主角。这首诗中的角色都是拟人化的鸟类。

是这门人造怪物生意的某种集散地。马可·波罗在13世纪第一次记载了人造怪物的行为，当时他正在苏门答腊岛上参观，见到了一些应该是来自印度的侏儒："岛上有一种非常小的猴子，它们的脸很像人。他们抓住这些猴子，拔掉除胡须和胸部之外的所有毛，让它们看起来像是人类。"（*Travels*, vol. II, 3.9）第一个发表出来的例子则是"piscis monachi"（**海僧侣**），出自皮埃尔·贝隆①于1553年出版的著作《水生动物》（*De Aquatilibus*），蒙彼利埃大学医学院的皇家教授纪尧姆·朗德雷②也在他于1554年出版的《海鱼之书》（*Libri de Piscibus Marini*）中记载了"de pisce Episcopi habitu"（**海主教**）。贝隆似乎完全被骗了，但朗德雷的怀疑精神更强。在1558年出版的《动物史》中，康拉德·格斯纳还公布了一张"飞龙"的画像，专门警告别人不要上当。他揭露了这些骗子的手段："这些摆摊的江湖郎中和他们的其他同类惯于使用干蝠鲼造假。他们塑造蝠鲼的骨头，让它们变成各种奇怪的形状，然后展示给大众观看。这一类假货包括蛇及有翼的龙；为了制造这些东西，他们弯曲蝠鲼的身体，扭曲头部和嘴，切掉其他一些地方。他们会切掉一部分侧鳍并抬高剩余的部分，以做出翅膀的效果。蝠鲼身体的其他部分也被他们像这样随心所欲地修改。"（译文引自 Gudger, 'Jenny Hanivers'）在阿尔德罗万迪于1640年出版的《蛇与龙的历史》中就记载了两个这种合成生物，它们被描述为"**鸡蛇**"；其中一个是典型的被改造过的蝠鲼，另一个则更不寻常，拥有头冠和八条腿。我们可以看到，这些离奇的生物曾经催生了一门繁盛的生意——如果连博物学家也不能做到所有人都不上当，那些缺乏教育的人又会把它们当成怎样的奇迹？简尼·翰易韦当

---

① 皮埃尔·贝隆（Pierre Belon，1517—1564），法国博物学家。
② 纪尧姆·朗德雷（Guillaume Rondelet，1507—1566），法国解剖学家、博物学家。

然对**人鱼**、**海僧侣**、**海主教**、**龙**、**鸡蛇和蛇鸡**，以及其他许多诸如此类的生物的传说起到了推波助澜的作用，它们在这些传说的发展和修正中扮演着重要而经常被忽视的角色。在 18 和 19 世纪的富人的私人博物馆里通常能发现很多简尼·翰易韦。今天，在位于莱顿的荷兰国立博物馆还藏有一件有趣的展品，它非常接近阿尔德罗万迪于 1613 年描述的 "用蝠鲼制成的龙"（Draco effictus ex raia）。地区性的此类标本包括**剑桥半人马**、德国的**埃尔夫托利奇**（Elwetritsch）、**拉塞尔博克**（Rasselbock）和**沃尔珀丁格**、瑞典的**斯克瓦德尔**（Skvader）和**维特利斯克·斯特兰德穆德拉尔**，以及美国的**鹿角兔**。一些这样的伪造品也曾公开展出，例如 "**斐济人鱼**"（参见**人鱼**）和**西利曼海蛇**。除此之外，还有许多鲜为人知的标本，如**猪面女**和巴克兰的**不伦不类之物**。位于爱丁堡的苏格兰皇家博物馆也藏有一些出色的此类标本，如 "裸露前体的" **胡德温克**、**毛皮鳟鱼**和**鸡鸭**。简尼·翰易韦至今仍在出售，虽然它们今天大多被冠以 "外星生物" 或诸如此类的名称。（Carrington, *Mer. Mast.*, 62-3, 69-71; Dance, *Animal Fakes*, 17ff.）

**J**

简尼·翰易韦

## 尤蒙刚德 | Jörmungandr

这是北欧神话中的"世界之蛇"(Midgard Serpent)。这条蛇无比庞大,能够环绕整个世界,自噬其尾。洛基和安格尔波达生下了它、**芬里尔**以及死亡女神赫尔。诸神抓获了这条蛇,将它扔到深海里,但它并没有死,而是继续成长,直到环绕了整个世界。后来,雷神托尔试图杀死它;并不是所有版本的故事都说他成功了。参见**尼德霍格**。('Gylfaginning', §48, in Sturluson, *Prose Edda*, 42, 70)

托尔与尤蒙刚德(1906年)

# K

## 河童 | Kappa

这是一种日本传说中的河怪。它被描述为有着猿猴一样的头，身体类似乌龟，四肢长满鳞片。在它的头顶有一个浅盘形的结构，里面盛满一种神奇的液体，这是它的力量之源。它会向人类挑战相扑，这种挑战不能拒绝，但如果人类有礼貌地一鞠躬，河童也会鞠躬还礼，这样液体就会从头顶的浅盘中流出，从而削弱了它。然而，就算在相扑中击败它，人类也必定会神秘地变得衰弱。在其他情况下，河童会捕食在河里洗澡或游泳的人，据说是吸他们的血。（Davis, *Myths*, 350; Eiichirô, 'Kappa', 1-152）

## 猫结 | Katzenknäuel

出自德国传说，是由猫组成的球体或缠结——一群猫或幼猫的尾巴系在一起。猫版的**鼠王**。紧接在斯特拉斯堡鼠王造成的轰动之后，菲塞克尔[①] 于 1683 年发表了一篇对它的描述（*Aber. Wund.*）。它可能是一种**简尼·翰易韦**。

---

[①] 约翰·乔纳森·菲塞克尔（Johann Jonathan Felsecker, 1655—1693），纽伦堡的书商。

猫结（1683 年）

## 凯尔派 | Kelpie

"当积雪解冻，／叮当碰撞着漂浮的冰层，／水中的凯尔派开始作祟浅滩，／受你的指挥，／诱惑暗夜中的旅者，／使他们走向毁灭。"（Burns, 'Address to the Deil', *Works*, 73）。相信凯尔派存在的信念盛行于苏格兰，但这个词确切的起源不详。吉姆森[①]认为它源自"牛犊"，不过这个观点并未被普遍接受。（Mackay, *Dict. Low. Scot.*, 105）它也可能来自"海藻"（kelp），这是几种海草的名称，采集它们是赫布里底群岛和奥克尼郡的一种主要职业。"这种叫凯尔派的生物被猜测或者据说潜伏在被称为'kelp'的海草里，在一些沿海地区，这些海草可以长到难以置信的高度和大小，并且会呈现出各种荒诞怪异的形状。"（Brand, *Pop. Antiq.*, II, 352）

---

① 约翰·吉姆森（John Jamieson，1759—1838），苏格兰牧师、语言学家、古文物研究者。

凯尔派的颜色通常为黑色，虽然也有白色的记录；在几个案例中，它可以变化成人类，而且几乎总是可以口吐人言。虽然它的名声黑暗而邪恶，但凯尔派也有可能帮助人类。布雷马[①]地区的凯尔派特别喜欢当地的女人，其中尤为喜欢一个磨坊主的妻子。当她的面粉用尽时，它帮她弄来了面粉；但磨坊主无法容忍这种行为，用一块石头砸断了凯尔派的腿，因此这只凯尔派便使磨坊变成池塘，淹死了磨坊主。在阿伯丁郡的斯特里亨（Strichen），凯尔派可以变成人的模样，通常是一个老人。在顿河[②]上的莱布（Luib）桥附近一个叫"凯尔派之石"的地方，这里的怪物也会变成人形。（Blind, 'Scottish', 186-207; MacGregor, *Peat-Fire Flame*, 69-70; Mackinlay, *Folklore*, 155ff.）其他地方性的凯尔派，包括皮尤利什湖（Loch Pityoulish）披挂银质马具的"黑骏马"（Black Steed），以及**斯佩白马**。尼斯湖周边曾有一只著名的凯尔派，这无疑助长了**尼斯湖水怪**的传闻。民俗学上的通常观点，是将凯尔派视为水的危险之力的人格化。（Anon., 'Tales', 511）关于其他的苏格兰**水马**，参见**埃赫-乌斯吉**。

## 紧那罗 | Kinnara

这是印度教和佛教神话中的一种生物，分为男性版的"kinnara"和女性版的"kinnari"，身体部分为人，部分为马，部分为鸟，不过也有一些版本的传说称它半人半马，或者半人半鸟。关于紧那罗的大部分传说都来自佛教：它们似乎没有手臂，喜欢在铙钹的音乐中跳舞，经常被描述为戴着花环或花。它们被认为住在喜马

---

① 布雷马村（Braemar），在苏格兰的阿伯丁郡。
② 苏格兰的顿河（River Don），在阿伯丁郡。

拉雅山一带，以花粉为生。它们还可能会被捕获、被关进笼子，以供国王们取乐。在印度教神话中，它们并不那么可爱，但依然保留着对音乐的热爱。（Murthy, *Myth. An. Ind.*, 13-16）

## 查理一世的鹦鹉 | King Charles I Parrot

查理一世的鹦鹉（1875年）

19世纪初，工人们维修温莎城堡时发现一具骷髅被砌在维多利亚女王的套房的废弃烟囱里。这座城堡中资历最老的仆人认为，它是查理一世国王最喜欢的鹦鹉的遗骸——在弗兰克·巴克兰担任第二王室近卫骑兵团的助理军医时，有人给他讲了这个故事，还把装在盒子里的这具骷髅交给他检查："当盒子被庄严肃穆地打开时，一具我所见过的最奇怪、最诡异的骨架展现在我的面前。它的形状像鸟，我承认，它的确蒙骗了我一瞬间；但我很快发现了这个圈套，这些士兵无疑是想捉弄我这个'医生'。"巴克兰仔细检查了这件东西，断定"这件有趣的东西只是普通的兔子骨架，但被做成了鸟的形状。有人将一只兔子切成两截、去肉留骨，还给骨骼涂上了棕色以做旧"。（Buckland, *Log-Book*, 28-31）

## 教堂牺灵 | Kirkegrim

这是一只在墓地里被活埋后化作该地守护灵的动物，瑞典的"**赫尔赫斯特**"（Helhest）和"**墓猪**"均属此类。索普（*North.*

*Myth.*, 210）记载了如下的传说："在埃勒斯克宾（Ærøskøbing）市的街巷里，人们经常能看到一只'墓猪'，或称'灰猪'，传说它是一头曾被活埋的母猪的幽灵。它的出现预示着死亡和灾难。"在其他地方，"许多地区和教堂都曾遵照传统活埋过这样的生物并以此得名，如斯科讷[①]地区的'海斯特韦达'（Hestveda）镇及其教堂，据说它以前被称为'Hest-hvita'（白马），因为它的'教堂牺灵'是一匹白马。这些幽灵的现身是对重大事件的警告，无论那一事件是幸运还是不幸"。（Craigie, *Scan. Folk.*, 402）参见**教堂牺灵**[②]。（Schütte, 'Dan. Pag.', 365）

### 教堂羔灵 | Kirkelam

这是一种"教堂羔羊"，类似于**教堂牺灵**。根据斯堪的纳维亚传说，在教堂之下或之内，通常是在祭坛下，应当活埋一只动物："当教堂里没有人的时候，无论任何人进入教堂，他都会看到教堂羔灵在里面奔跑。如果教堂在一只羊羔上建成，它就永远不会沉陷。从前，教堂开工的时候，都要按照传统把一只羊羔活埋在祭坛之下，这样教堂的基础才不会动摇。这些羊羔的灵魂被称为'教堂羔羊'。"（Thorpe, *North. Myth.*, 210）

### 克拉帕波克 | Klapperbock

这是德国东北部的乌瑟多姆岛上的一只朱尔节[③]精魂。克

---

[①] 斯科讷（Skåne），瑞典最南部的一个省，也是斯堪的纳维亚半岛最南端的地区。
[②] "Kirke"即英语"Church"。"Kirkegrim"与"Church grim"同义。
[③] 朱尔节（Yuletide）是古代日耳曼民族的冬至节，后来被基督教（转下页）

拉帕波克的身体是被撑起来的羊皮，长着羊头，下颌可动①，因此可以咬住孩子以吓唬他们。在节日游行中，克拉帕波克的部分会由三个人组成：一个人背着一根棍子和一袋灰，另一个人扮成克拉帕波克，第三个人骑着一匹白马。（Thorpe, *North. Myth.*, 146-7）

## 克鲁德 | Kludde

这是一只千变万化的生物，出没于布拉班特②和佛兰德："克鲁德经常变成一棵树，起初小而纤弱，但会快速成长，直到高耸入云，使它阴影下的一切陷入混乱。此外，它还会变成一条黑狗，用后腿奔跑，链条拴着脖子；当遇到第一个人的时候，它会跳起来，咬住对方的喉咙，把他带入地底，就此消失。克鲁德偶尔还会变成猫、青蛙或蝙蝠。无论它伪装成什么，都永远有两小团蓝色火焰在它面前颤动、飘舞，人们可以以此看穿它。但它最常见的伪装是一匹饥肠辘辘的老马，出现在车夫或马夫面前，让他们误骑上它，而不是骑上他们自己的马。一旦被骑上，克鲁德会立即全速奔驰，受惊的马夫只好尽可能地紧抱住它，以防被甩下来。当它到达水边时，会狂笑着往水里冲去，然后，受害者只好郁闷、恼怒地自行游回陆地。"克鲁德奇妙地结合了**黑犬**和**水马**最可怕的方面，可以比较其他会变化的精灵，如**皮克崔·巴拉格**或**赫德利考**。

---

（接上页）转化为圣诞节。虽然在英语古语中，"Yuletide"也可以指圣诞节，但这里用这个词，应是为了强调这种精魂的异教属性。
① "Klapperbock"意为"咯吱作响的羊头"。
② 布拉班特（Brabant），历史上的地区，在今荷兰南部及比利时北部。

## 努克尔 | Knucker

这是一条苏塞克斯郡的龙,据说住在"努克尔洞"(Knucker Hole)里,该处位于莱姆斯特(Lyminster)附近的一个湖泊或一条溪流附近:"这只邪恶的怪物肆虐着方圆数英里的乡村,以难以想象的速度飞过天空,抓住男人、女人、孩子和牛羊,把他们带到自己栖身的阿伦(Arun)沼泽中,在那里吃掉他们。"自然,有一位国王(不知名)把他美丽女儿的婚姻当成奖赏,征集能杀死这条龙的英勇骑士;有许多人去尝试,但都被杀死,最后一位年轻的英雄得胜而归,从此大家都过上了幸福的生活。这个故事的作者还得知,在莱姆斯特教堂里有一块"屠龙者的墓碑"。(Evershed, 'Legend', 181-2)

## 克拉肯 | Kraken

亦称"Kraxen""Krabben""Horven""Anker-trold",是一种斯堪的纳维亚**海怪**。对这种怪物最权威的记载来自卑尔根主教、丹麦皇家科学院成员埃里希·彭托皮丹(Erich Pontoppidan, 1698—1764)。他在自己的著作《挪威自然史》(*The Natural History of Norway*)中称,克拉肯是世界上最大的海怪,外观"圆而扁平,长满腕足或触手"。书中记载了一些他认为是目击者的证词,其中最引人注目的是这只怪物的出现方式:"我们的渔民一致肯定,他们的证词没有出入;那都是在海上筋疲力尽地划了几英里之后,特别是在炎热的夏天。根据当时的位置(他们可以根据陆上的某些参考点确定自己的位置),他们认为所处的海域应该有80到100英寻深,但实际只有20到30英寻深,甚至更浅。这里通常有极丰富的鱼群,特别是鳕鱼和舒鳕。根据他们的说法,他们刚一放下钓钩，钩上就挂满了鱼。他们断言，克拉肯就在这里的海底。他们说，必定是这只生物挡住了他们的测深索，使海域看起来浅得不自然。渔民们很乐意遇到这种情况，把这视为增加渔获的机会；有时会有二十艘甚至更多的渔船聚在一起，彼此隔开适当的距离，抛下测深索。然后，他们必须遵守的唯一一条规矩就是，通过测深索，观察深度是否不变，抑或底部越来越高，使海变得越来越浅。如果海开始变浅，他们就知道克拉肯在上浮，不能继续留在这里；他们会立即停止捕捞，拿起桨，尽可能快地划开。当他们来到深度正常的海域，就知道自己脱离了危险，靠在桨上休息。几分钟后，他们看到这只庞然大物上浮到海面；它会把身躯充分地露出，尽管不是它的整个身体，而只是背部或上部，海面以下的部分几乎是人类用肉眼看不到的（除了这一物种的幼体，后面还会提到），但仅仅是这一部分的周长就有一英里半左右（有人说的数字更大，但我选择了最可靠的数字），看起来就像一座小岛，周围漂浮着一些像海草一样随着波浪起伏的东西。它的身体在各处变得越来越大，就像一座沙洲，各种各样的小鱼不停地在它的身上跳动，直到从它的边缘重新跌回海里。最后，会出现几个亮点或角，它们抬出水面，越来越粗、越来越高，有时，当它们完全直立起来之后，看起来就和中等船舰的桅杆一样高大。"（211-2）彭托皮丹称，它强大的腕足足以把最大的战舰拖入海底，而下沉的战舰本身也会制造一个漩涡，把靠得太近的一切都拉下海去。克拉肯可以发出一种浓烈的气味以吸引鱼群进入自己的触及范围，它一边进食一边排泄，使海洋变得褐而浑浊，尽管如此，却有更多的鱼被这诱人的污物吸引而来，结果变成了克拉肯的美餐，然后它"经过适当的时间之后，通过消化，再把这些鱼类转化成新的诱饵"（212）。与传闻相反，林奈从未把克拉肯包含进他出版于1735年的《自然系统》第一版。这种错误的观念认

克拉肯可能是一种巨型乌贼（1867年）

为，克拉肯作为"头足类动物"被收录于该版著作之中，还有一个学名 *Microcosmus marinus*[①]——实际上，那是林奈为一种浮游生物起的学名。然而，某个叫"W."的人在1818年写了一篇文章，详尽地讨论了这种怪物，认为它真实存在；他将林奈作为一个权威来源，称这位伟大的分类学家将 *Microcosmus marinus* 放在"巨水螅与巨乌贼"条目下。因此，后来的读者把这种生物理解成了克拉肯（'Remarks', 646）。此外，"W."氏的"克拉肯是巨乌贼"的理论至今依然被某些圈子认可。维多利亚时代的诗人阿尔弗雷德·丁尼生使这只海怪在他的名诗《克拉肯》（The Kraken）中永垂不朽（*Poems*, 1830）："在深邃天穹的万钧雷霆之下，/在海底沟壑最深最深的地方，/这海中怪兽（克拉肯）千古无梦地睡着，/睡得不受侵扰……"参见**哈弗古法**、**彭托皮丹海蛇**、**伊尔赫维尔**。

---

[①] 直到今天，依然有许多奇幻事典人云亦云地照搬这种观点。

## 克兰普斯 | Krampus

这是一只德国的朱尔节怪物,穿着毛茸茸的、像熊一样的大衣,有角,拖着一条长长的红舌头。它通常脖子上还套着铃铛和叮当作响的链条,在 12 月 6 日举行的朱尔节游行中吓唬那些顽皮的孩子。尽管基督徒把圣尼古拉强加给这支游行队伍,让他成为领袖,但古老的身形依然留在队伍之中,如佩尔兹玛特,或者带着一袋灰的阿申克拉斯[①]。克兰普斯的形象广泛分布于阿尔卑斯山德语系地区,尽管可能会改成其他的名字:"Klaubauf"、"Bartel"、**拉乌泽尔**等。也存在它的女性形式"Berchta"及其变体:"Budelfrau""Berchtel""Buzebergt"等。在圣尼古拉的意义上,参见**尼克尔**。关于与它相近的英国习俗,参见**胡登马**和**玛丽·卢伊德**。(Miles, *Christmas*, 219)

## 库鲁鲁 | Kulullu

巴比伦神话中的"鱼人",被大海龙**提亚玛特**创造出来。在巴比伦创世史诗《埃努玛·埃利什》中,提亚玛特创造了包括鱼人在内的十一只魔怪对抗马尔杜克,在提亚玛特败北后,马尔杜克收伏了十一只魔怪,从此鱼人变成了辟邪的象征,被用来抵御邪恶。它往往被作为奠基雕像使用,也会被刻在纪念碑上。库鲁鲁总是和"山羊鱼"**苏胡尔马苏**组成一对,在记录中,它还有另一个罕见的配对:"女鱼人"库莉尔图(Kuliltu)。在一个人

---

① 佩尔兹玛特(Pelzmärte,穿毛皮的马丁)、阿申克拉斯(Aschenklas,带着灰的克劳斯),皆为地方性的圣诞精魂,它们的异教起源显而易见。后来这些圣诞精魂都被基督教的圣尼古拉(St. Nicholas)取代。顺带一提,现代的"圣诞老人"的形象是晚至 19 世纪之后才确立的。

类披着一件"鱼衣"的形态下,它被称为"Apkallu"(鱼),**俄安内**也是它的一个名字,但它们似乎完全不同。其他有据可查的名字还包括"Ha-galu-gallu"和"Nun-ameli"。它在黄道十二宫中的对应星座是我们所说的水瓶座。(Green, 'Note Ass. "Goat-Fish"', 25-30)

## 库尔 | Kur

这是苏美尔神话中的一条原初混沌之龙(或蛇),为巴比伦神话中的**提亚玛特**的原型。"Kur"意为"山脉"或"土地"——苏美尔人称它为"Kur-gal",意为"大土地",——但它也与"Ki-gal"即"大下界"有关,那是苏美尔人的地狱或阴间,亦可简称为"Kur"。库尔的故事可追溯至公元前三千纪,只有三四条神话断片提及过它。它的外观无法确定,但基础概念是一条生活在最深的深渊里的巨蛇,那深渊是原初之水的源泉。如果它被杀死,这些水就会涌出,淹没世界。据推测,库尔绑架了女神埃列什基伽勒①,把她带进深渊,于是水神恩基②前去与这只怪物搏斗,拯救了女神。在另一个版本的故事中,库尔被神祇尼努尔塔(蛇身女神**宁图**的儿子)杀死,致使能够毁灭大地的洪水喷发而出,但洪水被尼努尔塔设法控制;第三个神话称,库尔被爱神伊南娜③击败,因此伊南娜获得了"毁灭库尔者"这个称号。不过在这则神话中,库尔被移到了位于苏美尔东北方的埃比赫(Ebih)山脉。(Kramer, *Sum. Myth.*, 76-83)这些神话总是包含创世史诗和常见的洪水叙事

---

① 埃列什基伽勒(Ereshkigal),苏美尔神话中的冥府女神。
② 恩基(Enki),苏美尔神话中的水神,是一位受到广泛崇拜的神祇。
③ 伊南娜(Inanna),苏美人神话中的爱神、金星的代表神,阿卡德语为"伊什塔尔"(Ishtar)。

元素，以及洪水被控制、用来耕种土地的内容。后者类似赫拉克勒斯和**勒拿海德拉**的传说。

## 库萨里克库 | Kusarikku

巴比伦神话中的"人牛"或"野牛人"。这个词是阿卡德语，而苏美尔语是"Gud-alim"或"Gud-dumu-an-na"。在巴比伦创世史诗《埃努玛·埃利什》中，它被大海龙**提亚玛特**创造出来，为提亚玛特用来对抗马尔杜克的十一只魔怪之一。在提亚玛特被击败后，马尔杜克收伏了十一只魔怪，从此库萨里克库变成了一只行善的恶魔，被用来守门。阿萨尔哈东[①]曾用"闪耀的青铜"铸了两尊库萨里克库像，两尊像的头部分别朝向前方和后方，其高度足以支撑阿舒尔[②]神殿入口门廊的拱顶。它在印章上的形象是一只复合怪物，上半身是人，下半身是公牛，这些印章的历史可追溯至早至公元前三千纪的阿卡德时期。库萨里克库由一对组成，是太阳神的卫士。(Gadd, 'Some Contrib.', 105-21; Huxley, 'Gates and Guard.', 109-37)

---

① 阿萨尔哈东（Esarhaddon），亚述国王，前 681 年—前 669 年在位。
② 阿舒尔（Ashur），亚述的主神。

# L

## 拉冬 | Ladon

这是希腊神话中的一条**龙**，由**厄喀德娜**和**提丰**所生，一些更早的来源则称其由**福耳库斯**和**刻托**所生。女神朱诺命令它守卫种植在赫斯佩丽德斯（Hesperides）之园中的金苹果，"赫斯佩丽德斯"是夜神（Erebus，厄瑞波斯）的四个女儿的总称[①]。拉冬有一百个头，每个头都能用自己的声音说话；它蜷缩在树上，不眠不休地看守着。它后来被赫拉克勒斯杀死，因为欧律斯透斯命令赫拉克勒斯去取来金苹果。那是赫拉克勒斯的第十一项功绩。（Apollodorus, *Library*, 2.5; Hesiod, *Theog.*, 304; Smith, *Dict.*, II, 705）

## 拉赫穆 | Lahmu

意为"多毛者"，在巴比伦创世史诗《埃努玛·埃利什》中，他系由**提亚玛特**和阿普苏[②]所生，与拉哈穆（Lahamu）组成一对。后来，他似乎从一个单一的实体演变成了一种类别的怪物。在尼尼微、亚述和乌鲁克都出土过一份时代为公元前一千纪的文

---

[①] 这是赫西俄德的版本（*Theog.* 211）。另一版本的故事称赫斯佩丽德斯为阿特拉斯的三个女儿。
[②] 阿普苏（Apsu），巴比伦神话中的原初淡水海洋之神，提亚玛特的第一任配偶、主要神祇的创造者。

本《众神叙录》('The Description of the Gods'),其中记载了拉赫穆的几个变形,有一个变形"斗争的拉赫穆"(Lahmu ippiru)被描述为一只有狮子特征的**海怪**;其他变形分别被描述为有角的蛇头、有髯的人脸,以及狗头和翼翅。提亚玛特被撕开的身躯形成天地,拉赫穆和拉哈穆便是支撑天穹的柱子;美索不达米亚石砌神殿的构造也体现了这种宇宙观。此外,拉赫穆(或拉赫穆们)拿着一根杆子的黏土像或黏土牌也会被埋在门口附近,以阻挡邪恶。其上还刻有铭文:"善灵进!恶灵出!"(Ellis, 'Trouble', 159-65; Lambert, 'Pair Lahmu', 189-202; Thompson, *Devils*, 155-7)

### 莱德利虫 | Laidley Worm

"她施法使她的身体变成莱德利虫,/变成莱德利虫……她的话音是一位少女,可身体却是肮脏的虫。"(Swinburne, *Border Ballads*, 46-7)"laidley"的意思是"不情愿的"或"令人憎恶的",而"虫"则是"**龙**"的意思,因此"莱德利虫"可以解释为"令人憎恶的龙"。它仅有一只,曾经栖息在诺森伯兰郡班堡(Bamburgh)城堡附近的斯品德尔斯顿(Spindleston)峭壁上。根据这个故事,一个恶毒的继母嫉妒她的继女的美貌,而她同时又身为女巫,因此就把咒语下在继女身上,使她变成了虫。当这位继女——曾经的玛格丽特(Margaret)公主发现自己的身上发生了什么之后,就逃到这个地方,躲在斯品德尔斯顿峭壁上的一个山洞里。她的兄弟柴尔德·温德(Childe Wynd)结束了在国外的冒险,回来救她;他吻虫三次,使玛格丽特恢复了原貌。当然,邪恶的继母没有好下场:她变成了一只蟾蜍。(Jacobs, *Eng. Fairy*, 214-19)"切维厄特的吟游诗人"邓肯·弗雷泽[①](极盛期在1270年左右)曾用这个主题写过

---

① 邓肯·弗雷泽(Duncan Frasier,生卒年不明),非常鲜为人知的(转下页)

一首脍炙人口的民谣。(Crawhall, *History*)

## 黑喉鹃鵙 | Lalage Melanothorax

在 R. 鲍德勒·夏普制作的一份"英国博物馆所藏鸟类标本"目录中,他描述了一种来自印度马德拉斯(Madras)的鹃鵙亚种:"类似黑头鹃鵙(*L. sykesi*),但有非常巨大的喙;整个头部和颈部以及喉部和胸部都呈光滑的钢黑色,比黑头鹃鵙延伸得更加靠下。"七年后,他意识到自己犯了错误。博物馆收藏的这个标本其实是**简尼·翰易韦**——一只卷尾鸟的头部被巧妙地粘到了一只鹃鵙的身体上。(Sharpe, *Catalogue*, 91; and 'Notes', 354)

## 拉玛苏 | Lamassu

这是巴比伦神话中的一只有翼的人头公牛,它是宫殿的守护者。"拉玛苏"可能意为"神圣的保卫者";它与**舍杜**组成一对。(Langdon, *Bab. Lit.*, 137; Mackenzie, *Myth. Bab.*, 65)

一只雕刻在萨贡二世宫殿中的拉玛苏
(公元前 8 世纪)

---

(接上页)13 世纪英国地方性诗人,关于"莱德利虫"的这首诗歌是他唯一可考的创作。
① 理查德·鲍德勒·夏普(Richard Bowdler Sharpe,1847—1909),英国动物学家、鸟类学家。

## 莱姆顿虫 | Lambton Worm

这是一条曾经栖息在达勒姆郡的龙,得名于莱姆顿家,而莱姆顿家得名于英格兰东北部的莱姆顿村(今属泰恩-威尔郡)。根据传说,一位不知名的"莱姆顿家的继承人"想抓蠕虫来钓鱼,但不慎将蠕虫丢进井里(虫井),然后就不再管了。后来,这条蠕虫长得极其巨大,它离开井,来到威尔河畔的某个青翠的山丘上,那里现在叫"虫山"。这条虫围着整个山丘盘卷起来,今天还可以看到它盘卷的痕迹。这个继承人结束了其他一些冒险归国之后,被这个状况惊呆了;他承诺杀死这只怪物。在一名女巫或女智者的建议下,他把许多剃刀的刀刃固定在自己的锁子甲周身,故意让虫缠绕自己。虫本想把他缠死,结果自己却被切成了碎片。这个故事与**林顿虫**有许多共通之处,除了结局之外:女巫要求的报酬是,继承人必须杀死他成功之后遇到的第一个活物。继承人原本计划在成功之后吹响狩猎号角,届时他的父亲将放出他那条忠实的猎犬;但他的父亲听到号角声后,为儿子的生存大喜过望,忘了放狗,自己冲了出去。这个继承人不能杀死自己不幸的父亲,因此诅咒降临在莱姆顿家:从此之后,没有一个莱姆顿家的当主可以安详地死在自己的床上。这个故事,至少它的一部分,是布拉姆·斯托克[①]作于1911年的小说《白虫的巢穴》(*The Lair of the White Worm*)的基础。(Surtees in Crawhall, *History*, 13ff.)

## 拉米亚 | Lamia

拉米亚是波塞冬的女儿,她与宙斯生下了预言者西比拉[②];在

---

① 亚伯拉罕·"布拉姆"·斯托克(Abraham "Bram" Stoker,1847—1912),英国小说家。《德拉库拉》(*Dracula*)为其最著名的著作。
② 西比拉(Sibyl),希腊罗马传说中能够预言未来的女巫。

另一个传说中,她是一位美貌的利比亚王后,同样被宙斯所爱。宙斯之妻赫拉嫉妒拉米亚,夺走了她的孩子,拉米亚因而转去报复他人,夺走并杀害别人的孩子。这一可怕的行径使她变得丑陋,而宙斯又赐予她把自己的眼睛拿下

拉米亚(1658年)

来,然后再安回去的能力。① 她有时也被认为是**斯库拉**的母亲。随着时间推移,拉米亚逐渐被视为一种诱惑人的女鬼,她会吸年轻人的血。在威克里夫所译的第一个《圣经》英译本中,她是一个有马蹄的女人:"拉米亚必在那里栖身,那魔鬼(thirs),或那有野兽之身和马蹄的女人。"(Wycliffe, Isaiah 34:15,约 1380 年)。在后来的《圣经》英译本中,"拉米亚"被译为"鸣角鸮"(参见**鸮类**)或"夜间的怪物";在德语译本中被译为"Kobold";在丹麦语译本中被译为"Vaette"(参见**魂精**)。17 世纪,爱德华·托普塞尔(Historie, 352f)用"山羊类的"蹄子替换马蹄,并且为她加上了"鸢的眼睛";他书中的插图将拉米亚表现为一只四足兽,有女人的头部和胸部、覆盖鳞片的身体、狮子般的前爪、带偶蹄的后腿、马尾以及男性的生殖器官。甚至到了 18 世纪,还能在科学著作中看到这只怪物:在出版于 1740 年的《自然系统》第二版中,卡尔·冯·林奈将它放在**悖理动物**条目下,描述为:"有一张人脸、少女的乳房、四足动物的身体、鳞片、野兽的四足和公牛的臀部。"然而,浪漫主义诗人会去掉动物寓言集中所有缺乏吸引力

---

① 根据某个版本的神话,赫拉不仅使拉米亚变得丑陋、夺走她的孩子,还使她永远不得睡眠。为了使她能够睡觉,宙斯赐给她这种能力。

的特征，着重发展迷人的要素。在约翰·济慈作于 1819 年的长诗《拉米亚》中，她成了一个奇异的蛇女："是个色泽鲜艳的难解的结的形体，/ 有着朱红、金黄、青和蓝的圆点，/ 条纹像斑马，斑点像豹，眼睛像孔雀，/ 全都是深红的线条；混身是银月，/ ……她的头是蛇，但是辛辣的甜蜜啊！/ 她有女人的嘴，一口珍贝似的皓齿；/ ……她的喉咙是蛇，但从中 / 说出的话好像为了爱的缘故……"

## 拉维兰 | Lavellan

这是苏格兰民间传说中的一种毛茸茸的小动物，拥有从四十码开外伤害到牛的力量。凯思内斯郡的人尤其惧怕它；它的皮通常被保存起来，盛水给生病的牛喝，以此作为一种治疗。民俗学家认为，它是一种"水鼩鼠"或"水鼹鼠"，牛的蹄子会陷进它们挖的坑里，才有了对它的超自然能力的这种传言。詹姆士党人[①]曾有一种习惯，向这种"穿黑天鹅绒背心的小绅士"敬酒，因为奥兰治的威廉就是由于坐骑绊到了一个鼹鼠丘，被抛下马去，从而丧命的。（Campbell, *Sup. High.*, 220-1）

## 无足极乐鸟 | Legless Bird of Paradise

1420 年左右，意大利商人尼科洛·德·康蒂（Niccolo de Conti）在爪哇见到了一种鸟。他将之描述为"一只非凡的鸟，样子像斑鸠，没有脚，生着一条椭圆形的尾巴"。博物学家康拉德·格斯纳在他于 1560 年出版的《动物图谱》（*Icones Animalium*）中描绘

---

① 1688 年英国"光荣革命"后支持詹姆士二世、反对奥兰治的威廉的派别。

了这种鸟,他把它画得像一只被拆散的秃鹫,当然没有脚,同时也没有翅膀。1758年,卡尔·冯·林奈将其学名定为 *Paradisaea apoda*,字面意思就是"没有脚的极乐鸟"。如今我们已经知道它有腿和脚了,当然也有翅膀。当时的欧洲人过了一段时间才发现这一点:当地人习惯先去掉它们的脚和翅膀,然后再卖给旅行者或自用。这使得当时的欧洲人相信这种鸟永远在飞翔,以露水和香料树的花蜜为生。尽管学名已经定了下来,但它的通称现已被改为"大极乐鸟"(Greater bird-of-paradise)。(Dance, *Animal Fakes*, 75-6)

## 半鱼狮 | Leocampus

这是古希腊及罗马神话中的一种罕见的"海中狮",名字源自希腊语的"leo-"(狮子)和"kampos"(弯曲的),拉丁语通常写作"Leocampus"。它在艺术品中有一个例子:一幅时代不明的镶嵌画,发现于罗马城市沃鲁比利斯(Volubilis)的一座庄园中,该城位于今天的摩洛哥。在画中,一个**特里同**游在一只"海中狮"的前面,似乎是在牵着后者。沃鲁比利斯约于公元285年毁于敌对部落的入侵,因此这幅镶嵌画的创作时间必定在此之前。

## 莱昂托弗努斯 | Leontophonus

亦称"Leontophone""Leontophonos"。普林尼赞扬它的"尿液具有珍奇的性质"。(*Nat. Hist.*, 8.57)它被描述为一种体形很小的狮子杀手[1]:"它只会在有狮子的地区出现。它对狮子来说是剧

---

[1] 词源来自古希腊语"λεοντοφονòς"(杀死狮子者)。

毒，狮子（那强大的生物、所有四足动物之王）只要吃下它，就会立即身亡。因此，捕狮的猎人会把这种动物烧成灰，把灰撒在肉上，以此杀死狮子。即使被烧成灰，它也是剧毒！出于这个原因，狮子天生就非常憎恨它，只要见到就会把它踏扁，或者用除了咬之外的一切办法把它杀死。另一方面，这种生物会撒尿对抗狮子，我们已经知道，它的尿对狮子也是致命的。"

## 有角兔 | Lepus Cornutus

这种"长角的兔子"最初出自康拉德·格斯纳的《动物史》，这部里程碑式的五卷本博物学巨著于 1551—1558 年（前四卷）及 1587 年（第五卷）在苏黎世出版；这导致许多重要的早期博物学著作都收录了这种动物——包括赫夫纳格尔[①]的《四足及爬行动物》（1580 年出版）、柯拉尔特[②]的《四足动物》（1612 年出版）、博纳埃尔[③]的《三个自然王国的分类及图表百科全书》（1789 年出版）——直到它被证明纯属虚构。这一误认源自人们对这种动物的一些（可能存在过的）标本感到困惑，但我们现在已经得知，某些类型的病毒，例如理查德·E.肖普[④]在 1933 年发现的肖普氏乳头状瘤病毒（'Inf. Pap. Rab.', 607-24），会使野兔和家兔在头部周围发展出

---

[①] 约里斯·赫夫纳格尔（Joris Hoefnagel, 1542—1601），佛兰德版画家，出版有博物学著作《四足及爬行动物》(Animalia Quadrupedia et Reptilia)。
[②] 阿德里安·柯拉尔特（Adriaen Collaert, 1560—1618），佛兰德版画家，出版有博物学著作《四足动物》(Animalium Quadrupedum)。
[③] 皮埃尔·约瑟夫·博纳埃尔（Pierre Joseph Bonnaterre, 1752—1804），法国博物学家。《三个自然王国的分类及图表百科全书》(Tableau encyclopédique et méthodique des trois regnes de la nature) 是其最重要的著作。
[④] 理查德·埃德温·肖普（Richard Edwin Shope, 1901—1966），美国病毒学家。

有角兔（1789年）

肿瘤突起（乳头状瘤），在极端情况下，这些肿瘤看起来就像角。参见**鹿角兔**和**沃尔珀丁格**。

### 勒拿海德拉 | Lernaean Hydra

　　这是希腊神话中的一只怪物，为**提丰**和**厄喀德娜**的后代，最初由赫西俄德提到（*Theog.*, 313）；阿波罗多洛斯只是说它栖息在勒拿（Lerna）沼泽中（*Library*, 2.5.2）。它身躯巨大，有九个头，其中八个头是会死的，只有中间的一个头是不朽的。它让周围的乡村处于恐怖之中。打败这只怪物是欧律斯透斯给赫拉克勒斯的第二项任务；赫拉克勒斯跟踪它，直到它的巢穴，那里位于阿密

赫拉克勒斯与勒拿海德拉（约 1565 年）

摩涅（Amymone）泉附近。他射出火箭，箭如雨下，逼怪物逃出巢穴，然后与它搏斗。赫拉克勒斯不断斩下它的头，但只要一个头被斩下，就会立即生出两个。一只巨大的螃蟹也逃出巢穴来帮助海德拉，它用钳子夹住了赫拉克勒斯的脚。赫拉克勒斯能够杀死海德拉，但他必须得到自己的战车驭手伊俄拉俄斯（Iolaus）的帮助。伊俄拉俄斯拿着燃烧的木头烧焦了被砍掉头颅的脖腔，阻止新头再生。最后，只剩不朽的那个头还在；赫拉克勒斯砍掉它，把它压在一块巨石之下。他把海德拉身体的其余部分肢解，把他的箭头浸入它有毒的胆汁中。赫拉克勒斯的死敌赫拉则把那只大螃蟹升上天空，使它变为巨蟹座。勒拿海德拉的头颅数量并无定论：狄奥多鲁斯和奥维德说有一百个，波桑尼阿斯却说只有一个（Paus. *Desc. Gr.*, 2.37.4）。塞维利亚的伊西多尔（*Etym.*, XII.4.23）

把这只怪物归为蛇类:"海德拉是一条多头的蛇,曾栖息在阿卡迪亚的勒拿沼泽之中。它在拉丁语中称为'excetra'(蛇),因为只要砍下一个脑袋,它就会'excrescebant'(增长)出三个新的。但这只是传说;海德拉其实只是在那个地区暴发、摧毁城镇的洪水,当人们封堵了一条河道之后,水还会冲出更多条。当赫拉克勒斯见到这一切之后,他抽干了整个地区的水,因此也就抽干了所有的河道。"

## 琉克罗库塔 | Leucrocuta

亦称"leucrocotta""leocrocuta",是一种"鹿狮",长有偶蹄、獾头、巨嘴,但嘴里没有牙,却有骨头。老普林尼称,它生活在非洲。他的描述是:"这是速度最快的一种野兽,大小如同骡子,臀部似鹿,颈、尾、胸似狮子,头似獾,偶蹄,巨嘴直裂至耳,没有牙齿,取而代之的是凸起的骨头。据说,这种动物会模仿人类的声音。"(*Nat. Hist.*, 8.30)关于它惊人的颌部,老普林尼还补充道:"它的上下牙齿都是没有缝隙的凸起骨头,沿着颌部生长。它们还被封在某种保护套中,以免与对侧的骨头碰撞而变钝。"(8.45)依然根据老普林尼的记载,这种动物是雄鬣狗和雌狮交配的产物。爱德华·托普塞尔在他出版于1607年的著作《四足兽的历史》中收录了它。又见**克罗库塔**;这两者似乎有些混淆。

琉克罗库塔(中世纪)

# 利维坦 | Leviathan

"利维坦"一名最初被提到,是在《圣经·约伯记》(41)里:"你能用鱼钩钓上利维坦①么?能用绳子压下它的舌头么?你能用绳索穿它的鼻子么?能用钩穿它的腮骨么?它岂向你连连恳求,说柔和的话么?岂肯与你立约,使你拿它永远作奴仆么?你岂可拿它当雀鸟玩耍么?岂可为你的幼女将它拴住么?搭伙的渔夫,岂可拿它当货物么?能把它分给商人么?你能用倒钩枪扎满它的皮,能用鱼叉叉满它的头么?你按手在它身上,想与它争战,就不再这样行吧!人指望捉拿它是徒然的。一见它,岂不丧胆吗?没有那么凶猛的人敢惹它。这样,谁能在我面前站立得住呢?谁先给我什么,使我偿还呢?天下万物都是我的。论到利维坦的肢体和其大力,并美好的骨格,我不能缄默不言。谁能剥它的外衣?谁能进它上下牙骨之间呢?谁能开它的腮颊?它牙齿四围是可畏的。它以坚固的鳞甲为可夸,紧紧合闭,封得严密。这鳞甲一一相连,甚至气不得透入其间。都是互相联络,胶结不能分离。它打喷嚏,就发出光来。它眼睛好像早晨的光线。从它口中发出烧着的火把,与飞进的火星。从它鼻孔冒出烟来,如烧开的锅和点着的芦苇。它的气点着煤炭,有火焰从它口中发出。它颈项中存着劲力,在它面前的都恐吓蹦跳。它的肉块互相联络,紧贴其身,不能摇动。它的心结实如石头,如下磨石那样结实。它一起来,勇士都惊恐。心里慌乱,便都昏迷。人若用刀,用枪,用标枪,用尖枪扎它,都是无用。它以铁为干草,以铜为烂木。箭不能恐吓它使它逃避,弹石在它看为碎秸。棍棒算为禾秸。它嗤笑短枪飕的响声。它肚腹下如尖瓦片。它如钉耙经过淤泥。它使深渊开滚如锅,使洋海如锅中的膏油。它行的路随

---

① 《圣经》和合本将"Leviathan"译作"鳄鱼"。下同。

利维坦(1866年)

后发光，令人想深渊如同白发。在地上没有像它造的那样无所惧怕。凡高大的，它无不藐视，它在骄傲的水族上作王。"《诗篇》（74:14, 104:26）和《以赛亚书》（27:1）里同样提到了利维坦；《以赛亚书》将它描述为"刑罚利维坦；就是那快行的蛇；刑罚利维坦，就是那曲行的蛇，并杀海中的龙[①]"。而在伪经《以诺书》里（sec. X, ch. lx. 7, 8），利维坦被描述为雌性，与雄性的**贝希摩斯**组成一对。在佛洛伊的修伊所著的动物寓言（MS Sloane 278 in Druce, 'Elephant'）中，利维坦又被掺入了民间传说对潮汐的解释："犹太人说，上帝创造了一条大龙，叫利维坦，它住在海里；根据民间传说，大海退潮是那条龙回去的缘故。也有人说，利维坦是上帝创造的第一条鱼，而且它至今还活着。"利维坦通常被解释为巴比伦的**提亚玛特**的犹太版本（Barton, 'Tiamat', 22），不过弥尔顿在《失乐园》中却把它往北移去，使其与民间传说中的**伊尔赫维尔**及《萨迦》中的世界之蛇**尤蒙刚德**相符合："……那海兽／利维坦，就是上帝所创造的／一切能在大海洪波里游泳的生物中／最巨大的怪物：据舟子们说／它有时在汹涌的挪威海面上打瞌睡……"（*Paradise Lost*, 1.192-282）

## 尸鸟 | Lich-Fowl

据说，就像**夜渡鸦**一样，这种鸟也预示着死亡。在文献中，这是什罗普郡对**夜鹰**的称呼。在德国，也有与它相当的生物"Leichhuhn"（尸鸡）。（Swainson, *Prov. Names*, 98）

---

[①] 《圣经》和合本将此处的"dragon"译作"大鱼"。

## 利科尔涅 | Licorne

这是老普林尼记载的一种生活在印度的生物，它就像在动物学上产生错乱的**独角兽**："最为凶猛的动物就是利科尔涅，或称一角兽；它的头部像雄鹿，身体像马，脚像大象，尾巴像野猪。它的鸣声低沉，一只两肘长的黑角从它的头部中央突出。这种野兽不可能被活捉。"（*Nat. Hist.*, 8.31）

## 利姆格瑞姆 | Limgrim

这是斯堪的纳维亚传说中的一头巨型野猪。根据这个传说，某个妇女希望生出一个比造物主还巨大的孩子，于是就产下了利姆格瑞姆。它的鬃毛比森林里的树木还高；它刨地时挖出的巨大沟渠变成了后来的利姆（Limfjord）海峡。当有人注定要在那里淹死的时候，他会听见叫声："时候到了，可人还没到！"（Schütte, 'Dan. Pag.', 365）

## 林德虫 | Lindworm

亦称"Lindwurm""Lintwurm"，是一种没有翅膀的**龙**，名字可能意为"美丽的虫"或"闪亮的虫"，来自古高地德语"Lint"（Grimm, *Teut. Myth*, II, 688）或"lithe"（格林的翻译者）。但也有人认为，它与巨龙法弗尼尔有诗意的关联，因为英雄齐格菲尔德是在椴树（Linden）下发现法弗尼尔的。德国的几个叫**林堡**（Limburg）的城镇就得名于它；在纹章学中，没有翅膀的龙或**飞龙**也被称为"林德虫"。（Gould, *Myth. Mon.*, 188）

## 林顿虫 | Linton Worm

这是苏格兰民间传说中的一条龙，它盘踞在沃姆斯顿山（Wormeston Hill）附近的林顿村周围，该地位于苏格兰边境。它喷出的毒气杀死了附近的所有生物，但终于被一位勇敢的骑士——拉里斯顿的莱亚德（Laird of Lariston）杀死，莱亚德将一块燃烧的泥炭推进了它的喉咙。据说，这只怪物临死之前的挣扎在山上磨出了螺旋形的凹槽，这些凹槽直至今日还能看见。在林顿教堂的门廊上，一块饱经侵蚀的中世纪浮雕表现了骑士和虫的战斗。当地的萨默维尔（Somerville）家声称这位骑士是自己家族的一位祖先，他们以龙为纹章的盔饰。（Hardwick, *Traditions*, 45; Henderson, *Notes*, 295-6; Scot, *Minstrelsy*, III, 295-6）

## 蜥头鱼 | Lizard-Headed Fish

这是一条有蜥蜴头的鱼，也被称为"密西西比狗鱼"或"盔甲鼻子"。当德拉图尔·德奥弗涅公爵[①]于1784年在巴黎出售自己的"珍品阁"藏品时，它吸引了公众的广泛关注。据商品目录描述，它为鳗鱼状，有一个布满密集鳞片的长长头颅及颌部，嘴里排列着牙齿，整体约4.25英尺长。从目录所附的插图看来，彼得·丹斯推测它是一条安上了幼年鳄鱼的头部的鲟鱼。一位叫加亚尔（Gaillard）的绅士花六法郎买下了它。（Dance, *Animal Fakes*, 116）

---

① 戈德弗鲁瓦·德拉图尔·德奥弗涅（Godefroy de La Tour d'Auvergne，1728—1792），法国贵族，当时他由于在情妇身上花费了巨额金钱而濒临破产。

## 水跃蛙 | Llamhigyn Y Dwr

这个名字是威尔士语，意为"水中跳跃者"，是一种水中的精魂。它被描述为像一只蟾蜍，但没有腿，而有翅膀和尾巴。19 世纪，某个"伊凡·欧文"（Ifan Owen）神父声称自己曾在史诺多尼亚①的格文南特湖（Llyn Gwynant）多次目击这种生物。（Rhys, *Celtic Folklore*, 79）

## 尼斯湖水怪 | Loch Ness Monster

这是一只可能栖息在苏格兰的尼斯湖里的生物，从 20 世纪 30 年代起就以"尼斯湖水怪"之名广为人知。它还被亲切地称为"尼西"（Nissie，盖尔语"Niseag"）。这个故事的起源通常可追溯至 7 世纪的一个关于圣哥伦巴（St. Columba）的传说：这位圣人站在尼斯河里，仅靠挥动十字架和空口说白话就击败了一只"aquatilis bestia"（水兽）。当地的传说将其确定为一只**凯尔派**："据说，一匹马（水马，或凯尔派）总是出现在尼斯湖附近的路上，直到一天晚上，一个强壮而勇敢的高地人遇到了这只怪物。他在'三位一体'的名义下拔出剑，永远斩杀了这只凯尔派。"（Henderson, *Survivals*, 162; cf., Mackinlay, *Folklore*, 173-4）1879 年 6 月 11 日出版的一期《阿伯丁杂志》（*Aberdeen Journal*）也报道过"尼斯湖水怪"故事的早期版本。这只凯尔派被斩杀的"永远"一直持续到 1933 年，那一年，休·格雷（Hugh Gray）拍摄的那张模糊的、呈黑暗蛇纹状的照片被刊登在全世界的报纸上。自那时以来，已经有了许多版本的目击证词、照片、影像和声呐接触报告，但它们都与**水马**没有任何相似之处。一些来源称，尼斯湖里生活着几只**塔布-乌斯吉**（水公

---

① 史诺多尼亚（Snowdonia），位于威尔士西北部的一个地区。

牛）："尼斯湖里充满了这种生物。"（Campbell, *Pop. Tales*, IV, 300）多年来，人们提出了许多理论来解释这只怪物，包括地震构造学理论（Piccardi, 'Seismotectonic Origins'）；认为水怪是依然存活的灭绝物种，例如蛇颈龙（Binns, *Loch Ness*）或塔利怪物①（Holiday, *Great Orm*）；认为它不过是对自然现象的单纯误认，例如看错了动物，或者是单纯的视觉错误；当然，也有人认为这是一个彻头彻尾的骗局。关于这一主题的讨论已经为数极多，并且还将持续下去（参见 Hansen, 'Loch Ness'）。其他一些苏格兰湖泊也被认为栖息着怪物，包括奥湖（Loch Awe）、霍恩湖（Loch Hourn，**巴里斯代尔野兽**）、洛希湖（Loch Lochy，利齐［Lizzie］）、莫勒湖（Loch Morar，莫拉格［Morag］）、奥伊赫湖（Loch Oich，威伊·奥奇［Wee Oichy］），等等。（MacGregor, *Peat-Fire Flame*, 82）

## 毛绒鳟鱼 | Lod-Silungur

这是冰岛的一种据说拥有淡红色毛发的鱼，在下颌、颈周和身体的零星各处都长着毛。它显然是有毒的，因为没有任何一条狗、任何一只鸟会吃它。戴维森称，1854 年，有一条这种鱼被冲到岸上，这件事由《诺德里报》（*Nordri*）于 1855 年报道。（'Folk-Lore', 331）

## 狮头人 | Löwenmensch

"Löwenmensch" 意为"狮人"，是一件于 20 世纪 30 年代在德

---

① 塔利怪物（学名为 *Tullimonstrum gregarium*），一种生活在约 3 亿年前的脊椎动物，由于样貌极其怪异而被俗称为"塔利怪物"（Tully Monster）。它的首个化石标本于 1955 年被发现，现代研究认为它是七鳃鳗的近亲。另外，这种生物的身长只有数厘米到数十厘米。

国出土的石器时代雕像。它由猛犸象牙雕成，高约 28 厘米，拥有人类的身体和类似狮子的头部。据碳-14 定年法测定，它已有四万年历史。1931 年，古斯塔夫·里克（Gustav Riek）在德国南部施瓦本汝拉山中的沃格尔赫德（Vogelherd）洞穴中挖出了它。由于第二次世界大战的缘故，它没有被记录在案，直到在 1969 年被考古学家约阿希姆·哈恩（Joachim Hahn）重新发现。在同一地区也发现了其他一些类似的雕像；它是具象性人工艺术品的最古老实例之一。（Curry, 'Dawn of Art', 28-33）

### 路克提法 | Luctifer

这个词是拉丁语"带来悲伤者"或"预兆不祥者"的意思。路克提法是罗马人对猫头鹰的一种称呼（参见**鸮类**），因为他们认为这种鸟象征着恶兆。（Seneca, *Herc. Fur.*, 687）

### 鲁米寇伊拉 | Lummekoira

这是芬兰传说中的一种生物，与**尼克谢**或**尼克尔**有关。在一则古老的芬兰咒语"探索起因"（To Discover the Cause）中，我们读到："现在我一无所知，起因我无法猜到。为什么，席西[①]，你制造了入口，制造了魔鬼（Perkele），你自己在家里，在一颗无罪的心里，在一个不受谴责的肚皮里。你从女巫之水里来；从内陆湖上的百合花里，从尼克谢（即鲁米寇伊拉）出没的地方，从'水席西'的洞里，从一千英寻深的海底黑泥里，从死亡（kalma）的荒野里，从大地的内部，从一个死人的肚子里，从一个已经

---

[①] 席西（Hiisi），芬兰民俗传说中的魔鬼。

启程前往永恒之人的皮肤中，从一个幽魂（kalmalainen）的腋下，从一个影子（manalainen）的肝脏之下到来。你是否曾从一个十字架的基座上被撕落，从教堂旁的女人的坟墓里被唤起，从神圣之地的边界、从大战的战场上、从杀戮人类的地方被唤起？"
（Abercromby, *Pre- Proto-Hist.*, 74.）

## 吕卡翁 | Lycaon

这个名字来自希腊语的"lycos"，"狼"，有两种来源，一种来自希腊神话，另一种来自早期的博物学著作：1. 在希腊神话中，吕卡翁将一个孩子的血在祭坛上祭献给宙斯，因而被宙斯变成了一只狼。此后，人类只要在每年一度的祭祀"将人变狼者宙斯"（Lycaean Zeus）的节日上向其献祭，就能够变成狼，如果他能控制住自己，九年不吃人肉，就会变回人形（Pausanius, *Desc. Gr.*, 8.2）。① 2. 据老普林尼记载（*Nat. Hist.* 8.52），在印度有一种叫"吕卡翁"的生物，人们对它所知甚少，只知道它能像变色龙一样改变自身颜色，包括毛皮和鬃毛的颜色。老普林尼将它与**塔兰杜斯**及像狼一样的**托斯**分为一类。从前的《自然史》译者认为这可能是指印度的老虎，尽管老虎几乎不可能像变色龙一样变色。这个名字现在被用作非洲野犬属的学名（*Lycaon*），该属包括一个现存物种，即非洲野犬（学名为 *Lycaon pictus*）。

## 猞猁 | Lynx

亦称"Once"，是一种会尿出珍贵宝石的大型猫科动物。老

---

① 参见本书词条"狼人"。

普林尼描述的这种动物外形像狼,但有类似豹子的斑点;"伟人"格涅乌斯·庞培于公元前 55 年首次在罗马展出这种动物(*Nat. Hist.*, 8.28)。最先描述这种生物的是公元前 4 世纪的泰奥弗拉斯托斯[①](*On Stones*, 50),他称这种生物为"Lapis Lyncurius":"它冰冷而透明。"奥维德的《变形记》(*Metamorphoses*)称它来自印度(15.391-417)。老普林尼的记载当然更全面(*Nat. Hist.*, 8.38):"在这些国度中栖息的猞猁的尿液会结晶或硬化为一种宝石,它与红宝石相仿,具有闪亮如火焰的红色,人称'猞猁石'(Lyncurium)。许多人认为,这就是琥珀的来源。[②] 猞猁自身也明白这一点,它妒忌我们取走这种宝石,因此会谨慎地把尿液埋在地下;然而,它的尿液早晚会凝结成固体。"在 17 世纪翻译普林尼著作的菲利蒙·霍兰德用了"Once"这个名字,但像约翰·博斯托克这样更接近现代的译者更喜欢用"Lynx"。"Once"来自法语对豹子的称呼,在纹章学里,豹子有时也被称作"Ounce"。过去猞猁在欧洲的分布比现在更广,而豹子一直是欧洲的外来物种,因此这种生物更有可能是豹子。

---

① 泰奥弗拉斯托斯(Theophrastus,约前 371—约前 287),古希腊哲学家、科学家。
② 因此,"猞猁石"(Lynx stone)是琥珀的一个别名。

# M

## 马克利斯 | Machlis

参见**阿克利斯**。

## 麦丁·玛拉 | Maighdeann Mhara

这是一种苏格兰**人鱼**，名字为盖尔语，意为"海之少女"，亦称"maighdean na tuinne""muirghin na tuinne"，即"波浪少女"。民俗学家亚历山大·卡迈克尔（Alexander Carmichael）收集了大量的人鱼故事，它们都有明显可靠的、理智的证人。这些故事于1900年初次出版（*Carmina Gadelica*, II, 324-6）：

1. 一个叫科林·坎贝尔（Colin Campbell）的佃农在巴拉岛的考拉斯·康汉（Caolas Cumhan）礁附近看到一只海獭在吃鱼。他举起枪要开火，但定睛一看，又把枪放下了，因为他发现那是一个女人抱着一个孩子。通过望远镜，他看到了更清楚的景象："他看到自己前面的东西有女人的头、头发、脖子、肩膀和乳房，还抱着一个孩子。"随着一声响动惊吓了她，她抱着孩子潜回波涛之下。终其一生，他都相信自己看到的是人鱼。

2. 另一个佃农，南尤伊斯特岛（South Uist）霍夫佩克（Houghbeag）的尼尔·麦凯琴（Neill MacEachain）从克莱德（Clyde）湾航海回家。在他和他的同伴们经过马尔海湾的时候，风停了，他们漂在平静无波、像镜子一样光滑的海面上。突然,"在静止不动的帆船一侧,约两码远的地方,所有人都看到了一只生物。它的头、颈、胸和肩与一个女人相仿,但头发更粗糙,眼睛更亮。它的乳房完全没在水中。这只生物用它巨大的、好奇的眼睛盯着他们看了一会儿,然后像刚才一样悄无声息地消失在海里"。

3. 大约1830年,在本贝丘拉岛<sup>①</sup>西岸的格里姆尼什(Grimnish)附近的杜卡格岩(Sgeir na duchadh)那里,一群割海藻的人完成工作之后回去穿袜子,其中有一个女人走到礁石的另一端洗脚。她听到一声溅水声,抬头看去,"看到一个身材很小,有女性外形的生物就在几英尺外的地方"。那女人惊叫起来,她的同伴聚集过来查看;与此同时,那只生物顽皮地在水里翻着筋斗。几个男人试图涉水去抓住那只生物,但她轻易地逃开了。男孩们开始扔石头,一块石头打在她的背上。几天后,她被发现死在大约两英里之外的南顿(Nunton)附近的奎尔(Cuile)海滩上,人们因而可以更仔细地研究她:"这只生物的上半身的大小大约相当于发育良好的三到四岁孩子,有异常发达的乳房。头发长而黑,有光泽,皮肤洁白、柔软、柔嫩。下半身像一条鲑鱼,但没有鳞片。"附近的人纷纷前来参观;最后,她被裹尸布裹起来,装在一个小棺材里,埋葬在被发现的地方附近。卡迈克尔记载道:"有些当时看到并摸过这只奇妙的生物的人还活着,他们对它的外貌进行了生动的描述。"

## 蝎尾狮 | Manticore

这种生物的名字来自希腊语"μαρτιχώρα(μαρτιχώρας)","marti-

---

① 本贝丘拉岛(Benbecula),在苏格兰外赫布里底群岛中部。

khora（martikhoras）"，可能源于古老的伊朗词汇"Martijaqâra"，意为"食人者"。它生活在印度，有三排牙齿，头是人头，后面长着狮子的身体，尾巴则是蝎子的尾巴。最早记载它的人是克特西亚斯，时间是公元前5世纪末（*Anc. Ind.*, 11-12）："它的脸像一个男人，但却如狮子的脸一样大，颜色红如朱砂。它有三排牙齿，耳朵像人，眼睛是浅蓝色的，也像人，而尾巴像陆地上的蝎子，尾巴末端的刺长达一肘以上。在这根刺的旁边还有一根刺，就像蝎子尾巴的末端长了两根刺一样。它会用尾巴去蜇任何接近它的人：尾巴造成的所有的刺伤都是致命的。即便遭到距离较远的攻击，它也可以同时抵挡前方和后方的敌人。对于前面的敌人，它会举起尾巴，把刺像弓箭一样投射出去，对于后面的敌人，它可以伸直尾巴去捅。它的刺的射程可达一百尺，除了大象，没有生物能在那种毒性下存活。刺本身有一尺长，只有最细的线那么粗。它的名字用希腊语意译，是'ἀνθρωποφάγος'（食人者），据说这是因为它会抓走人，把人吃掉。但毫无疑问，它也会同样捕食其他动物。在战斗的时候，它会同时用刺和爪子作战。当刺在战斗中消耗掉之后，还会有新的刺长出来。这种生物在印度为数众多，当地人会带着大象捕猎它们，用飞镖从背后射它们。"在公元前4世纪，亚里士多德也把这种生物收录于他的《动物志》（*Historia Animalium*, 2.3.10）中，还加了一句"如果我们相信克特西亚斯的记载"。老普林尼也读过克特西亚斯的著作，但不认真："克特西亚斯写道，在埃塞俄比亚还有一种野兽，他称为'Mantichora'，有三排牙齿，这几排牙齿可以像梳子一样互相梳理。它有人的脸庞和耳朵，生着红色的眼睛，脸色血红，身体像狮子，尾巴

蝎尾狮（1678年）

长着一根刺，就像蝎子。它的声音就像长笛和喇叭一起鸣响；它的行动非常迅速，最爱吃人肉。"（*Nat. Hist.*, 8.30）波桑尼阿斯认为这种怪物其实就是老虎（*Desc. Gr.*, 9.21），但直到18世纪，仍有人记载这种幻想生物。在出版于1740年的《自然系统》第二版中，林奈将它放在**悖理动物**的条目下，并且描述道："它的脸像一个衰朽的老人，身体是狮子的身体，在尾巴末端有一个刺球。"（66）

## 马拉松公牛 | Marathonian Bull

参见**克里特公牛**。

## 狄俄墨得斯的牝马 | Mares of Diomedes

这是希腊神话中的四匹食人马，捕获它们是赫拉克勒斯的十二项功绩中的第八项："狄俄墨得斯的这些马匹将没有辔头的嘴伸进骇人的马槽，贪婪地咀嚼着它们血腥的食物，带着丑恶的喜悦，吞噬人类的肉体。"（Euripides, *Her.* 380）狄俄墨得斯是战神阿瑞斯和女仙昔兰尼（Cyrene）的儿子，色雷斯地区好战的皮斯托纳人（Bistones）的国王。赫拉克勒斯成功地捕获了这些马，但惊动了皮斯托纳人，他们前来追赶。赫拉克勒斯转身迎战，把马交给一个叫阿布德罗斯（Abderus）的少年照看。赫拉克勒斯杀死了所有追兵，连同狄俄墨得斯本人在内；但与此同时，这些马却转而进攻阿布德罗斯，把他在地上拖拽而死，虽然艺术作品里普遍表现为马吃掉了他。为了纪念他，赫拉克勒斯建立了一座城市，名叫阿布德拉（Abdera），然后把这些马带回迈锡尼，献给欧律斯透斯，欧律斯透斯把马放到奥林匹斯山的山坡上，它们在那里被野兽吃掉。（Apollodorus, *Library*, 2.5.8）狄俄墨得斯用人肉喂马的做

# M

赫拉克勒斯与狄俄墨得斯的牝马（1608 年）

法暗示了人祭的习俗，同时还能联系到一位更早的色雷斯国王吕库尔戈斯（Lycurgus）。据说，作为一种使土地恢复肥力的方法，他被这些马杀死。① （Apollodorus, *Library*, 3.5.1）

## 玛格雅｜Margya

这是一种格陵兰岛的女性**人鱼**，丹麦传教士埃格德曾在 18 世纪描述过它："它中间以上的身体及面容都像一个女人，有一张可怕的宽脸、尖尖的额头和充满皱纹的脸颊。它长着大嘴巴、大眼睛，有一头未经修整的黑发，还有一对巨大的乳房，这显示出它的性别。它有两只长长的手臂，手掌和手指之间连着皮肤，就像鹅脚上的蹼。它中间以下的身体像鱼，也有鱼尾和鱼鳍。"（*Nat.*

---

① 吕库尔戈斯禁止人民崇拜酒神狄俄尼索斯，因此被狄俄尼索斯惩罚，在幻觉中杀死了自己的儿子。狄俄尼索斯诅咒，只要吕库尔戈斯还活着，色雷斯的土地就会永远荒芜，于是色雷斯人把吕库尔戈斯捆起来，喂给了这些食人马。

Descr. Green., 86）关于它的男性版本，参见**哈弗斯坦布**。

## 玛丽·卢伊德 | Mari Llwyd

这个名字是威尔士语，亦称"Fari Lwyd"，一般译作"圣玛丽"。但它更古老的词源来自"Marw Llwyd"，意为"灰色死亡"。这是一只马形的精魂，其象征是朱尔节期间的一个被长杆撑起来的马的头骨，长杆举在一个男人的手里，头骨上蒙着白床单、装饰着丝带和彩带。控制者可以操纵头骨下颌的开合，以此在游行上咬住旁观者，被咬住的人必须支付罚款才能离开。玛丽·卢伊德会率领一队举着火把的青年和装扮成兔子、松鼠、狐狸的孩子在村里游行，挨家挨户地敲门，唱一曲悲哀的歌。接下来，队伍和该户的户主会在门口比赛智慧，如果户主输了，就必须将整支队伍迎入家里，向队伍提供啤酒和蛋糕。如果玛丽·卢伊德没有得到应有的尊重，骚乱将接踵而至。和它等同的是柴郡民俗中的"老霍伯"（Old Hob）和肯特郡的**胡登马**，在更远的地区，还有分布于德国各处的"白马"（Schimmel）或"白马骑手"（Schimmelreiter）。所有这些民俗都是古代欧洲人对马匹崇拜的残余。（Miles, *Christmas*, 200-1; Trevlyan, *Folk-Lore*, 31-3.）

玛丽·卢伊德
（约 1910—1914 年）

## 墨勒阿革洛斯鸟 | Meleagrides

据老普林尼记载（*Nat. Hist.*, 10.26）："彼奥提亚的墨勒阿革洛斯鸟也会进行类似的争斗。它们是非洲的一种家禽，背上隆起，羽毛带有斑点。同时，它们也是最晚被我们的餐桌接纳的一种舶来鸟类，因为它们的气味令人不快。但它们因墨勒阿革洛斯的坟墓而闻名。"据说，这种鸟正是墨勒阿革洛斯的姐妹们，她们在哀悼墨勒阿革洛斯之死[①]的时候，感情是如此悲痛，以至于她们变成了黑色羽毛的鸟类，而她们的眼泪变成了羽毛上的白斑——这就是珍珠鸡。阿波罗多洛斯和奥维德（*Met.*, bk 8）都记载了这个神话："姐妹们哭泣着，但随着长出翅膀/和角质的喙，她们飞向天空。/一年一度地，她们会聚集在坟墓周围，撒下羽毛/将坟墓修护。"琥珀曾被认为是由这些鸟的眼泪所变；希腊剧作家索福克勒斯[②]就这样认为，但老普林尼驳斥了这种说法。据说，希腊的莱罗斯（Leros）岛与墨勒阿革洛斯的神话相关，这些墨勒阿革洛斯鸟就栖息在岛上的阿尔忒弥斯神殿附近，它们不会被其他鸟捕食，也不是那么敬畏神明。1850年，夏尔·吕西安·波拿巴[③]将这个名字用作西非的白腹珍珠鸡的学名（*Agelastes meleagrides*）。参见门农鸟。（Jackson, 'Callimachean', 236-40）

## 门农鸟 | Memnonides

这个名字源自希腊语"Μεμνονίδες"，拉丁语为"Memnoniae

---

① 墨勒阿革洛斯在狩猎卡吕冬野猪成功后，与自己母亲的兄弟们发生争执，并将对方杀死。在他出生时，命运三女神曾经预言，他的寿命将像一块木炭一样长，他的母亲阿尔泰亚（Althaea）为了替自己的兄弟报仇，将这块木炭拿出来烧掉，墨勒阿革洛斯遂死。
② 索福克勒斯（Sophocles，约前496—约前405），古希腊悲剧作家。
③ 夏尔·吕西安·波拿巴（Charles Lucien Bonaparte，1803—1857），法国博物学家、鸟类学家。

aves"。普林尼写道（*Nat. Hist.*, 10.26）："一些作者称，这种鸟每年都会从埃塞俄比亚飞到伊利乌姆（Ilium）①的门农墓旁，在那里争斗，所以人们称它们为'门农的女儿'。克莱穆提乌斯②还记载道，这些鸟每隔四年，也会在埃塞俄比亚的门农王宫周围进行同样的争斗。"门农是埃塞俄比亚国王，他去援助被围困的特洛伊，但被希腊英雄阿喀琉斯杀死。在他的火葬仪式上，烟尘升上天空，变成两群鸟类互相争斗，然后坠落在骨灰上。另一个故事又称，变成鸟类的是门农的送葬者。在7世纪，塞维利亚的伊西多尔（*Etym.*, 12.7.30）重复了这个故事，并且还补充道："这些鸟会用爪子和喙撕碎对方。"它们类似**墨勒阿革洛斯鸟**。（Graves, 'Greek Myths', 212-30）

## 人鱼 | Mermaid

1868年，动物学家弗兰克·巴克兰写道："人鱼似乎已经像毛利干缩人头③一样过时了。"但他依然有机会检查三件在英国展出或被带到英国的人鱼标本：1. 在伦敦埃及馆展出的人鱼，展方后被一对意大利兄弟起诉；2. "摄政街人鱼"，在伦敦摄政街179号"法默和罗杰斯的东方仓库"展出；3. 卡明（Cuming）船长的"横滨人鱼"。在检查了"摄政街人鱼"之后，巴克兰断定"她的身体的下半部分覆盖着鲤科鱼类的皮肤和鳞片，这些皮肤和鳞片被整齐地绷在木雕的身体上"，她的指甲以象牙或骨头制成，牙齿有

---

① 即特洛伊。
② 奥路斯·克莱穆提乌斯·科尔都斯（Aulus Cremutius Cordus, ?—25），罗马历史学家。
③ 毛利人的一种传统，将敌人或祖先的头颅制成干缩标本。后被一部分英国人收购，作为一种猎奇的装饰物。

一只"人鱼"正在展出（1923年）

双排，可能来自一条幼年鲇鱼，耳朵则是猪耳朵。他注意到，她的"理发师倒是从海里来的，至少肯定不是巴黎的"[①]。卡明船长的"横滨人鱼"是他在最近一次航行后带回来的，是半只猴子加上"一种鲢鱼"。当然，所有这三件标本都是**简尼·翰易韦**，其意在于骗公众掏钱参观。根据巴克兰转引的论点，人鱼故事起源于水手观察到的儒艮和海牛；但这不包括那些被目击到的未知物种，或者起源于未知物种的故事，例如苏格兰周边水域的人鱼（参见**麦丁·玛拉**）。关于古希腊的人鱼，参见**涅瑞伊得**（女性）和**特里同**（男性）。它的格陵兰版本，参见**哈弗斯坦布**（男性）和**玛格雅**（女性）。( Buckland, *Cur. Nat. Hist.*, 134-7, 144 )

## 斐济人鱼 | Feejee Mermaid

这是一只据说来自斐济的人鱼，这一回，它由不容置疑的

---

[①] 即头发理得很糟。

斐济人鱼（1880年）

P. T. 巴纳姆[①]展出。巴纳姆讲述的故事是："1843年夏天，波士顿博物馆的摩西·金布尔[②]先生来到纽约，向我展示了一件据说是人鱼的标本，他从一位水手那里买到了这件标本，那位水手的父亲是一个船长，而那个船长又是于1822年在加尔各答从一群日本水手那里买下了它。在这里提一句，一件与它完全相同的防腐标本也曾于1822年在伦敦展出，当时我正在游览那座城市，因此得以充分地检查它。"（Am. Mus., 60）

巴纳姆用这只人鱼为他的"美国博物馆"作宣传，结果大获成功："效果立竿见影，收入滚滚而来……"（前揭书）

### 尼罗河老鼠 | Mice of the Nile

在公元1世纪，人们相信尼罗河可以依靠自身的肥力凭空产生生物——那就是"尼罗河老鼠"或"水老鼠"。据老普林尼记载（Nat. Hist., 9.58）："尼罗河的泛滥足以超越其他所有惊人之事，对

---

[①] 费尼尔司·泰勒·巴纳姆（Phineas Taylor Barnum，1810—1891），美国马戏团经纪人。在开办马戏团之前，他曾于1842年在纽约开办展出怪异展品的"美国博物馆"，"斐济人鱼"便是其最有名的展品之一。
[②] 摩西·金布尔（Moses Kimball，1809—1895），美国娱乐经纪人，巴纳姆的竞争对手兼亲密伙伴。曾于1841年开办波士顿博物馆，主要展出鸟类及动物标本。顺带一提，这只"斐济人鱼"是狒狒的头部加上猩猩的上半身，再加上一条大鱼的下半身。巴纳姆从金布尔那里租下它的价格是每周12.5美元。

此有很多值得信赖的记录。当水面下降、露出土地之后，具有生殖力的水会和土地相互作用，产生出尚未完全成型的水老鼠。这些生物的一部分是活生生的肉体，但刚刚形成的部分还是由土构成的。"

## 明迪 | Mindi

明迪，或称"桉树蛇"，是澳大利亚原住民传说中的一种怪物，会在澳大利亚北部的桉树丛中出没。它长 9 至 12 米，是一种体形较小的**班尼普**（或者班尼普的另一个名称）。从来没有人见过它，原因非常简单：见过它的人都必死无疑。（Gould, *Myth. Mon.*, 180）

## 米诺陶 | Minotaur

在希腊神话中，米诺陶产自帕西法厄和**克里特公牛**之间的非自然结合。为了巩固克里特王位，宙斯和欧罗巴之子米诺斯宣称，他的王国乃是诸神所赐，作为证明，诸神会回应他的任何祈求。他祈求波塞冬让一头公牛走出大海，并承诺会将这头公牛献祭给波塞冬；果然有一头公牛从海里现身，这就是著名的克里特公牛。但米诺斯发现这头公牛实在太华美，于是决定将它私藏起来，献祭另一头公牛。波塞冬看破了米诺斯的花招，作为惩罚，他让公牛发疯，让米诺斯的妻子帕西法厄爱上了它。为了满足欲望，帕西法厄求助于代达罗斯；代达罗斯制造了一头脚下有轮的木牛，上面蒙以牛皮。帕西法厄躲在里面，而克里特公牛误以为它是真正的母牛。九个月之后，帕西法厄生下了阿斯忒里俄斯，又名米诺陶（米诺斯公牛），他有一张公牛的脸，但身体的其余部分都

但丁《地狱篇》中的米诺陶（1890年）

是人类。遵照神谕的要求，米诺斯将米诺陶藏在迷宫之中，迷宫"纠结缠绕，混乱了向外的道路"，同样由代达罗斯建设。每一年，雅典人都要派出七个少年和七个少女进入迷宫，去当这只怪物的食物。米诺陶最后被忒修斯杀死，在此之前，忒修斯还杀死了它的父亲——已被称为"马拉松公牛"的克里特公牛。（Apollodorus, *Library*, 3.1.4, 3.15; *Epit.* E.1）

## 密苏里兽 | Missourium

19 世纪上半叶，一副巨大的骨架曾在伦敦皮卡迪利广场的埃及馆展出，展出者是阿尔伯特·C. 科赫。这副骨架被宣传为"令人惊异的古代四足巨兽的化石"，但经仔细检查后发现，它其实是一具由象骨和乳齿象化石拼凑而成的**简尼·翰易韦**。大英博物馆买下它之后，从中重新构建出了乳齿象的骨架。科赫用假化石行骗的生涯曲折变幻，在这次"密苏里兽"的骗局之后，他去了美国，在那里"发现"了另一种已灭绝的未知物种：**西利曼海蛇**。（Mantell, *Illus. Lon.*）

## 鼹鼠 | Moldwarpe

据老普林尼记载（*Nat. Hist.*, 8.29），希腊色萨利的一个城镇曾经被鼹鼠严重地"侵蚀破坏"，至少菲利蒙·霍兰德的英译文是这样的。这个词通过德语的"maulwurf"进入早期现代英语，变为"mouldywarp"，以及，当然，那些摧毁城市的鼹鼠不过是这些谦逊的、身裹天鹅绒的小绅士的强大亚种而已，值得庆幸的是，它们非常罕见。鼹鼠在魔法中被广泛使用，例如用于治疗牙痛和动物的咬伤。（*Nat. Hist.*, 30.7）

## 蒙古死亡蠕虫 | Mongolian Death Worm

蒙古死亡蠕虫（约 2007 年）

这种生物的蒙古语名字是"alter gorhai-horhai"，俗称"蒙古死亡蠕虫"。它是一种生活在戈壁沙漠上的传说怪物。领导了美国自然历史博物馆对中亚的考察的安得思[①]曾询问时任蒙古总理的扎拉堪扎呼图克图索德诺木·达木丁巴扎尔，是否能帮自己捉住这只神秘的生物："在场者都没有见过这种生物，但他们都坚信它的存在，并能详细描述它的样子。它的形状像一条大约两英尺长的香肠，没有头也没有腿，具有极强的毒性，以至于仅仅摸到它都会立即丧命。它生活在戈壁沙漠最荒无人烟的地方，我们正好要去那里。在蒙古人看来，它就是中国人所称的'龙'。"（Andrews, *Trial*, 103）

## 一角兽 | Monoceros

亦称"monocerote"，来自希腊语"monoceros"，"独角"，即拉丁语的**独角兽**，康拉德·格斯纳在他的《动物史》中使用了"Monocerote"这个拼法。进入 17 世纪之后，爱德华·托普塞尔论述了一角兽与其他长着独角的动物（犀牛、**剑羚**等）的关系，他倾向于把已经确定的犀牛当成一角兽的一个实例（*History*, 1658 年, 25, 462）。在出版于 1735 年的《自然系统》第一版中，林奈将"一角兽"归在"**悖理动物**"条目下："它有马的身体和野兽的脚，

---

[①] 安得思（Roy Chapman Andrews, 1884—1960），美国探险家、博物学家，第一个发现恐龙蛋化石的人。

额头上长着一支长长的、呈螺旋形的独角。它纯属画家的虚构；据阿特迪[①]记载，一角鲸长有一支类似的角，但它身体的其余部分与此完全不同。"（65）

## 月生者 | Mooncalf

这是一种没有生命或外形的东西，古人（其中包括老普林尼）相信，它是仅由女性创造的。其它词义包括：由于月亮的影响而产生缺陷的胎儿；假妊娠；用来比喻白痴和残疾人[②]。令人惊讶的是，这还是某人写过的一首诗的主题（Drayton, *Miscellaneous Pieces*, 1627 年）。（Dyer, *Folk-Lore*, 74; Farmer and Henley, *Slang*, IV, 348; Brand, *Pop. Antiq.*, 421）

## 莫尔 | More

这是爱尔兰传说中的一种马人："莫尔是一匹**埃赫-乌斯吉**或一匹阉马（each-coilleadh），或二者的组合……对莫尔的描述为：1. 有马的耳朵；2. 是一位国王；3. 是一支大舰队的指挥。他是马人，即同时拥有马和人类特征的怪物。"（Henderson, *Survivals*, 119）参见半人马。

## 印度蚂蚁 | Myrmex Indikos

这是古代作家笔下的一种蚂蚁，希腊语为"Μύρμηξ"（Myr-

---

① 彼得·阿特迪（Peter Artedi，1705—1735），瑞典博物学家。
② 古人相信，先天性残疾人和智残人是因为在子宫里受到了月亮的影响，因此"mooncalf"便被用来比喻这种人。

mex）。它们不仅身躯庞大，还有一种奇异的习性——开采黄金，然后把黄金带到地表。现存最早的记载出自公元前5世纪的希罗多德："在这片沙漠和沙地里栖息着一种蚂蚁，它们的尺寸小于狗，而大于狐狸；波斯国王饲养过这样的蚂蚁，它们就是在这里被捕获的。和希腊的蚂蚁一样，这些蚂蚁在地下挖掘蚁穴，把沙子掘上地表。这种蚂蚁的外形也与希腊蚂蚁很像，但它们挖出的沙子里含有黄金。印度人会去沙漠取这种沙子，他们每人驾着三头骆驼……他们会特意算好时间，在一天中最热的时候取沙，因为那时蚂蚁都躲在地表之下……当印度人带着袋子到了这个地方之后，他们会用沙子把袋子装满，然后以最快的速度驾着骆驼离开。因为，据波斯人称，这些蚂蚁嗅觉灵敏，会立即追踪而来。他们称，这种生物比世界上的任何动物跑得都快，因此，如果印度人不立即离开，当蚂蚁聚集起来之后，就没有人能逃掉了。"（Hist., 3.102）

这听起来完全是在吹牛，但后来却被两个前往这一地区的旅行者证实——至少证实了一部分。他们是亚历山大大帝军中的舰队指挥官尼阿卡斯（Nearchus，约前360—约前300），以及希腊作家麦加斯梯尼（Megasthenes，约前350—约前290）。在亚历山大大帝对印度的战事（前326—前324）告终之后，尼阿卡斯率领一支舰队从印度河回到波斯湾，并详细地记录了这次航行的经过。亚历山大大帝于前323年去世后，他的一名部将塞琉古（Seleucus）夺得了近东地区的统治权[1]；约前298年，麦加斯梯尼作为塞琉古的使节被派往印度古都华氏城[2]。尼阿卡斯的记录通过

---

[1] 即塞琉古帝国（前312—前63）。
[2] 华氏城（Pataliputra，波罗利弗多罗城、波吒厘子城），印度孔雀王朝的都城。塞琉古帝国在此派有常驻使节。

其他作家（特别是阿里安①）的转述流传下来，麦加斯梯尼的著作也有一些片段幸存。

幸运的是，在这些幸存的麦加斯梯尼作品的片段中，就有着对挖金子的巨型蚂蚁的记载。这些记载与希罗多德的不同，因此肯定不是抄自希罗多德的作品："在山脉的东界，有一个印度人的大部落'Derdai'②，那里是一个周长约三千斯塔迪亚③的高原。在该地的地表下有金矿，还有一种蚂蚁会挖掘金子。它们的大小像野狐，奔跑速度惊人，以狩猎为生，会在冬天挖洞，翻出成堆的泥土，就像鼹鼠在洞口翻出的土堆。将这些土略微加热，就可以提取出金沙。附近的人们会偷偷地带着驮畜来到这里，如果他们暴露，就会遭到蚂蚁的攻击；即便逃跑，蚂蚁也会追上他们，杀死他们及他们的牛。因此，为了避其耳目地进行抢劫，他们会把野兽的肉块放置在不同地方，当蚂蚁分散开来，去搬运肉块时，他们就趁机把金沙装走。"（McCrindle, *Anc. Ind.*, 94-5）在另一个片段中，他还写道，蚂蚁挖出的大堆金沙是如此闪耀，就像太阳一样，不可能直视它而不破坏视力。

斯特拉波④在他那本著名的《地理学》中同时引用了尼阿卡斯和麦加斯梯尼对于这种蚂蚁的记载。阿里安在2世纪撰写了关于亚历山大大帝战役的重要历史著作，他的《印度志》（*Indica*）的大部分内容都引自尼阿卡斯和麦加斯梯尼的旅行记。这两本书均提到，尼阿卡斯只见过据说是这种蚂蚁的皮。斯特拉波补充道（XV.

---

① 路奇乌斯·弗拉维乌斯·阿里安努斯（Lucius Flavius Arrianus），罗马帝国时期的希腊历史学家，生活于公元2世纪，《亚历山大远征记》（*The Anabasis of Alexander*）是其最著名的著作。
② 即克什米尔谷地北部的达尔德（Darada）王国，今吉尔吉特地区。
③ 约534公里。
④ 斯特拉波（Strabo，约前63—24），希腊地理学家，《地理学》（*Geographica*）是其最著名的著作。

I.44），尼阿卡斯称，"这些皮就像豹皮一样大"，这也符合麦加斯梯尼的存世片段里的记载。但阿里安又补充道，这只是传闻而已。（Arrian Bk VIII [*Indica*], XV）

当老普林尼于1世纪记载这种蚂蚁的时候，它们的尺寸已经更加接近尼阿卡斯笔下的豹子，而不是希罗多德笔下的小狗："在北印度的一个叫'Dardae'的地区，这种蚂蚁会从地下的洞穴运出黄金。它们的颜色像猫，大小像埃及狼。它们在冬天掘金，而印度人在夏天盗取黄金，因为在那时，蚂蚁会因为夏日的炎热而躲在地底。但这依然十分危险，因为蚂蚁一旦闻到人的气味，就会立即冲出洞穴，以极快的速度追去。印度人会驾上非常迅速的骆驼逃跑，但蚂蚁仍然会不断地蜇他们。这种蚂蚁的速度之快、勇气之猛，都是为了夺回它们所爱的黄金。"（*Nat. Hist.*, 11.36）普林尼还记载了另外一种巨蚁的遗骸，这些遗骸在小亚细亚（今土耳其）的爱奥尼亚城邦埃利色雷（Erythrae）展出："在埃利色雷的赫拉克勒斯神殿中挂着某种印度蚂蚁的角，由于它们的巨大，这些角被人视为奇物。"

在7世纪，塞维利亚的伊西多尔（*Etym.*, 11.36）莫名其妙地把这种蚂蚁搬到了埃塞俄比亚，但依然保留了它们的巨大身躯和掘金的习性。随着许多权威作家的记载，巨型蚂蚁的概念在中世纪人的头脑中根深蒂固；在一份大约撰于10到12世纪名为《东方的奇迹》（*Marvels of the East*）[①]的手稿中，这些蚂蚁被描述为大小如狗，主色为红色和黑色，腿像蝗虫，"它们是如此迅速，看起来就像在飞。"（Druce, 'An Account', 347-64）在纪尧姆·勒克拉克[②]的《动物寓言集》（*Bestiaire*）中，受伊西多尔的影响，蚂蚁依然被放在埃塞俄比亚，但补充了盗窃黄金的更新、更巧妙的方法："还有另一

---

[①] 这是一部古英语作品，作者不明，描写了东方的许多神奇种族及生物。
[②] 纪尧姆·勒克拉克（Guillaume le Clerc，生卒年不详），一位用古法语写作的诗人，具体身份不明。

种埃塞俄比亚蚂蚁,大小如狗。它们有一种奇怪的习性:深入地下,挖出大量黄金。想偷这些黄金的人很快就会后悔,因为蚂蚁会去追赶他,如果追上,就会把他吃掉。住在附近的人都清楚蚂蚁有多么凶猛,以及它们拥有的黄金数额多么巨大。所以,他们发明了一种狡猾的手段:找到有还没断奶的马驹的母马,将它饿上三天。在第四天,给马装上马鞍,并把如黄金般闪亮的箱子在马鞍上系牢。在人和蚂蚁的领地之间,有一条湍急的河流;人们把饥饿的母马赶过河去,而把马驹留在自己一侧的河岸边。河对岸的牧草丰美,母马开始在那边吃草,而蚂蚁们看到闪亮的箱子,自认为找到了放黄金的好地方,因此在一整天的时间里,都忙于把自己珍贵的黄金装进箱子,直到夜幕降临、母马吃饱为止。在听到自己的马驹的嘶鸣之后,母马急忙返回河对岸;马的主人得到黄金,变得富有而强大,而蚂蚁们只好为自己的损失而悲伤。"(Kuhns,'Bestiaries')14 世纪,约翰·曼德维尔爵士再度改变了蚂蚁的栖息地区,这次是在一个他称为"塔普罗巴内"(Taprobane,即斯里兰卡)的地方,但他保留了纪尧姆加进去的新内容。当麦克兰登[①]于 1877 年发表他对麦加斯梯尼及阿里安著作的译文时,为蚂蚁的故事添了一个注脚,他注道:这些蚂蚁其实是藏人矿工。

## 狮蚁 | Myrmecoleon

参见**蚁狮**。

---

[①] 约翰·华生·麦克兰登(John Watson McCrindle,1825—1913),英国古典学家,主要研究希腊罗马古典著作中涉及的印度历史。

# N

## 纳迦 | Naga

这个词是梵语"眼镜蛇"的意思。纳迦是印度神话中的一个半人半神的种族,生活在深海或一个叫"下界"(Patala)的地下世界中。他们有掀起风暴的能力,守护着隐秘的宝藏。纳迦被认为能够变化成人形,经常被表现为上半身是人、下半身是蛇的形象。围绕他们,人们发展出了某种形式的宗教崇拜。(Ingersoll, *Dragons*, 42ff.)

## 纳基 | Näkki

它是日耳曼的水中精魂**尼克尔**的芬兰版,同时也存在于爱沙尼亚,以及立陶宛的利沃尼亚人之间。它是一个有马腿的男人;一条长着长胡子的狗;一只巨大的公山羊,在双角之间挂了一张网;一段树干或圆木,只有一只像盘子一样大的眼睛,背部长着鬃毛;它也可能是漂浮在水上的一棵树,水里的任何人都可以爬上去;它的牙齿被描述成是铁的。在爱沙尼亚,它是一匹白色或灰色的小马驹,试图引诱孩子骑在它的背上,然后把他们带进海里。有人说,在进入芬兰的水里时,"纳基重如铁,我轻如叶";但在离开时,它的魔力使情况变得正好相反,"纳基轻如叶,我重如铁"。游泳的人会在嘴里叼着一把小刀,或者把刀放在岸上,把刀刃朝向水。当马被带到水里去的时候，人们会往水里扔一块金属，或者在马尾上系一块打火铁，或者在马颈上挂一个铃铛。人们也会在马和牛的蹄子上刻上十字架。呼唤那些被淹死的人的名字或纳基自己的名字也被认为是有效的。霍姆伯格[①]认为，纳基是一种来自德国的民俗文化，并不是在芬兰等地土生土长的；但尽管如此，它也已经在那里安了家。（Eiichirô, 'Kappa', 29; Holmberg, *Wassergottheiten*, 161, 191, 194, 197-8）

### 诺第留斯 | Nautilos

这是一种会扬帆航行的鱼类，希腊语意为"水手"，拉丁语为"Nautilus"。据老普林尼记载（*Nat. Hist.*, 9.29）："有一种鱼属于大自然最令人着迷的奇迹之一，它叫'Nautilus'，有些人称其为'Pompilos'。它会仰面朝天，一点点地上浮到水面，通过身体的某个管道排出所有的水，直到体内的水不会阻碍航行。然后，它会把两只前臂向后伸去，在其间张起薄得惊人的薄膜，让它在风中充当帆的作用。除此以外，其余的手臂会像船桨一样在下方划水，它用尾巴控制方向，像是在掌舵。它就这样在海上航行，犹如一条轻型利布尼亚帆船；如果在航行中遇到危险，它就会重新吸水，再度下沉到海底。"并不存在这样的鱼，这一记载可能是对船蛸属（*Argonauta*）生物的习性的错误解释，这是一种栖息在远洋的章鱼，下面有数个种，其雌性会从触手中分泌出壳形的卵匣[②]。

---

[①] 乌诺·霍姆伯格（Uno Holmberg, 1882—1949），芬兰神学家、民俗学家。
[②] 雌性带着卵匣游泳时，看起来就像在乘船航行，故得此名（船蛸的学名来自"Argonautai"，"阿尔戈英雄"，即希腊神话中乘阿尔戈号远航的英雄们）。另外，*Nautilus* 如今被作为鹦鹉螺属的学名。

诺第留斯(1868年)

## 恩祖祖｜Ndzoodzoo

这是一种生活在撒哈拉以南非洲地区的**独角兽**。一位叫约瑟夫·约翰·弗里曼（Joseph John Freeman，1794—1851）的传教士记录了他在19世纪早期对马达加斯加的探索。一个土著人告诉他（这也是该说明含混不清的原因），在莫桑比克北部的某个地方，"恩祖祖在马科阿（Makooa）并不少见。它的大小像一匹马，跑得极快，又非常健壮。一支独角从它的前额突出，长24到30英寸。这支角很灵活，当它们睡觉的时候，可以像大象的鼻子一样卷在树上，但当它们兴奋起来，特别是在追逐敌人的时候，角就会变得坚硬而结实。它的性格极为凶猛，通常看到人就会攻击。当地人躲避它们的常用方法是爬上茂密的高树，以免被它们看见——如果可能的话。一旦被追逐的猎物从视野里消失，它们就会立即跑到猎物经常出现的地方，从这一点可以推断出它们的嗅觉不是十分敏锐。但如果它们察觉那不幸的当地人正躲在树上，就会立即开始用角刺树——撞击、刺入——刺穿树干，使树倒下。然后，它的受害者就很难逃脱，最终会被刺死。除非树非常粗，否则它一定能够成功。刺死受害者后，它会离开，并不食用尸体。只有它们的雄性有角，雌性没有"。(Freeman, *Sth. Afr. Ch. Rec.*, 33）苏格兰动物学家安德鲁·史密斯爵士（Sir Andrew Smith，1797—1872）引用过这段记载，他认为这是对犀牛的幻想式描述（*Illus. Zoo.*, 20）。

## 奈克｜Neck

参见**尼克尔**。

## 尼米亚猛狮 | Nemean Lion

这是希腊神话中的一头巨狮,皮肤刀枪不入。它是**厄喀德娜**与自己的儿子**俄尔图斯**所生的后代。赫西俄德是第一个描述这头野兽的人:"宙斯之贤妻赫拉养大了这头狮子,用它看守尼米亚山林,结果给人们带来了灾难。它在那儿反而伤害赫拉自己的部落,称霸尼米亚的特里托斯(Tretus)山和阿佩萨斯(Apesas)山,但是大力士赫拉克勒斯征服了它。"(Hesiod, *Hes., Hom. Hym.*, 103)与这头野兽的战斗是赫拉克勒斯的十二项任务中的第一项;赫拉克勒斯勒死了它。在首次发表于公元前7年的《地理学》中,斯特拉波记载道,尼米亚当地直到那时还在举办纪念这件传奇功绩的"尼米亚运动会"。(Apollodorus, *Library*, 2.5)

## 涅瑞伊得 | Nereid

这是希腊和罗马神话中的**人鱼**,通常使用复数,指的是海神涅柔斯(Nereus)和大洋之神俄刻阿诺斯(Oceanus)之女——海洋女神多丽斯(Doris)所生的五十(或者更多,一百)个女儿。她们中的几位较为知名,尤其是波塞冬之妻安菲特里忒(Amphitrite),以及"银足的"忒提斯(Thetis)、伽拉提亚(Galatea)、多托(Doto)。荷马在《伊利亚特》(18.141)和《奥德赛》(24.58)中第一次提到了她们。在公元1世纪,老普林尼也很认真地在《自然史》中写道(9.4):"对涅瑞伊得的描写也并非纯属虚构,不同之处在于,她们全身都生满了粗糙的鳞片,就连在类似人类的那半边躯体上也是。人们可以在一些固定的海岸边见到她们,当她们濒临死亡的时候,住在海岸附近的居民便可以听到她们哀怨的哭诉。当年曾有一个在高卢任职的副将给已故的奥古斯都皇帝①写信，称他在一片海岸见到了相当数量的涅瑞伊得的尸首。"

## 尼西 | Nessie

参见**尼斯湖水怪**。

## 尼克尔 | Nicker

"尼克尔躺在海岬边倾斜的岩石上，怪物们在正午进入广阔的大海"。（Brooke）这是北欧的一种恶毒的水中精魂，源自"老尼克"（Old Nick），这是对魔鬼的一种称呼；而它最早的来源可追溯到假定的原始日耳曼语词汇"nikwiz"或"nikuz"，亦即词根"nig"，"洗"。在所有日耳曼语族的语言里都能找到这个词根：古诺尔斯语的"Nikr"、古英语的"Nicor"、古高地德语的"Nichus"、中古低地德语的"Nicker""Necker"、挪威语的"Nök"及"Nykk"、冰岛语的"Nykur"（或**赫尼库尔**）、瑞典语的"Neck"、丹麦语的"Nök"或"Nökke"、荷兰语的"Nikker"、现代德语的"Nixe"或"Nix""Nixie"（但不是"Nixi"）。奥丁有时也被称为"Nikarr""Hnikarr"或"Nikuz"。奥丁偶尔会被视为罗马神话中的海神尼普顿（即希腊神话中的波塞冬）；13世纪的一份低地德语词汇表将尼普顿译为"Necker"。这个词最早的文字资料出自古英语史诗《贝奥武甫》，时间在8世纪到11世纪之间。史诗中的英雄贝奥武甫曾与芬兰海岸的一群"Nicors"战斗，这个词通常译为"海兽"："就在离海底不远处，它们一起向我猛攻……我有幸用

---

① 前27—14年在位。

剑杀了九只'Nicor';我从未听说天下还有比这更艰苦的夜战,也从未听说海中有比这更可怕的事件。"然而,史诗中却没有描述这些"Nicor"的样子。后来,在前去讨伐怪物格伦德尔(Grendel)的路上,贝奥武甫带领他的士兵"攀过陡峭的石崖,走过狭窄的道路、仅容一人的羊肠小道、未知的路径、险峻的海岬、无数'Nicor'的巢穴"。他们发现海岬上扔着一具之前被格伦德尔攫走的人的铠甲,下面是"翻滚的激流里带着鲜血和滚烫的毒药,人们目瞪口呆;时不时地,号角吹起哀歌,一曲可怕的歌;所有人席地而坐,他们看到水中有某种蛇,奇怪的海龙,在游泳,数量极多;'Nicors'在海岬上躺卧"。贝奥武甫从这里出发,去与格伦德尔的母亲战斗。虽然"Nicor"在这里扮演次要角色,但栖居在沼泽里的格伦德尔,特别是格伦德尔的母亲(被形容为"brimwylf","海中母狼"),也应当被视为邪恶的水中精魂,在追寻"格伦德尔的亲族",即其母亲的过程中,贝奥武甫看到了"Nicors"。在挪威,"Nök"据说总是以半马的模样出现,躺在岸边,虽然它也可以半船的模样出现在水里,或者以黄金的模样出现在其他珍宝中。在古诺尔斯语中,"Nennir"或"Nikur"是一匹有着灰色斑纹的马,它的蹄子冲着相反的方向。尽管如此,它依然可以被役使:"在巴胡斯(Bahus)的莫兰(Morland),一个聪明人用精工制作的缰绳系住了它,使它无法脱身,为他耕种所有的土地;但不知为何,缰绳松动,这只'Neck'就像火一样飞奔入湖,犁还拖在它的身后。"(Grimm)

虽然通常呈现为马的模样,但它也被描述为一个胡子很长的老人,戴绿色帽子,有绿色牙齿(丹麦);一个野孩子,头发蓬乱,或者有黄色卷发,戴红色帽子,有时有鱼的牙齿;芬兰的**纳基**有铁的牙齿。肯布尔[①]写道:"美丽的'Nix'或'Nixie'会勾引

---

① 约翰·米切尔·肯布尔(John Mitchell Kemble, 1807—1857),英国语言学家、历史学家。

年轻的渔夫和猎人,让他们投入她波涛之中的怀抱,带给他们死亡;'Neck'会攫住在它们的岸边游戏的少女,将她们拖入水底。在德国各地,河流的精魂依然要求人类的生命为祭品,它们都是古代的'Nicor'的各种形式。"一则挪威咒语显示,金属可以有效地对抗这种精魂:"'Nyk','Nyk',针进了水!圣母玛利亚将铁投进了水!你沉没,我逃脱。"尼克尔总是与溺水而死的人有关:一种迷信认为,溺死者脸色苍白,是因为尼克尔吸干了他们的血,通常是通过鼻孔吸的(Hazlitt)。它可能也与某种形式的洗礼(洁净仪式)有关,尤其是涉及用水净化孩子的仪式;或者也可能是人祭的古代仪式,意在安抚水中的精魂。在罗马,12月5日是"尼普顿节";据说德国的磨坊主会在12月6日的"圣尼古拉节"将祭品扔进水里。阿尼奇科夫[①]称,圣尼古拉与"Nicor"或"Neck"有关,根据记载,德国的"Nickel"和"Nickelmann"也是一样。而"Nick"的确是"尼古拉"的简称。魔鬼又回来了。其他一些学者将尼克尔联系到康沃尔郡的"Nickynan-Night"(又称"Nickanan Night"),这是一个地方性的恶作剧之夜,和万圣节类似,时间在四旬斋前的星期一(Hazlitt)。水毒芹(water hemlock)在瑞典被称为"Neck 的麦芽汁"。德国的内卡(Neckar)河也以它为名,这是一条367公里长的莱茵河支流,流经斯图加特和海德堡。布鲁克[②]认为,《贝奥武甫》中的尼克尔是"巨大的海豹或海象",同时也是"如怪物般狂怒的海浪,冬季海洋的一种较低级的力量"的比喻。在其他著作中,它也被推测为鲸或河马。这种怪物会变成马的模样,我们可以从中联系到马嘶声的拟声词"nicker"。参见**凯尔派**。(Anichkov,

---

① 叶夫根尼·瓦西里耶维奇·阿尼奇科夫(Evgeny V. Anichkov, 1866—1937),俄国历史学家、民俗学家。
② 斯托普福德·奥古斯图斯·布鲁克(Stopford Augustus Brooke, 1832—1916),爱尔兰牧师、作家。

'St. Nic.', 108-20; Anon., *Beowulf*, xvii, 24, 58; Brooke, *History*, 42-3, 62,76; Grimm, *Teut. Myth.*, II, 488-9; Hazlitt, *Brand's Pop. Antiq.*, II, 459; Kemble，转引自 Mackinlay, *Folklore*, 163; M'Kenzie, 'Child. Wells', 253-82; Thorpe, *North. Myth.*, II, 20ff, 81-2.）

### 尼德霍格 | Níðhöggr

亦称"Nidhogg""Nidhogger""Nithhogger"等，是北欧神话中的一条**蛇**或**龙**，居住在地下世界尼弗尔海姆（Niflheim，浓雾之国）的泉源赫瓦格密尔（Hvergelmir）中，永远不停地啃噬着世界树伊格德拉修（Yggdrasil）的根系，或者把死者的身体撕碎[①]。参见**尤蒙刚德**。（'Gylfaginning', §16, §52, in Sturrleson, *Prose Edda*, 30-1, 82）

### 夜鹰 | Night-Hawk

希伯来语为"tahmas"，意为"抓扯或撕碎脸的家伙"，在《圣经》中，它被列为不洁净的鸟类。参见《利未记》11:16、《申命记》14:15。后世一般将它解释为欧亚夜鹰（**夜鹰类**）或猫头鹰（**鸮类**）。（Easton, *Ill. Bib. Dict*）

### 夜蜥蜴 | Night-Lizard

动物学家、英国皇家学会会员、皇家昆虫学会会长约翰·爱

---

[①] 这些死者都是生前作恶多端的人，被投喂给尼德霍格是为了让它暂时不咬世界树的根。另外，在"诸神之黄昏"时，尼德霍格会"翼上挂满尸首"，飞来参战，由此可见其生有翅膀。

德华·格雷（John Edward Gray，1800—1875）曾记载过一种不同寻常的"夜蜥蜴"或称"Gekko Reevesii"，出自他对某些中国收藏家伪造的**简尼·翰易韦**标本的报告："有一个叫'夜蜥蜴'（Gekko Reevesii）的标本，它的颈部后面粘了一绺来自哺乳动物的毛发。"这只蜥蜴属于一批货物的一部分，那批货物里还有一条不同寻常的蛇："哺乳动物的爪子被插在它的颈部两侧，紧挨着头部，使它看起来拥有一对退化的、长着大爪子的前肢。"以及"几只鞘翅目昆虫，特别是体形较大的天牛科（Cerambycidae）昆虫，它们被颜料涂过，以表现出与自然色彩完全不同的外观"。格雷认为，这些赝品伪造得如此糟糕，以至于不能骗过任何人，哪怕是最天真的收藏家。在动物学上，真正的"夜蜥蜴"指夜蜥科（Xantusiidae）的生物，以及一种叫"黑点大壁虎"（*Gekko reevesii*）[①]的蜥蜴（顺带一提，这也是格雷命名的）。当然，那件赝品和这些生物没有任何关系。（Gray, 'On a New Genus', 90-2）

### 夜渡鸦 | Night-Raven

在 17 世纪的鸟类学著作中，我们读到："夜间，它以粗野的声音大叫着，就像在拼命地呕吐……这种鸟就是民间所说的'夜渡鸦'，它会激起一种恐惧，让人们以为这样的叫声预示着他们或者他们的近亲的死亡。"（Willughby, *Ornith.*, 279, 283）它在古英语中是"nihthræfn""næhthræfn"；在德语中是"Nachtrab""Nacht Rabe"；在挪威语中是"Nattskärran"；在希腊语中是"Nycticorax"（夜渡鸦），源自它的夜行习性和类似乌鸦的叫声。实际上，它是

---

[①] 这种生物是被英国博物学家约翰·里夫斯（John Reeves，1774—1856）发现的，故名"reevesii"。

夜鹭（学名为 Nycticorax nycticorax 或 Nycticorax griseus），是能在欧洲见到的唯一一种夜鹭属（Nycticorax）鸟类。然而，夜渡鸦（或夜鸦）似乎已经成为了一种超自然的鸟类，完全不同于动物学上的夜鹭。根据丹麦的民间传说，所有被驱除的鬼魂都会变成夜渡鸦。索普描述了这一过程："在一个地方的鬼魂被全部驱散之后，人们会将一根尖锐的木桩钉入土地，它会在夜渡鸦的左翼打出一个洞。这是穿过最可怕的沼泽和泥沼的唯一一条通路，夜渡鸦会通过这条路径上升。它会先在地下发出'Rok! Rok!'的叫声，接下来变成'Rok op! Rok op!'；当它出现在地面上时，会尖叫着'Hei! Hei! He——i!'飞走，飞起来的样子像一个十字架；然后，它第一次落到地面，像喜鹊那样蹦跳，叫着'Bav! Bav! Bav!'，接下来就飞向东方以靠近圣墓，因为如果能抵达圣墓，它就能获得安息。当它飞过头顶的时候，必须注意，不要抬头；假如有人看到它左翼上的洞，那人就会变成夜渡鸦，而原来的夜渡鸦会获得解放。一般来说，夜渡鸦是无害的，它们只是吵闹着，努力飞向东方。"（Thorpe, North. Myth., II, 210-11）在丹麦传说中，第一只"nat-ravn"（夜渡鸦）是一位女仆变成的，她把哈格巴尔德和西格妮①的秘密泄露给西格妮的父亲——斯泰根国王西格尔，导致了这对恋人的死亡。事后，女仆遭到了被活埋的惩罚，她的灵魂以夜渡鸦的样子继续飞翔在自己的坟墓上空；那座坟墓被称为"夜渡鸦洞"或"夜鹰洞"。（Schütte, 'Dan. Pag.', 364）几位伟大的英语诗人——莎士比亚、弥尔顿、斯宾塞——都提到过夜渡鸦。

---

① 这是一个斯堪的纳维亚版本的"罗密欧与朱丽叶"故事。在霍洛加兰（Hålogaland，挪威北部沿海地区），沃甘（Vågan）的哈格巴尔德（Hagbard）与斯泰根（Steigen）的西格妮（Signe）相爱。然而西格妮的父亲——斯泰根国王西格尔（Sigar）已将西格妮许配给俄罗斯王子，从而拒绝了哈格巴尔德的求婚。哈格巴尔德男扮女装与西格妮相会，但被西格妮的女仆告发。西格尔将哈格巴尔德处死，西格妮也同时自焚身亡。西格尔后悔不已，遂将女仆活埋。

(Harrison, 'Two of Spenser's', 232-5）在《无事生非》（II, 3）中，我们看到，莎士比亚熟知这种鸟的恶名："求上帝让他的坏喉咙预兆着什么灾殃！与其听他唱歌，我宁愿听'夜渡鸦'叫，不管有什么祸事会跟着它一起来。"16世纪，威廉・特纳将这种鸟联系到亚里士多德记载的**夜鹰类**（"吸山羊者"）。威洛比[①]认为，麻鸦（bittern）就是"夜渡鸦"，其他学者则认为，这种鸟是猫头鹰、夜鹰或鸲鹠。戈德史密斯[②]也认为它是麻鸦，但他还记载了一些有趣的民间传说："我记得，在我小时候，这种鸟的声音会让整个村子陷入恐惧……如果附近有谁死了，他们会认为这是理所当然的，因为'夜渡鸦'早就预言过了。"（*Hist.*, II, 368）在北欧神话中，渡鸦是奥丁的圣鸟；在希腊神话中，它是阿波罗的圣鸟。关于其他会预示死亡或不幸的鸟类，参见**尸鸟**、**吹哨鸟**。

## 宁图 | Nintu

亦称"Nintud"，是苏美尔神话中的"生育女神""万物之母"。她的别名还有宁玛赫（Ninmah，伟大的女王）、宁胡尔萨格（Ninhursag，山脉女神），可能等同于早期神话中的大地女神祺[③]。她是一位重要的美索不达米亚女神，上半身是女人，下半身是**蛇**，或者从腰到脚覆盖着蛇鳞。她的头上有角，通常被刻画成在为一个婴儿哺乳。她被称为"大地之母"，即大地女神，在美索不达米亚的农业创造神话中起着关键的作用。她配合神祇恩基创造出

---

① 弗朗西斯・威洛比（Francis Willughby，1635—1672），英国博物学家、鸟类学家、鱼类学家。
② 奥利弗・戈德史密斯（Oliver Goldsmith，1728—1774），爱尔兰小说家、剧作家、诗人。
③ 祺（Ki），早期苏美尔神话中的地神，与配偶天神安（An）生下了许多主要神祇。

淡水河流和使田地肥沃的水渠，据说其他神祇也是他们一起创造的。她的儿子尼努尔塔击败了原初混沌之龙**库尔**。（Jastrow, *Sum. Myth.*, 112, 120; Kramer, *Sum. Myth.*, 41, 56, 82; Mackenzie, *Myth. Bab.*, 76）

## 尼克谢 | Nixie

亦称"Nix""Nixy"，但不是"Nixi"；现代德语称为"Nixe"；参见**尼克尔**。它是一种水之精魂，通常为女性，据说会坐在阳光下的岩石上梳理头发，或者被表现为漂在水中、在波浪之上呈现美丽身影的样子，但她的鱼尾隐藏在水下。也有男性的尼克谢，它们也会像女性一样在水中摇荡，身躯半人半马，或者表现出其他一些不同寻常的特征。在"Nixe"这个标题下，格林记录了下面这个故事：在岸边的草地上，一个女孩被一个系着漂亮的农民腰带的可爱男孩抓住，他强迫她为他挠头。当她这样做的时候，他解下腰带，在不知不觉间用腰带环绕住她，把她和自己连接在一起。然而，女孩继续为他挠头，送他进入梦乡。这时，一个女人走了过来，问那个女孩在做什么。女孩一边回答，一边把自己从腰带里解放出来。那个男孩睡得更熟了，他大大地张开了嘴；这时，那女人又走近几步，大喊："哎呀，那是个'Neck'，看他嘴里的鱼牙！"须臾之间，那个"Neck"就不见了。（*Teut. Myth.*, II, 491, 497）德国的尼克谢也可以在井里被发现；它们会把一团缠结的亚麻塞给掉进井里的儿童，命令他们纺线。据说，在德国北部的巴伐利亚和勃兰登堡（它们以小灰人的形象出现），尼克谢会绑架健康婴儿，用换生儿[①]取代他们，就像匈牙利的"Wassermann"或"Wasserwieb"所做

---

① 换生儿（changeling），欧洲的一种民俗传说，认为邪恶的精灵会偷偷地把健康的人类婴儿带走，换成自己的丑陋、可厌的婴儿。

的那样；在德国的奥尔登堡黑森林里，"Schinonte"也因以同样的方式为害当地而闻名。（Blind, 'Scottish', 189; M'Kenzie, 'Child. and Wells', 274-5.）

## 纽格尔｜Njogel

这是设得兰群岛的一种**水马**，亦称"njuggel""njogli""neugle""nigle""nygel"或"water-njogel"。它们全部都是**尼克尔**的地方版本。"这一存在被描述为：大小和样貌都类似设得兰矮种马，体形匀称、力量强大、奔跑迅速。一般来说，它胖乎乎的，皮毛充满光泽，长得十分英俊，但偶尔也会以非常瘦弱而劳瘁的老马形象现身。它的皮毛是灰色的，通常是有些深灰，但有时更亮或更暗，接近白色或黑色。它的外观不同于普通的马，毛发的生长方向与普通的马正好相反，距毛向上而不是向下，鬃毛僵硬、直立；它的蹄子也是逆转的，蹄尖向后。它尾巴的形状像车轮的轮辋。无从得知为什么它的尾巴呈现出这种特殊的形状，但人们说，那一定有特殊的功能，例如以某种方式为它在水上或陆地上的奔跑加速，或者以某种方式停止磨坊的磨轮。一些人称，平时它都把很长的尾巴拖在身后，只是偶尔才像桶箍或车轮的轮辋一样卷起来，放在自己的两腿之间或背上。它可以随意地卷起尾巴，一般是为了掩盖自己的真实面目。"（Teit, 'Water-Beings', 183）出于这些原因，纽格尔喜欢晚上在河岸、湖边及幽寂的小道上闲逛，等待它的受害者；它会发出一道蓝色闪光，带着骑手消失在水中。为了欺骗过路人骑它，纽格尔甚至还会去搅扰磨坊主，它会耍把戏使水磨停止，尽管水流依然在磨轮上流淌。这个问题的解决方法是往被称为"照明孔"或者有时被称为"传声孔"的洞里扔一支点燃的火把，这样纽格尔就会放开磨轮，使机械继续运转。它有两项特性尽人皆知：当磨轮停止之后，如果磨坊主去检查，就会发现一匹漂亮的小马，鞍具和缰绳俱全。小马会突然跳起，将来者带入水底。它还害怕铁质物品。泰特[①]说，他知道三四个自称见过纽格尔的人，其中一个甚至还宣称自己骑过它而活了下来。有时，它会被视为海栖水马**唐吉**的淡水版，或者相反；这种分类并非总是正确的。值得注意的是，唐吉是黑色的，就像**埃赫-乌斯吉**那样；而纽格尔一般是灰色的。( Black, *Country*, III, 189-1903; Teit, ibid., 183-6 )

### 诺克提法 | Noctifer

这个名字是拉丁语，意思是"带来暗夜者"。它的炮制者查尔斯·沃特顿[②]称，它是一种黑暗时代的精魂。但它实际上是一件由几种鸟类的肢体组合而成的剥制标本，"颈部和双腿来自鸺鹠，而头部和双翼来自猫头鹰。它们被组合得如此出色，以至于仅有一位鸟类学家发现这只是一个恶作剧"。这件标本现藏于韦克菲尔德[③]博物馆。参见**沃特顿的不伦不类之物**。( Waterton, *Nat. Hist. Ess.*, 126 )

### 诺克 | Nök

参见**尼克尔**。

---

[①] J. A. 泰特（James Alexander Teit，1864—1922），加拿大人类学家，出生在设得兰群岛。
[②] 查尔斯·沃特顿（Charles Waterton，1782—1865），英国博物学家、探险家。
[③] 韦克菲尔德（Wakefield），英格兰北部城市。

## 纳克拉维｜Nuckelavee

这是苏格兰奥克尼群岛传说中的一种"海洋魔鬼",半人半马,而且是完全的怪物。虽然这个名字来自**尼克尔**,不过这种**水马**却有一些独特的特征。它有一个比正常大小大十倍的人头、一只巨大的红色独眼,鼻子像猪,大嘴像鲸一样裂开;而其下半身则像一匹马,经常被描述为有鳍,并且完全没有皮肤:"怪物的整个表面看起来就像被剥了皮的活生生的生肉,可以看到黑色的血液流过它的静脉。这只可怕的生物每一次运动肌肉时,它的白色肌腱都清晰可见。"(Dennison, 'Nuckelavee', 132)既然样貌如此可怕,纳克拉维自然也被视为一种邪恶的存在。(Douglas, *Scot. Fairy*, 19, 197-201)

### 俄安内 | Oannes

这是巴比伦神话中的一只**海怪**,被描述为鱼身鱼头,在鱼头下有一个人头,在鱼尾下有一双人腿①,可以口吐人言。据生活在亚历山大大帝时期的贝罗索斯(Berosos,巴比伦的巴尔神殿的神官)记载,这个怪物教给人类书写、科学和艺术,还有建设城市和神殿、制定法律、收集(或生产)食物的方法。(Barton, 'Tiamat', 16)关于破坏性的巴比伦海怪,见**提亚玛特**。

### 巨章鱼 | Octopus, Giant

在老普林尼的《自然史》(9.30)中,我们读到:"章鱼(Polypus)有许多种类。"他提到的另一种章鱼是一只特别的动物——"卡尔提亚章鱼"。卡尔提亚(Carteia)是直布罗陀湾岸边的一个罗马城镇,这只章鱼烦扰着当地的渔民和商人。它是一个既狡猾又坚定的小偷,会偷走他们的咸鱼:"首先,这只章鱼的大小和颜色超出了一切常识;其次,它满身覆盖着盐水,放出让人难以忍受的臭气。谁能料想到自己会在这里遇到一只章鱼,或者会承认,自己在这

---

① 当然还有一双人的手臂。形象不是常见的人鱼形,而是类似一个站着的人套着一条鱼。

种情况下遇到的仅仅是一只章鱼？他们感觉自己正在与某种不可思议的东西对抗，而章鱼用它那难闻的臭气折磨着狗，用触手的末端鞭打，还把另一些更长的触腕像棍子一样挥舞。尽管极为困难，他们还是往章鱼的身上插了一大堆三叉鱼叉；他们把它的头送给路库鲁斯看——这个头足有容积为十五罐①的桶那么大。用特雷比乌斯本人的话来说：'它的胡须［触手］几乎难以用双臂合抱，长满了疙瘩，就像一根大棒，长达三十尺。它的吸盘（或称杯子）的容积足有一钵②，边缘长有与其大小相应的牙齿。'这具尸体被作为一种奇物保存下来，其全重达七百磅③。"路库鲁斯就是路奇乌斯·李锡尼乌斯·路库鲁斯（Lucius Licinius Lucullus，前118—前56），曾任罗马执政官、西班牙总督，以举办豪奢盛宴闻名。普林尼还引用了一段简短的记载，出自公元前2世纪的罗马作家特雷比乌斯·尼格尔④（Trebius Niger）："在那一海岸有两种乌贼，它们都能长到这个大小。实际上，即使是在我们的海里⑤，有时也能捕到一种五腕尺长的和另一种两腕尺长的乌贼。"

## 暴牙虫 | Odontotyrannos

这个名字的大意为"有牙的暴君"，由加拉提亚的帕拉迪乌斯⑥（*De vita Bragmanorum*）命名，时间是5世纪。（Derrett, 'History

---

① 罐（amphora），古代容积单位，1罗马罐约合26升。
② 钵（urna），古代容积单位，1罗马钵约合13升。
③ 1罗马磅约合328.9克。
④ 在路库鲁斯任西班牙总督期间，尼格尔是其随从之一。
⑤ 根据约翰·博斯托克的注释，这里是在引用亚里士多德的《动物志》，但亚里士多德的"我们的海"指的是爱奥尼亚海。
⑥ 加拉提亚的帕拉迪乌斯（Palladius of Galatia），4至5世纪的基督教作家，比提尼亚的海伦波利斯（Helenopolis）的主教。

of Palladius',100-35）但对它最早的描述出自公元前 5 世纪的克特西亚斯笔下（*Anc, Ind.*, 27-8）："这是一种栖息在印度河（恒河）中的**虫**，外形就和我们在无花果里发现的虫子一样，但它至少有七肘长，身体很粗，一个十岁的男孩几乎无法将它环抱。这种虫有两颗牙齿：一颗在上，一颗在下，它用这两颗牙齿抓住并吞噬猎物。白天，它们待在河底的淤泥里，但到了晚上，它们会上岸捕食。如果抓到了诸如牛或骆驼这样的猎物，它们就会用牙齿咬住它，把它拖进河，然后吞噬它。若要捕这种虫，需要准备一个大钩子，钩子后面用铁链捆着一个小孩或一只羊羔。捕到虫之后，捕捉者会把它吊起来，在它下面放一个容器，然后等三十天。在这段期间，油会不断地滴到容器里，足足可积十阿提卡杯[①]。三十天之后，他们把虫扔掉，把油装好，进贡给印度国王——只有他一个人可以得到这种油，其他任何人都不能得到哪怕一滴。这种油无论倒在任何东西上，（一旦点着，）被倒上油的东西都能燃烧，不仅木头，就连牲畜也是一样。只有把极大量的黏土厚厚地倒在上面，才能扑灭这种火焰。"

## 奥恩斯 | Once

参见**猞猁**。

## 昂库 | Onchú

这是爱尔兰传说中的一种生物，名字据信源自"on-"（水）和"cú"（犬）。因此"Onchú"就是"水犬"。爱尔兰人管水獭叫

---

[①] 杯（cotyle，复数为 cotylai），古希腊容积单位，1 杯约合 270 毫升。

"dobharchú"（也是"水犬"）①，但在写于 12 世纪的《爱尔兰人对异邦人之战》(*Cogadh Gaedhel re Gallaibh*)②中，昂库却被列在有毒的动物里，与蟾蜍、蝎子、龙、蛇等并列。这只是一个例子；在其他中世纪手稿里，昂库被标为"野生的"及"可怕的"。一则爱尔兰民间传说讲述道，曾有一只昂库恐吓在康湖（Loch Con）和奎林湖（Loch Cuilinn）之间放牧的牧人，它杀了九个人，然后穆伊雷达克（Muiredach）追赶它到一个湖中，杀死了它。在威克洛郡③的格兰达洛（Glendalough）附近，有一个"水怪湖"（Loch na nOnchon，英语为"Lough Nahanagan"）。后来，昂库又被爱尔兰人用作战旗的图案；1595 年，英国收复恩尼斯基林（Enniskillen）④后，就有一则记载提到了此事。这最早可追溯至一枚奥肯尼迪（O'Kennedy）家族的印章，时间是 1337 年（Hardiman, *Chor. Descr.*, 19-20）。在梅奥郡⑤17 世纪的记载中，还出现了一个它的变体"安库"（Anchu）。同时，也有一个与它没有联系的圣人"圣昂库"，不过在基伦纳汉（Killonaghan）教区⑥，却有一口"圣昂库"的圣井。（Curtis, 'Some Med. Seals', 6; Williams, 'Of Beasts', 62-78）参见**多瓦库**。

### 奥皮尼库斯 | Opinicus

纹章学用语。这是一种罕见的动物，类似一只长着狮腿和翼、生着一条短尾的**狮鹫**。（Woodward, *Treatise*, II, 696）

---

① 参见本书词条"多瓦库"下的注解。
② 这本著作记载了爱尔兰诸王抵抗维京海盗入侵的历史，从 967 年的苏尔科伊特战役（Battle of Sulcoit）写到 1014 年的克隆塔夫战役（参见本书词条"恩菲尔德"下的注解）。
③ 位于爱尔兰东部海岸，历史上属于伦斯特省。
④ 在北爱尔兰的弗马纳郡，为该郡的郡治。
⑤ 位于爱尔兰西北海岸，历史上属于康诺特省。
⑥ 在爱尔兰的凯里郡。"Killonaghan"即"昂库教堂"之意。

## 俄尔图斯 | Orthus

一些较晚的文献也称其为"俄尔托鲁斯"（Orthrus）。它是希腊神话中的一只双头或多头犬，最早出自赫西俄德写于前 700 年左右的《神谱》。在一个可追溯到前 550—前 500 年的红彩基里克斯陶杯（现藏于慕尼黑州立文物博物馆）上，绘有一只双头的俄尔图斯，它的蛇尾揭示了它的血统——它是**提丰**和**厄喀德娜**的后代，后来又与厄喀德娜生下了**尼米亚猛狮**和狮身人面的**斯芬克斯**。俄尔图斯后来又变成了三头（有时是三身）巨人**革律翁**的猎犬；革律翁被赫拉克勒斯所杀。（Apollodorus, *Library*, 2.5.10）关于类似的生物，请参见它的弟弟**刻耳柏洛斯**。

## 剑羚 | Oryx

剑羚是一种分布于非洲和阿拉伯半岛的大型羚羊，过去曾被认为只有一只角，不过现在我们已经确定，它们的角有两只。公元前 5 世纪末，克特西亚斯曾经记载过一种"印度独角野驴"（**独角兽**），受他的记载影响，亚里士多德把"独角剑羚"加到了他那本影响广泛的《动物志》中。老普林尼在记载"Oryges"时，想的可能就是剑羚，他说，"Oryges"是一种山羊，"据说是唯一一种毛发反向生长的生物，它的毛转而指向自己的头部"。（*Nat. Hist.*, 8.79）但他没有提到角的数量。

## 奥夏尔特 | Oschaert

这是曾搅扰哈默镇（Hamme）、令其陷入困境的"某物"。哈默镇位于佛兰德的登德尔蒙德（Dendermonde）市附近。它可能是一匹巨大的马、一条黑狗、一只兔子，或者一头眼睛闪光的驴子，会跳到旅行者的背上，加重他们的负担，直到他们来到一个十字路口或圣母雕像面前。那些心怀内疚的人会感觉最重；奥夏尔特的爪子锋利、呼吸火热，仿佛要把人的后颈烧焦。它曾被一个牧师放逐到海岸九十九年——那个期限现在早已过时。(Henderson, *Notes*, 273)

## 巨水獭 | Otter, Giant

亦称"水獭首领"，是爱尔兰民间传说中的一种著名生物。据说，直到 18 世纪初，格伦纳德湖里还栖息着两只这种野兽。一个故事称，一位叫格蕾丝·康纳利的妇女在湖边洗衣时被其中一只巨水獭杀害，她的丈夫为了报仇，杀了这只巨水獭，但却被它的同伴赶走，不过他之后又回来杀死了这另外一只。据说，一块属于格蕾丝·康纳利的墓碑上就雕刻着表示这场战斗的浮雕，它被发现于德鲁姆曼斯的康沃尔墓地。南美洲的巨獭（学名为 *Pteronura brasiliensis*）可以长到 1.6 米长，亚马逊河流域的阿丘雅（Achuar）人和舒阿（Shuar）人认为它是茨温基（Tsunki）的一个化身——茨温基是第一位萨满，所有萨满都从他那里获取力量。在苏格兰的民间传说中，**麦丁·玛拉**也被认为可以变成水獭。(Williams, 'Of Beasts', 62-78)

## 水獭首领 | Master Otter

水獭首领的毛皮据说可以保护房屋免于火灾、船只免于漂流、身体免于枪弹与刀刃的伤害。它有时会和其他的许多动物一起出现，就像国王及其宫廷一样。据说有人曾在"黑丘"（Dhu-Hill）

和克鲁湾①中的一个岛上见过这种情景。在苏格兰的民间传说里也有类似的观点:"被称为'水獭王'或'水獭首领'的水獭在身上有星星点点的白色斑点,体形更大。人们相信,它们无法被杀,除非有一个人或一些动物在同一瞬间遭到突如其来的死亡。它的毛皮有巨大的价值,可以作为毒物的解药、保护战士不受伤害,确保水手在海上免除所有的灾难。"(Daniel, *Rur. Sp.*; Wood-Martin, *Traces*, 122)

---

① 克鲁湾(Clew Bay),位于爱尔兰西北的梅奥郡。

# P

## 垫脚狗 | Padfoot

这是一只**黑犬**，其长如驴，毛发蓬乱，眼睛大如碟子。它可以随意用二足或三足步行，有时它会变成一只绵羊或一个会依照自己的意愿滚动的羊毛包，有时不可见，有时拖着铁链，有时它的叫声就像世间的任何动物；但它总是发出轻柔的"啪、啪、啪"的脚步声，被它尾随的人注定会死，或只是单纯地注定会担惊受怕。它的领地是约克郡的利兹的周边地区。亨德森记载道（Henderson, *Notes*, 273-4），某个"老萨莉·德兰斯菲尔德（Old Sally Dransfield）坚信"：她宣称，在从利兹到斯威林顿（Swillington）的路上看到过好多次这只狗。一个住在霍恩比（Hornby）的人曾经见到一条白色的垫脚狗："他从詹金回家，在树篱下看到了一只白狗。他过去打它，但树枝从它的身体中穿了过去。那只白狗望着他，它'有碟子那么大的眼睛'。他极为'惊恐'，跑回家，颤抖着躺在床上，然后就得了病，死了。"（Wright, *Rust. Sp.*, 194）

## 潘 | Pan

古希腊语"Πάν";他是一个古老的田园之神,同时也和森林及荒野有关。据推测,这个名字最初的词源是"全部"(τò πᾶν),即"天地万物"。希罗多德(*Hist.*, 2.145)称,他出生的时代是距当时 800 年前,即公元前 1200 年左右。关于他的亲属关系,各种记载不尽相同:希罗多德(前揭书)认为他是赫尔墨斯和珀涅罗珀①的儿子;阿波罗多洛斯(*Library*, 14.1)认为他是宙斯和赫布里斯②的儿子。据说,当他的母亲看到他长着角、熊毛、狮子的鼻子和尾巴、山羊的蹄子时,吓得落荒而逃。他起初只是在阿卡迪亚受到崇拜,但之后对他的崇拜遍及希腊。人们把排笛(syrinx)或称牧笛的发明归功于他。罗马人把他等同于自己的森林与野地之神法乌努斯,也有人把他联系到埃及的门德斯(Mendes)城崇拜的神祇③,这个神在绘画中的形象是长着山羊的头和腿的人(Herodotus, *Hist.* 2.46)。后世的人们把撒旦崇拜称为"门德斯的山羊"。潘后来变成了许多个(Pans),主要是因为人们把他混淆于**萨提尔**和**法乌恩**的部落。(Homer, *Hom. Hym.*; Smith, *Dict.*, III, 107)

## 月蚀凤蝶 | Papilio Ecclipsis

1763 年,著名生物学家卡尔·冯·林奈出版了论文《百虫志》(*Centuria Insectorum*,这篇论文其实是他的学生博厄斯·约翰松④写的,但林奈强行署上了自己的名字),其中包括一个全新的蝴蝶

---

① 这个珀涅罗珀(Penelope)是一位住在阿卡迪亚的女仙,不是奥德修斯的妻子。
② 赫布里斯(Hybris),希腊神话中的一位女神或女精灵,代表"傲慢"。
③ 该神名叫巴奈布杰代特(Banebdjedet)。
④ 博厄斯·约翰松(Boas Johansson, 1742—1809),瑞典昆虫学家。

物种，学名为"月蚀凤蝶"，它在亮黄色的翅膀上有黑色的斑点和蓝色的新月形斑纹，整体类似钩粉蝶。林奈甚至在自己的柜橱里也收藏了一件这种蝴蝶的标本，并把它写入了1767年出版的第12版《自然系统》。直到林奈去世之后，他的学生、昆虫学家约翰·克里斯蒂安·法布里丘斯[①]才开始怀疑这只蝴蝶的真实性。它那罕见的斑纹其实是画上去的。[②] 关于林奈的另一件尴尬之事，见**无足极乐鸟**。(Dance, *Animal Fakes*, 104)

### 半鱼豹 | Pardalocampus

这是古希腊及罗马神话中的一种罕见的"海中豹"，名字源自希腊语的"pardalo-"（豹子）和"kampos"（弯曲的），拉丁语通常写作"Pardalocampus"。有两幅作于公元1或2世纪的罗马镶嵌画（加济安泰普考古博物馆藏），其中一幅表现了一位女性正躺在一只"海中的豹子"的背上，可以确定她的身份是**涅瑞伊得**中的加拉提亚（Galatia）。在另一幅画中有两位女性，其中一位正被一头海公牛（**半鱼牛**）背在背上带走，她可能是一位涅瑞伊得或其他人物；另一位也可能是涅瑞伊得，或是被波塞冬诱拐的埃斯泰帕拉娥（Astypalaea），而这只鱼尾的豹子就是波塞冬变化的——特别的是，它还拥有一对鸟的翅膀。

---

[①] 约翰·克里斯蒂安·法布里丘斯（Johann Christian Fabricius, 1745—1808），丹麦昆虫学家。

[②] 这只蝴蝶的标本是蝴蝶收藏家威廉·库尔唐（William Courten, 1642—1702）在去世之前不久（1702年）寄给昆虫学家詹姆斯·佩蒂夫（James Petiver, 约1665—约1718）的，而佩蒂夫信以为真。直到1793年，法布里丘斯才发现这只蝴蝶其实是在普通的黄粉蝶的翅膀上画上斑点的产物；在大英博物馆长"气愤地把标本砸成碎片"之后，人们发现，库尔唐居然还做了两个备份的标本。无从得知库尔唐的目的是科学欺诈还是恶作剧。

## 珀伽索斯 | Pegasus

这是希腊神话中的一种飞马。最初记载它的是赫西俄德，时间是公元前 4 世纪。(*Theog.* 270) 在珀尔修斯砍掉美杜莎的头之后，"从她的躯干里生出了高大的**克律萨俄耳**和神马珀伽索斯。珀伽索斯因出生在大洋的源头（'佩加'）附近而得名……珀伽索斯飞离地面，来到了不死的神灵中间。他住在宙斯的宫殿里，把霹雳和闪电传送到英明的宙斯手里"。珀伽索斯后来又载着柏勒罗丰回到地上，协助他与**奇美拉作战**。(*Theog.* 304) 在公元 1 世纪，老普林尼也记载过"一些有翼的马，它们武装着角，被称为'珀伽索斯'"，生活在非洲（"埃塞俄比亚养育了它们"），但后来他又称珀伽索斯是一种"长着马头的"鸟类，把它们放在斯基泰，同时也不是很重视，仅仅把它们当成一个传说。(*Nat. Hist.*, 8.21, 10.49)

## 不死鸟 | Phoenix

这是古希腊的一种神话般的鸟类，可能源自《死者之书》（写于约前 1600—约前 1200 年）中的**贝努**鸟，象征着重生，后来被基督教作家采用，作为复活的代表。然而，贝努鸟更像是苍鹭，不死鸟显得与它相当不同。对这种鸟最初的记载出自希罗多德的《历史》，时间是公元前 440 年，但希罗多德的记载引自更加古老的著作——米利都的赫卡塔埃乌斯[①]的《世界概观》(*Periēgēsis*)，著于公元前 6 世纪末前 5 世纪初。根据这一记载 (*Hist.*, 2.73)，"不死鸟非常罕见，即便在埃及（根据赫利奥波利斯人 [Heliopolis] 的说法），也只有每隔五百年，老鸟死的时候才出现一次。"他接

---

[①] 米利都的赫卡塔埃乌斯 (Hecataeus of Miletus, 约前 550—约前 476)，古希腊作家、历史学家。

着描述道:"它的羽毛部分为红色,部分为金色,而它整体的轮廓和大小大约相当于一只鹰。"他继续记载关于这种鸟的故事——"在我看来完全不可信,"这个故事说,"这种鸟会从阿拉伯带着全身敷满没药的老鸟来到这里,把老鸟埋葬在太阳神的神殿里。据说,为了携带老鸟,它会先掏空一个球,把老鸟放进去,然后用新鲜的没药把球封住,使球的重量和原先相等。然后,就像我刚才讲的那样,它会把老鸟带到埃及,埋葬在太阳神的神殿里。"

1世纪的老普林尼（*Nat. Hist.*, 10.2）给出了一种更加美化、稍微不同的描述,但像希罗多德一样,他对此持保留意见:"在埃塞俄比亚和印度,鸟类的颜色多种多样,其种类不可胜数;但在阿拉伯,有一种完全超越其他所有鸟类的名鸟——不死鸟,尽管我不能肯定它是否属于虚构。据说它在全世界只有一只,而且这只鸟也不能经常被看到。据说这只鸟的大小像鹰一样,颈部周围的羽毛金光灿烂,身体其余部分的羽毛是紫色的,不过尾部是天蓝色的,混有一些玫瑰色的长羽。它的喉部被一些羽饰装饰,头顶有一个羽冠。最初用罗马人的语言记载这种鸟且记载最为详细的人,是元老马尼利乌斯（Manilius）,他以无师自通、学富五车闻名。他的记载如下:没有人见过这种鸟进食的样子,在阿拉伯,它被视为太阳神,广受崇敬。其寿命为五百四十年,当寿命将尽时,它会用乳香的小枝及肉桂筑一个巢,在巢里放满香料,至死都躺在里面。在它死后,从它的骨骼和骨髓中会生出一种小虫,经过一段时间,这种小虫会成长为雏鸟。雏鸟要做的第一件事就是为老鸟举行葬礼:它会把整个巢带到潘凯亚[①]附近的'太

---

[①] 潘凯亚（Panchaia）,福地阿拉伯（Arabia Felix,阿拉伯半岛南端地区,今也门一带）的一个岛。此外,"赫利奥波利斯"即"太阳城"之意,尽管此处提到的这座城市明显不在埃及。

阳城'，将它放在那里的祭坛上。马尼利乌斯还称，大年[①]的周期正好与这种鸟的生命周期相等。在大年开始时，季节和群星会回到原来的位置，开始一个新的运行周期；他说，该周期始于太阳进入白羊座的那一天的正午。根据他的说法，普布利乌斯·李锡尼乌斯·克拉苏与格涅乌斯·科尔涅里乌斯·兰图路斯执政之年（公元前 97 年）是这一周期的第二百一十五年。而据科尔涅里乌斯·瓦勒里亚努斯（Cornelius Valerianus）称，在昆图斯·普劳提乌斯与塞克斯图斯·帕皮尼乌斯·阿伦尼乌斯执政之年（公元 36 年），不死鸟从阿拉伯飞临埃及。在克劳狄乌斯皇帝任监察官之年（公元 47 年），举行了罗马建城八百周年庆典，当时有一只不死鸟被放在公共会场（Comitium）里供人观览。此事已被记入公共档案，但并没有人怀疑它是一只假不死鸟。"

塔西佗在《编年史》（6.28）中这样看待不死鸟："所有这一切都很可疑，充满了传说的夸大。不过，这种鸟有时会在埃及出现，这一点毫无疑问。"在出版于 1735 年的《自然系统》中，林奈将不死鸟归在**悖理动物**这个条目下，但他看穿了这个故事，认为这种鸟实际上是枣椰树。特雷德斯坎特博物馆是英国第一个向公众开放的博物馆[②]（位于伦敦南部的沃克斯霍尔），曾宣称自己的藏品中包含两根不死鸟的羽毛。关于中国的不死鸟，参见**凤凰**。

---

[①] 大年（Great Year）是春分点完整绕行黄道一周所经的时间，但不同的古典作家笔下的年数不尽相同（实为约 25800 年）。
[②] 特雷德斯坎特博物馆（The Musaeum Tradescantianum）由英国博物学家、旅行家、收藏家老约翰·特雷德斯坎特（John Tradescant the Elder，约 1570—1638）及其子小约翰·特雷德斯坎特（John Tradescant the Younger，1608—1662）建立于 1634 年，其藏品后并入 1683 年开馆的阿什莫林博物馆（Ashmolean Museum）。

## 福耳库斯 | Phorcys

他是希腊神话中的原始海洋之神，诸魔之父；荷马在《奥德赛》中称他为"广漠的咸海的统治者"（1.44）、"海中老人"（13.93, 329）。在一幅曾装饰在阿科拉[①]的图拉真浴场里的镶嵌画（现藏于突尼斯的巴尔多博物馆）上，他被表现为拥有人类的头部（但长了两只角）和躯干，腿被长长的鱼尾取代，双臂是像螃蟹一样的双钳。根据赫西俄德的记载（*Theog.*, 304）："刻托和福耳库斯相爱结合，生下了她最小的孩子，即那个可怕的蛇妖，它看守着阴暗大地漫长边界上的某个秘密地点的金苹果。"（参见**拉冬**）他们生下的后代还有格赖埃[②]姐妹和戈尔贡[③]姐妹（*Theog.*, 270）。

## 菲塞特尔 | Physeter

这是栖息在大西洋中的一种**海怪**，由老普林尼记载（*Nat. Hist.*, 9.4）："在高卢的海洋中，菲塞特尔[④]是最庞大的动物，当它从海面上立起时，比船桅还要高，就像一根巨柱。同时，它还会喷出一种暴雨。"老普林尼描述的是抹香鲸，它的长度能超过20米，在生有牙齿的捕食者中，它是最大的一种。18世纪，林奈用这个名字作为抹香鲸的学名（*Physeter macrocephalus*）；冰岛的渔民有时也将它列入"**伊尔赫维尔**"（恶鲸）之列。

---

① 阿科拉（Acholla），位于北非的古代城市，于中世纪早期被废弃。
② 格赖埃（Graiae），希腊神话中的三位魔女姐妹，三人共用一只眼睛和一颗牙齿。珀尔修斯曾迫使她们说出美杜莎的所在。
③ 戈尔贡（Gorgon），希腊神话中的三位魔女或恶魔姐妹，其中最有名的就是三妹美杜莎。在她们之中，也只有美杜莎是会死的凡人，她后来被珀尔修斯所杀。
④ 词源来自希腊语"φυσητήρ"（喷水者）。老普林尼所说的"海洋"可能是今天的比斯开湾。

## 皮阿斯特 | Piast

这是一种爱尔兰的虫（龙）或蛇，在爱尔兰语中称为"Péist"，在英语中称为"Piast"。据说，这种生物至今依然生活在威克洛郡的"水怪湖"（Lough Nahanagan，来自爱尔兰语的"Loch na hOnchon"）中（Williams, 'Of Beasts', 62-78）。1963 年，某个"L.R."告诉记者，他和一个朋友在下布雷湖（Lower Lough Bray）边目睹了一只"只能被称为怪物的生物"。它有"一个巨大的驼峰，就像犀牛的背部……头部像乌龟，只是比乌龟大许多倍"。它的身体为圆形，周长约 3 至 3.6 米，"呈深灰色"。他的朋友觉得它的头更像天鹅的头（转引自 Costello, *In Search*）。参见**湖龙**。

## 皮克崔·巴拉格 | Picktree Brag

这是一种最怪异的生物，出没于达勒姆郡华盛顿的皮克崔村一带。据说它"有时像一头牛犊，脖子上围着一块白色方巾，尾巴毛茸茸的；有时它的形貌像一匹挽马，疾走在'乡间的道路上，发出高亢的鸣叫和时不时的轻微嘶声'。有时它表现得像一个'混球'，像四个男人一起撑起一张白床单、或者像一个无头的裸体男性。据卡斯伯特勋爵[①]说，一位老妇人告诉他，她的叔叔曾有一套白色套装，他第一次穿上这套衣服就遇上了巴拉格，因而遭到了厄运，从此再也没有穿过它。那一次，他穿着这套漂亮的衣服参加洗礼回来，遇上了巴拉格，他勇敢地跳上了它的背，'但是，在跑到四条路的尽头时，那只巴拉格已经把他颠得那么疼，使他很难继续骑在上面。最后，它把他扔在一个池塘中央，跑掉了，同时发出高亢的鸣叫和笑声，听起来就像一个基督徒'"。（Henderson, *Notes*,

---

[①] 卡斯伯特·夏普爵士（Sir Cuthbert Sharp，1781—1849），英国古物学家。

270）它相当于动物版的**赫德利考**。

## 皮克特兽｜Pictish Beast

这是皮克特人的石刻上的一种生物，可能是**龙**或**水马**，有时在考古学报告中被记载为"大象"，但没有人确切地知道它是什么，或者想表达什么意思，不过，它在石刻上频繁地出现，这必然具有某种重要意义。皮克特石刻上的动物一般都取材于大自然——狼、马、蛇、鹿——因此这只生物可能是在描绘一种现实存在的动物。它有四条弯曲的、鳍状的腿，以及类似海豚的长吻。由于海豚在北方海域十分罕见，更合理的推测是，它在描绘海豹，也有可能来自人们对栖息在更加偏北的海域的海象的记忆。大部分有"皮克特兽"的刻石都发现于离海最远的地方，集中在苏格兰北部和东部的阿伯丁、班夫（Banff）、巴肯（Buchan）、戈登（Gordon）、金卡登（Kincardine）和迪赛德（Deeside）地区。其中最重要的例子包括：阿伯丁郡皮特卡尔佩（Pitcalpe）郊外的"少女石"（Maiden Stone）；米格尔（Meigle）4号及5号皮克特石，现藏于珀斯-金罗斯（Perth and Kinross）的米格尔石刻博物馆；戴斯1号符记石，在阿伯丁郡的戴斯（Dyce）；伊西（Eassie）教堂里的"伊西石"，在安格斯（Angus）；"罗德尼石"（Rodney's Stone），在莫

"少女石"上的皮克特兽（1890年）

里（Moray）；还有安格斯的"斯特拉斯马丁城堡石"（Strathmartine Castle Stone），现藏于敦提（Dundee）的麦克马纳斯美术馆（McManus Galleries）。皮克特人是苏格兰的一个古代民族，又称"Pechs""Pechts"或"Peghts"。由于他们身材矮小、行为神秘，有些人认为他们就是仙灵。（Alcock, 'Pictish Stones', 1-21; MacRitchie, 'Memories', 123）

## 猪面女 | Pig-Faced Lady

1829年，某个"J.R."先生投稿给《自然史杂志》（*Magazine of Natural History*）称，某个在伦敦的流动展览展出了"一个来自阿拉伯沙漠的巨大人类种族的样本"，被称为"猪面女"。这篇文章的作者已经正确地推断出它——尽管被称为"史蒂文森夫人"——既不是猪也不是女人，而是"一头母熊，被剃光了毛，套上女人的衣服"。（J.R., 'Zoo. Imp.', 189）

## 皮斯米尔 | Pismire

这是称呼蚂蚁的古老词汇，源自中古英语的"pisse"（尿）和"mire"（蚂蚁，可比较古诺尔斯语中的"maurr"，蚂蚁"），指的是蚁酸的气味。这个词从14世纪至少使用到17世纪，同时也是纹章学中的蚂蚁（**埃梅特**）的另一种叫法。关于古人所描述的、属于"幻兽"的蚂蚁，参见**蚁狮**和**印度蚂蚁**。

## 彭戈 | Pongo

这是一只栖息于地中海的**海怪**。它被描述为半虎半鲨（但显然不是"虎鲨"),侵扰着西西里岛的某个地区的居民。它会吞噬位于自己二十英里半径内的所有人。(Bassett, *Legends*, 206-7)

### 普利斯特斯 | Pristes

这是一种曾被认为遨游在印度洋中的大鱼。它是老普林尼记载的又一种动物,但他只写了寥寥数语,简要记载了它的生活地区和大小:"普利斯特斯长二百肘。"(*Nat. Hist.*, 9.3)这个名字源自古希腊语,意为"锯"或"某人在锯"。普林尼提到的这种生物有可能是锯鳐。古罗马的一肘约合 44 厘米,200 肘约合 88 米。1758 年,林奈用这个名字作为锯鳐的学名(*Pristis pristis*)。锯鳐的保护现状为"极危"。已知它的长度能超过 7 米,但大多数个体都在 3 米以下。

### 普瑞斯特尔蛇 | Prester

这是一种神奇的蛇类。最初由卢坎描述(*Phars.*, 9.722),后来又被塞维利亚的伊西多尔记载(*Etym.*, 12.4.16):"普瑞斯特尔蛇是一种毒蛇,它总是张开大嘴,嘴里永远潮湿。正如诗人[卢坎]所说:'贪婪的普瑞斯特尔蛇伸出泛着泡沫的嘴。'如果被这条蛇咬到,人会变得臃肿,最后死于极度的肿胀。随着肿胀的发展,身体也会逐渐腐坏。"

### 侏儒野牛 | Pygmy Bison

"侏儒野牛"第一次被人注意到,是在 1829 年的英国。除了只有 18 到 20 厘米高这一点之外,它在所有方面都与一头雄性野牛相同。某个经销奇物的"穆雷"（Murray）先生拥有一件它的标本，该标本开价 40 畿尼。只有一个叫"V."的人对它进行过仔细的检查；他发现，这是一件裹以巴哥犬毛皮的木制模型，它的长毛来自一只幼熊，而牛角和牛蹄是用水牛角刻成的。( V., 'Notice', 218-19 )

## 皮拉利斯 | Pyralis

"飞火"（fire fly）——"pyralis"或"pyrausta"，从字面意思上看，就是"活在火里的东西"。老普林尼写道（ *Nat. Hist.*, 11.36 ）："有些生物出生在与自然截然相对的元素里。过去，从塞浦路斯的青铜锻炉里曾飞出一种四脚生物，它的大小类似苍蝇，被称为'pyralis'，也有人称它为'pyrausta'。由于它是从火中产生的，只要留在火里，就能一直活下去，但如果离开火，飞上一段较长的距离，它就会死。"①

## 皮同 | Python

这是希腊神话中的一条雌龙，被阿波罗所杀。关于它最早的记载出自一首对阿波罗的颂诗，这是一首作于公元前 6 世纪左右的六步抑扬格诗，属于所谓《荷马风格颂诗》②的一部分。诗中以并非赞颂的口吻对她描述道："那臃肿的大雌龙，一只凶猛的怪兽，惯于为大地上的人类带来巨大的灾殃，那极为血腥的祸患，祸害

---

① *Pyralis* 如今被作为螟蛾属的学名。
② 这是一部古希腊颂神诗集，作者不明，由于采用了和荷马史诗相同的六步抑扬格（heroic hexameter）及爱奥尼亚方言，被通称为《荷马风格颂诗》（Homeric Hymns）。

阿波罗与皮同（1589 年）

人类和他们瘦腿的绵羊。"（Hesiod, *Hes. Hom. Hym*, xxx）她守卫着帕纳索斯山（Mount Parnassus）的山坡上的一条小溪，那里离阿波罗为自己挑选的神殿基址很近。因此，阿波罗射杀了她；诗中特别提到，她被射杀后腐烂了。在 2 世纪，希腊作家波桑尼阿斯（*Desc. Gr.*, 10.6.5）称，皮同这个名字来自动词"变得腐烂"（πύθω）。该地称作皮托（Pytho），阿波罗也因此得到了一个别名"皮托的"（Pythian）。据阿波罗多洛斯（*Library*, 1.4）记载，皮同是德尔斐神谕所的前任守护者，她阻止阿波罗接近该地；阿波罗将这条龙杀死，接管了神谕所。历史和考古记录证实，这里有一个古老的雅典娜／盖亚的圣地，历史可追溯到青铜时代晚期。皮同也被称为德尔斐巨蛇（Delphine，或 Delphyne）；雅典的阿尔忒弥斯有一个别名叫"德尔斐的"（Delphinia），阿波罗在打败这条龙之后也得到了"德尔斐的"（Delphinius）这个别名。这个名字很可能来自当地的地名德尔斐（Delphi）①。对"皮托的阿波罗"崇拜的证据可追溯到公元前8世纪，负责传达神谕的阿波罗女祭司被称为"皮提亚"（Pythia）。在很多神话中都能找到相似的"屠龙"母题，从最早的巴比伦神话中的马尔杜克打败**提亚玛特**，直到最晚的圣乔治屠龙。（Smith, *Dict.*, II, 627-8）

---

① 皮托是德尔斐的旧名。在古希腊文明鼎盛时期，德尔斐的阿波罗神谕是整个希腊世界最受尊崇的神谕。

# Q

### 奎扎尔科亚特尔 | Quetzalcoatl

出自中美洲神话，名字意为"羽**蛇**"或"饰羽蛇"，其羽毛具有耀眼的彩色，来自绿咬鹃（Quetzal，属于咬鹃科）。这个名字起源于阿兹特克以前的托尔特克文化，而在最早的中美洲文明奥尔梅克文明（前1400—前400年）中就可以找到对"长有羽毛的蛇"的刻画。对阿兹特克人来说，他给人类带来了知识——特别是雕刻翡翠的知识，在后来的神话中，又加上了种植玉米的知识。他同时还是神圣历书（*Tonalamatl*，"命运之书"）的创造者，在几则神话中，他甚至被认为是宇宙及所有生物的造物主：他在阴间找到骨头，用它创造了人类。有大量的故事讲述奎扎尔科亚特尔的事迹，它们的内容并不完全一致。他被视为一个更加文明的神，只需要血液献祭，而不是人身献祭或食人。最后，由于巫师们的阴谋，奎扎尔科亚特尔被迫放弃他的国家，坐上一条由蛇组成的筏子漂洋出海，这似乎象征

奎扎尔科亚特尔面具
（1400—1521年）

着竞争对手篡夺了人们对他的崇拜。在离开之前，他告诉自己的信徒，他总有一天还会回来。当征服者埃尔南·科尔特斯（Hernán Cortés）于1519年在新大陆的海岸（尤卡坦半岛）登陆时，阿兹特克国王蒙特祖马二世相信他就是回归的羽蛇神奎扎尔科亚特尔，还送给他一件羽蛇神的仪式礼服。大英博物馆至今收藏着奎扎尔科亚特尔的绿松石蛇面具。奎扎尔科亚特尔相当于玛雅人的库库尔坎（Kukulkan）或危地马拉的基切（Kiché）人[①]的古库玛兹（Gucumatz）。（Spence, *Gods Mexico,* 各处）

---

① 基切人是玛雅人的一支，其语言属于玛雅语系。

# R

## 公羊鱼 | Ram-Fish

又译"海公羊"（Sea-Ram），是老普林尼提到的又一种神秘生物："这种鱼就像横行于海上的强盗，当大船抛锚时，它会躲在船的阴影里，等待被游泳的乐趣诱惑的人跳入水中，然后惊吓他们；它还会把头露出水面，寻找渔夫的小船，然后偷偷地游过去，将其撞沉。"（*Nat. Hist.*, 9.44）有一位英译者认为，普林尼指的可能是海豚，但这看起来并不是海豚的典型行为，而普林尼对海豚十分熟悉。

## 蛙鱼 | Rana-Piscis

亦称"Ranae in Piscem Metamorphosis"，属于林奈出版于1735年的《自然系统》第一版中的**悖理动物**之一。这是一种真实存在的南美洲生物：一只绿色的、外貌普通的蛙类。然而，不同于一般的蛙类，有人认为它可以从蛙变成一条鱼，因此它被称为"Rana-Piscis"（蛙鱼）或"Ranae in Piscem Metamorphosis"（从蛙变成的鱼）。林奈对此持怀疑态度，他认为大自然不会允许生物从一个物种变成另一个物种。他对此的解释是，这个故事源自一个事实，即这种蛙的蝌蚪比它的成体大得多；由于成年动物通常会比未成年的大，于是就有人认为它是从蛙变成了鱼（蝌蚪）。林奈将这种蛙的学

名改为 *Rana paradoxa*，现在它的学名是"奇异多指节蟾"（*Pseudis paradoxa*），依然是一种"悖理的"（paradoxa）蛙类。

## 鼠王 | Rat King

这个名字源自德语的"Rattenkönig"，是一种著名的现象——几只老鼠相互缠结，形成一个更大的"鼠团"。这种老鼠一般是黑家鼠（学名为 *Rattus rattus*），虽然康拉德·格斯纳曾对它做出过更加贴近字面意义的解释："有人说，有些长得很大的老鼠年老后会由年轻的老鼠喂养：这种老鼠就叫鼠王。"（*Hist. Anim.*）在一份1683 年的描述中附有一张插图，上面画着由六只老鼠组成的鼠王，它们是在斯特拉斯堡的一个地窖里被发现的（Drugulin, *Hist. Bild.*, 270）。1883 年，在德国的吕讷堡发现了另一只鼠王，它被当地的自然历史博物馆收藏（Verein, *Führer Lüneburg*, 68）。德国哥廷根大学动物博物馆也藏有一只鼠王：吕德尔斯豪森/埃克斯菲尔德的鼠王"。阿尔滕堡的莫里茨科学博物馆（Mauritianum）藏有一个特别可怕的标本：一群木乃伊化的老鼠，尾部缠结在一起；它于 1828 年在德国布赫海姆的一个磨坊的壁炉里被发现。法国的南特博物馆藏有一个较小的、由九只老鼠组成的鼠王。同样在法国，沙托丹自然历史博物馆也藏有一个鼠王的酒精保存标本，它由六只老鼠组成。马斯特里赫特自然历史博物馆拥有于 1955 年在林堡发现的由七只老鼠组成的鼠王。尽管有这么多的标本存在，鼠王依然可能是一种**简尼·翰易韦**，尽管米柳京[①]也记载了一个于 2005 年在爱沙尼亚发现的"萨鲁鼠王"（Rat King of Saru），这是一个由十六只老鼠组成的缠结，其中有

---

① 安德烈·米柳京（Andrei Miljutin, 1953— ），爱沙尼亚生物学家。

斯特拉斯堡鼠王（约 1683 年）

十三只依然缠着，现在在爱沙尼亚塔尔图大学的自然历史博物馆展出。根据对这一标本的检查，米柳京认为它是真实的，很可能是一开始老鼠们的尾巴绕在了一起，然后在它们试图摆脱时打成了结。('Rat Kings', 77-81) 关于公开发表的、尾部缠结的猫群的例子，参见**猫结**。

## 渡鸦 | Raven

在古代欧洲的神话和传说中，到处都有渡鸦的身影。它是希腊神话中阿波罗的圣鸟；在北欧神话中，两只叫胡基（Huginn，"思想"）和穆宁（Muninn，"记忆"）的渡鸦停在奥丁的肩头，每天早晨都会飞出去，为奥丁搜集世间的新闻；渡鸦还与凯尔特的战争女神摩莉甘（Morrigan）和威尔士（不列颠）神祇布兰（Bran，"渡鸦"）有关。根据传说，布兰的头颅被埋在伦敦塔下，作为一种抵御外敌入侵的魔法仪式；渡鸦会在一年一度的荣耀布兰的日子里聚集在此，如果它们离开或被驱除，大英帝国就会倾覆。一个古老的芬兰传说"渡鸦的起源"称（Abercromby, *Pre-Proto-Hist*., 314-15），渡鸦是一种新造的、在动物学上属于"幻兽"的生物：渡鸦出生在一堆木炭里，从木炭本身孕育出来；它的头由陶片形成，腹由乞丐的口袋形成，腿由弯曲的树枝形成；一个色欲的恶魔勒珀（Lempo）用他的纺轮做成渡鸦的胸骨，用他的帆做成渡鸦的尾巴，用他的针盒做成渡鸦的内脏；芬兰的魔鬼席西（Hiisi）用他的编织凳做成渡鸦的脖子。在另一个版本的故事中，席西用他的旧手套做成渡鸦的身体，而渡鸦的嗉囊由破旧的水壶形成，喙由巫师的箭头形成，眼睛由贻贝的珍珠形成，舌头由基尔基（Kirki）的斧头形成。老普林尼当然也提到过关于渡鸦的奇闻怪事：这种鸟能用月桂树叶治疗自身所中的毒；"它们通过喙来怀孕和生育"，孕妇如果吃了渡鸦的蛋，也会通过嘴来生产。它们可以预知灾难。最后，普林尼还记载了一只会说话的渡鸦，它于提贝里乌斯皇帝统治时期[1]生活在罗马的一个鞋店里，每天都会飞到广场上问候皇帝及路人。普林尼还亲眼见过一只乌鸦说出几个词句。在一个叫埃里泽纳（Erizena）[2]的地方，有个叫克拉特罗斯·摩诺凯罗斯（Craterus Monoceros）的猎人会让渡鸦帮助自己狩猎。这些鸟会停在他的肩上，为他追踪猎物。当他离开一个地区的时候，不仅是他驯养的渡鸦，就连野生的渡鸦也会跟他一起走。（*Nat. Hist*., 10.21, 43）参见**夜渡鸦**。

---

[1] 14—37 年。
[2] 可能是小亚细亚的某个地区，具体不明。

## 欧文的渡鸦群 | Ravens of Owain

在中世纪威尔士著作《马比诺吉昂》中，伊利恩（Urien）与摩根勒菲（Morgan Le Fay）之子传奇骑士欧文爵士（Sir Owain），又名伊文爵士（Sir Ywain），拥有为数三百的一群渡鸦，它们会为欧文战斗。一个故事说，渡鸦曾经为了报复亚瑟王的侍从对它们的伤害而去攻击那些侍从。（Guest, *Mabinogion*, 311）

## 白渡鸦 | Raven, White

威廉·特纳曾经写道："1548年8月，我在一个窝里发现两只白色渡鸦。我把它们安置在我们的不列颠的坎伯兰郡的某个地方，送给这个郡的一个领主喂养。他驯养了它们，训练它们像猎鹰一样捕鸟；它们都被训练得能够静静地停在驯鹰者的手臂上，如果他一呼唤，或者做出手势，甚至从很远处做出手势，它们就会尽可能快地飞到他那里。它们不会带来任何不幸之事……"（Turner, *Birds*, 49-50）一些神话故事认为，渡鸦原本是白色的，但由于犯下某些罪行而变成了黑色。在奥维德的《变形记》中，我们读到："渡鸦曾经身披如雪的白羽，／洁白得就像最白的鸽子的前胸，／美丽得就像卡皮托里乌姆山的守护者①，／柔软得就像那巨大而可爱的禽鸟，天鹅；／但它的舌头，它饶舌的舌头使它彻底改变，／变得乌黑，不复纯洁的白色。"阿波罗曾经爱上"所有美女中最美丽的"科洛妮丝，但科洛妮丝对阿波罗不忠，而阿波罗的白渡鸦看到了这一切。渡鸦把这件事告诉了阿波罗，阿波罗在愤怒中用弓箭射杀了科洛妮丝。但科洛妮丝在临死前对阿波罗说，自己已经怀上了他的孩子；阿波罗后悔自己的鲁莽，将孩

---

① 指鹅。

子救了出来，① 但是"他的愤怒使乌鸦变黑，／拔掉白羽，不会再长。"乔叟在《坎特伯雷故事集》里写道，福玻斯（阿波罗）拔掉了渡鸦身上的白色羽毛，把这种鸟扔给魔鬼——"因此乌鸦全都变成了黑色"；这个故事的道德训诫是："管好你的嘴，想想乌鸦的遭遇。"在威尔士神话中，就如《马比诺吉昂》记载的那样，布兰有个妹妹叫布朗温（Branwen），这个名字的意思就是"白渡鸦"。在《圣经》中（《创世记》8:6-12），诺亚曾派出一只乌鸦离开方舟，寻找陆地；根据对经文的阿拉伯语注释（16世纪），乌鸦看到浮在水面上的尸体，就停下来，开始进食。三个月后，它才回到方舟，忘记了寻找陆地的任务。于是，诺亚诅咒它，使它变成了黑色。与之类似，在其他一些传说，例如住在加拿大安大略省东北部的蒂莫加米（Timagami）的奥吉布瓦（Ojibwa）族，以及住在西西伯利亚的北部曼西族（North Mansi）的传说中，渡鸦（或乌鸦）是因为吃腐肉而变黑的。在犹太传说中，乌鸦的"幼仔生来就有白色的羽毛，因此老鸟抛弃了它们，把它们当作蛇，而不是自己的后代。上帝喂养这些幼仔，直到它们的羽毛变黑，老鸟回到它们身边为止。作为额外的奖赏，当乌鸦祈雨时，上帝会准许它们的请求"。（Ginzberg, *Legends Jews*, I:113, V:142-3）（Korotayev et al., 'Return', 203-35）

## 拉乌泽尔｜Rawuzel

这是一种拥有浓密的黑色毛发的、像熊一样的怪物，还有邪恶的面容和双角，可与**克兰普斯**相比。纽约大都会艺术博物

---

① 这个科洛妮丝（Coronis）是拉皮斯国王弗勒基亚斯（Phlegyas）的女儿，不是许阿得斯（Hyades）之一的科洛妮丝。阿波罗把婴儿救出之后，交给半人马喀戎养育，就是医神阿斯克勒庇俄斯（Asclepius）。

馆藏有一块由匈牙利画家约瑟夫·迪韦基[1]创作于 1911 年的小型彩色版画，名叫《拉乌泽尔》(Der Rawuzel)。"Rawuzel" 或 "Rawuzeln"(Raunigel)也是奥地利生产的一种裹着椰丝的糖果的名字。(Schröer, 'Myth. Gest.', 426)

## 瑞姆 | Re'em

这是犹太民间传说中的一种巨大的有角动物。它们同一时间只能存在一对，因为世界无法养活更多的这种生物。瑞姆每七十年交配一次，然后雄性就死去；十二年后，雌性生出一对双胞胎，然后也死去。它们的后代一出生就各奔东西，七十年后再聚到一起，开始下一个循环。英文版《圣经》将它译作**独角兽**[2]。(Ginzberg, *Legends Jews*, I, 30-1)

## 犀牛鸟 | Rhinoceros Bird

参见**羊角鸟**。

## 河龙 | River-Dragon

"这样，用了十处创伤驯服了河龙，/终于肯让他的寄居客族离开……"在约翰·弥尔顿的《失乐园》(bk 12)中，"河龙"暗指鳄鱼，并且联系到了《以西结书》中的"我与你这卧在自己河中的大龙为敌"[3]。

---

[1] 约瑟夫·冯·迪韦基（Josef von Diveky，1887—1951），匈牙利画家。
[2] 《圣经》和合本译作"野牛"。参见《约伯记》39:9-12。
[3] 《以西结书》29:3。《圣经》和合本将此处"dragon"译作"大鱼"。

## 河鲸 | River-Whale

在菲利蒙·霍兰德翻译的 1601 年版老普林尼《自然史》(9.15)中,他用 "river-whale" 翻译某种大型鱼类。这种鱼分三个种类:尼罗河里的 "Silurus";"Rhene" 河里的 "Lax";波河里的 "Attilus"。具体如下:"Silurus" 是一种鲇鱼,林奈用这个词作为鲇属鱼类的学名,鲇属共有 18 个种,都是欧洲和亚洲的本土鱼类,分布范围从中国直到英国,其中的欧洲巨鲇(学名为 *Silurus glanis*)可以长到 4 米长,会攻击人类(通常是在受到挑衅之后)。普林尼写道:"'Silurus' 会吞噬它所到的任何地方的任何生物,就连正在游泳的马匹也经常被它拖入水底吃掉。" 有人认为,**尼斯湖水怪**的真相就是一条欧洲巨鲇。"Lax" 可能就是德国的 "Lachs",即鲑鱼,"Rhene" 河可能就是莱茵河。约翰·博斯托克的英译本直接使用普林尼的原文,将其称为 "Isox"。林奈用 "Esox" 作为狗鱼属鱼类的学名。鲑鱼和狗鱼都能长到超过 1 米长,有些个体

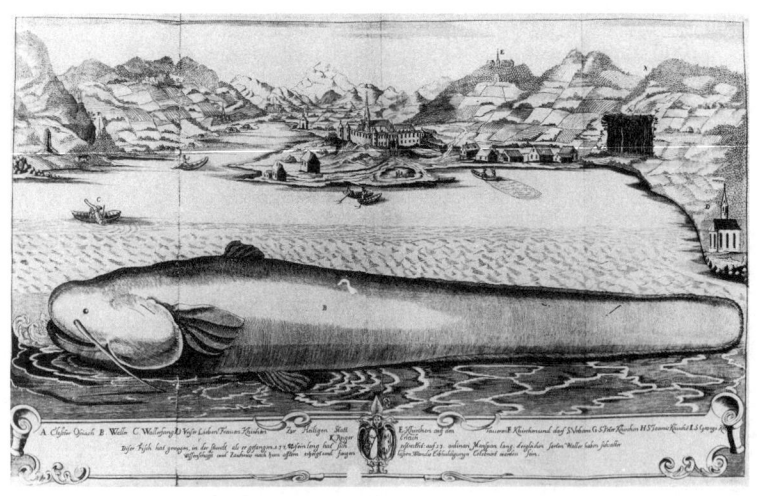

奥地利欧希亚赫湖中的河鲸(1666 年)

甚至接近 2 米。多年以来，一直有狗鱼攻击人、狗、牛的记载。
（Daniel, *Rur. Sp.*, 266）至于"Attilus"，据普林尼记载，它"懒惰而肥胖，体重经常能超过一千磅。必须用带锁链的钩子钩住它，再用好几头公牛来拖，才能把它拖上岸"。这种鱼被译为"鳇鱼"；欧洲鳇鱼（学名为 *Huso huso*）可以长到 7 米长。

## 大鹏 | Roc

亦称"rokh""rukh"，是波斯民间传说中的一只巨鸟，以出现在一千零一夜故事《辛巴达航海记》中而闻名（Lang, *Arabian Nights'*, 131ff）。在传闻中，它是如此之大，以至于可以攫走大象。当马可·波罗的旅程来到马达加斯加的时候，他在当地听闻了一种动物："岛上的人说，在一年中的某个季节，一只他们称为'rukh'的巨鸟会从南方地区飞来。它的外观据说类似于鹰，但尺寸却无比巨大；它庞大、强壮到可以用爪子抓住大象，将其带到空中，然后扔在地上，让它摔死，以供自己食用。曾见过这种鸟的人断言，当它的翅膀完全展开时，据他们测量，从一端到另一端的宽度达十六步；它的羽毛有八步长，也有与正常比例相称的厚度。"马可·波罗认为它可能是传说中的**狮鹫**，但他所询问的人都坚称那是某种巨鹰。马拉巴尔①的大汗显然也在这时收购了它的几根"羽毛"。（*Travels*, ed. Masefield, 393）乌利塞·阿尔德罗万迪在他于 1599 年出版的《鸟类学》（*Ornithologia*）中附上了大鹏的插图。"大鹏的爪子"也曾出现在老约翰·特雷德斯坎特的收藏品列表中，英国第一个向公众开放的博物馆就是他开办的。（Hagen, 'History', 88）有人认为，关于大鹏的传说起源于隆

---

① 马拉巴尔（Malabar），印度西南部沿海的一个地区。

大鹏(1900年)

鸟（Aepyornis），这是一种产于马达加斯加岛的不会飞的巨鸟，现已灭绝，法国探险家安托万·达巴迪曾在 1850 年发现了一个它的蛋（Hazlitt, *Faiths*, 1）；今天，在大英博物馆也可以看到这样的一个蛋。最近有人提出，这一传说也有可能源自马达加斯加冠雕（Stephanoaetus mahery），这是一种产于马达加斯加岛的大型猛禽，约在 1500 年前后灭绝（Goodman, 'Description', 421-8）。现存最大的非洲鹰类——猛雕（*Polemaetus bellicosus*）的翼展可达 260 厘米。从印度的**迦楼罗**到美索不达米亚的**祖鸟**，巨鸟一直都是在神话中频繁出现的主题。

## 洛尔-特洛德 | Rore-Trold

这是一只会变形的北方精魂："在内德内斯（Nedenes）[①] 的洛尔凡德（Rorevand），有一个被陡峭的高山围住的湖泊，狂风在湖面上咆哮；一只名叫洛尔-特洛德的巨怪（Troll）就住在那里。它会以各种各样的样子现身，有时是一匹马，有时是一堆干草，有时是一条巨蛇，有时是一群人。冬天，当冰最厚的时候，人们可能会在这里看到一道既长又宽的沟壑，里面散落着碎冰。那就是洛尔-特洛德的所为。"（Thorpe, *North. Myth.*, II, 23）

---

① 在挪威南部、斯堪的纳维亚半岛南端。

# S

## 沙拉曼达 | Salamander

公元前 4 世纪，亚里士多德最先记载了看起来不可能存在的沙拉曼达："事实上，某些动物的身体结构确实无法被烧毁，这一点从沙拉曼达身上可以明显看出。据说，它们通过在火上爬行来把火扑灭。"（*Hist. Anim.*）老普林尼进一步发挥了这个主题（*Nat. Hist.*, 10.67）："它的身体冷得像冰，只要碰到火就会把火熄灭[①]。它会从嘴里吐出一种乳汁般的口水，人哪怕稍微碰到，触碰到的部位都会脱掉所有体毛，皮肤出现类似麻风病的症状。"此外，"沙拉曼达不会生育后代，它们就像鳗鱼，没有雌雄之分。既不胎生也不卵生的生物都是这样"。（*Nat. Hist.*, 10.68）普林尼的英译者菲利蒙·霍兰德注道："这明显与实际经验不符。"

## 萨尔普伽 | Salpuga

见于老普林尼的记载（*Nat. Hist.*, 29.29）："这是一种有毒的蚂蚁，在意大利不常见。西塞罗称它为'solipuga'，而它在贝提

---

[①] 需要注意的是，尽管沙拉曼达在后世变成了一种生活在火中的生物，16 世纪的炼金术士帕拉塞尔苏斯（Paracelsus，约 1493—1541）更是将其作为代表火元素的精灵，但在最初的记载中，它的能力仅仅是用冰冷的身体熄灭火而已。

卡[1]叫'salpuga'。"治疗它们以及所有种类的蚂蚁的毒液的特效药都是一颗蝙蝠的心脏。它们还出现在卢坎的史诗《法萨利亚》中（9.734）："谁会怕你的缠扰，萨尔普伽？然而，冥界的少女们却赋予你一咬致命的力量。"1815年，博物学家威廉·利奇[2]用这个名字为避日蛛科（Solpugidae）命名，这种生物属于避日目（Solifugae，"逃离太阳者"），是一种介于蝎子和蜘蛛之间的节肢动物。

### 萨帕沙-希玛 | Sapaksha-Simhah

这是印度传说中的一种翼狮。它还有一个罕见的变体是长着角的翼狮，见于桑吉[3]的浮雕。（Murthy, *Myth. An. Ind.*, 8）

### 萨苏·乌努 | Sassu Wunnu

这是巴比伦神话中的一只**海怪**，为神祇埃阿[4]的变化之一。它有蛇的头部、**鸡蛇**的耳朵、弯曲的角、鱼的身躯（"布满星辰"），以及有爪的脚。（Mackenzie, *Myth. Bab.*, 62）

### 萨提尔 | Satyr

最早记载它们的是赫西俄德（*Fragments*, 277）："毫无价值、

---

[1] 贝提卡（Baetica），罗马帝国行省之一，位于伊比利亚半岛南端。
[2] 威廉·埃尔福德·利奇（William Elford Leach，1791—1836），英国动物学家。
[3] 桑吉（Sanchi），一个位于印度中央邦博帕尔的村庄，有众多雕刻精美的佛教遗迹。
[4] 埃阿（Ea），即苏美尔神话中的恩基，水神，主要的神祇之一。

毫无用处的萨提尔的部落。"它们长着尖耳朵、角和一条尾巴。萨提尔是酒神狄俄尼索斯的追随者，热爱饮酒，其年老者秃顶、留大胡子，被称为"Silens"，年轻者则被称为"Satyrisci"。后来，他们被混同于**潘**和**法乌恩**，样子也变得更像山羊（Smith, *Dict.*, III, 727）。古代作家波桑尼阿斯（*Desc. Gr.*, 1.23.5-6）和埃利安（*Nat. An.*, 16.21）都在他们的学术著作中把萨提尔当成一种真实存在的动物记载，在波桑尼阿斯的作品中，萨提尔是一种野人，有红发和马尾，住在以他们命名的"Satyrides"岛上，以其淫乱放荡而臭名昭著。由于波桑尼阿斯的权威性，康拉德·格斯纳甚至在著作中附上了萨提尔的插图，它看起来就像一只长着男人的脸和鸟脚的野兔（*Hist.*, I, 978）。根据这些来源，在出版于1740年的《自然系统》第二版中，卡尔·冯·林奈将它放在**悖理动物**条目下，描述为："有尾巴、体毛、胡子，身体像人，喜欢指手画脚，十分不可靠。它是一种特殊的猴子——如果有人实际见过它的话。"（65）林奈将这个名字用作猩猩的学名（*Simia satyrus*），现在它已被重新定名为猩猩属（*Pongo*）。

## 斯奇塔利斯蛇 | Scitalis

参见**斯库塔尔蛇**。

## 斯科普斯 | Scopes

荷马在《奥德赛》中提到过一种叫"Scopes"（σκῶπές）的鸟。老普林尼经常反驳这个概念（*Nat. Hist.*, 10.70）："荷马将一种鸟类称为'Scopes'，很多人都称，这种鸟在伏击猎物的时候会跳滑稽的舞蹈。我个人不能理解这种行为，而且这样的鸟类今天也完全不为人所知。所以，最好把讨论建立在已经确定的事实上。"荷马（*Odyssey*, 5［E］, 1.66）称，这种鸟生活在女仙卡吕普索的岛上："［这里］有'Scopes'、鹞鹰和舌头既细又长的乌鸦，还有喜好在海上翱翔觅食的海鸥。"荷马的译者将这种鸟译为"猫头鹰"，实际上它也的确是一种角鸮，即普通角鸮（学名为 *Otus scops*），鸣角鸮（参见**鸮类**）曾被归在这一类别下。据说，它的习性是模仿在它面前跳某种"滑稽的舞蹈"的人的动作，可以用这种方法来捕获它。因此，这个词也被用来命名这种猫头鹰会模仿的舞蹈。

## 蝎子 | Scorpion

在古代，蝎子完全有可能是一些"幻兽"概念的来源。1 世纪的奥维德认为："如果把陆蟹那中空的爪子取掉，把它的其余部分埋在土壤下，一只带着弯曲、凶险尾巴的蝎子就会从埋藏之处生出。"（*Met.*, 15, 369-71）同在 1 世纪的老普林尼写道："蝎子是一种瘟疫，是来自非洲的一种诅咒。它们的尾巴有刺，始终在摆动，准备攻击。它们的刺对女孩永远是致命的，对妇女经常是致命的；但是对于男人，只有在早晨蝎子的毒性最强的时候被蜇，才会致命。受害者在死前会痛苦三天。据说，把蝎子烧成灰，混在酒里喝下去，可以治疗它们的蜇伤。蝎子会乘着南风飞行，当它们把自己的脚像船桨一样伸开的时候，南风就会把它们托起来。"（*Nat. Hist.*, 11.30）7 世纪时，塞维利亚的伊西多尔又为蝎子增添了一些新的特点："被放在手掌上的蝎子不会蜇人"（Etym., 12.4:3）"如果在十只螃蟹的身上系上罗勒，那么这一地区所有的蝎子都会聚集过来"（12.6:17）。关于巴比伦的蝎人，参见**吉塔布利鲁**；关于古埃及的蝎子女神，参见**塞尔凯特**。

## 斯库拉 | Scylla

这是希腊神话中的一只有六个头的**海怪**，最早在公元前8世纪，荷马的《奥德赛》中出现（12.142-259），但无疑基于更古老的口头传统。《奥德赛》讲述了奥德修斯的冒险，他在特洛伊陷落（《伊利亚特》的主题）后试图回国。在赫尔墨斯的帮助下，他战胜了女巫喀耳刻，喀耳刻告诉他该如何躲避斯库拉以及其他危险。斯库拉和**卡律布狄斯**是一对怪物，从不分开，奥德修斯要同时面临两个危险，因此就有了"在卡律布狄斯和斯库拉之间"这个成语，即"进退维谷"之意。喀耳刻向奥德修斯说，斯库拉曾经是一个美丽的女仙，但她惹怒了诸神，因此喀耳刻亲自把她变成了怪物。她还描述道，斯库拉有六个长十二英尺的脖子，每个头上都有三排牙齿。另据传说，赫拉克勒斯已经杀死了她，因为她吃了**革律翁**的一头牛；但她的父亲**福耳库斯**又把她复活，现在她成了奥德修斯的障碍。在逃过**塞壬**的威胁后，奥德修斯终于航行到她这里："待我们离开了那座海岛，我很快望见迷漫的烟雾和汹涌的波涛，耳闻撞击声。同伴们惊惶不已，船桨从手中滑脱，纷纷啪啪地掉进波涛，船只在原地停驻，因为他们手中无长桨可划行。这时我走遍船中，鼓励我的同伴……我未提斯库拉这一无法抵御的灾祸，免得他们知道后一时心生恐惧，停止划桨，只顾自己往船里躲藏。这时我把喀耳刻对我的严厉嘱咐彻底忘记，她要我不可武装自己。我却仍穿起辉煌的铠甲，双手紧握两杆长枪，站到船只前部的甲板，因为在那里可首先看见居住于山崖的斯库拉出现，免得它让同伴们遭遇不幸……斯库拉这时却从空心船一下抓走了六个伴侣，他们个个都身强力壮。当我回首查看快船和同伴们的时候，只见那几个同伴的手脚在头顶上方，高悬半空中。他们不停地大声喊叫，呼唤着我的名字，发出最后的企求。有如渔人在突出的岩石上扔下饵食，用长长的钓竿诱惑成群浮游的小鱼，穿过牧放的壮牛的角尖甩向海里，待鱼儿上钩，便将鱼蹦跳着扔到岸边，我的同伴们也这样蹦跳着被抓上崖壁。怪物在洞口把他们吞噬，他们呼喊着，一面可怕地挣扎，把双手向我伸展。这是我亲眼见到的最最悲惨的景象，我在海上久经飘零，经历过诸般不幸。"现代的一种解释认为，斯库拉是为害墨西拿海峡的巨乌贼。

### 斯库塔尔蛇 | Scytale

这是一种奇异的蛇，由卢坎第一次提到（ *Phars.*, ix.1.717 ），然后被普林尼（ *Nat. Hist.*, 32.19 ）记载，再被塞维利亚的伊西多尔转述（ *Etym.*, 12.4.19 ）："这种叫斯库塔尔的蛇在背部闪耀着非常多样的醒目色彩。受这些彩色纹路所赐，它可以让看到自己的生物的行动变得缓慢。因为它蠕动得很慢，无法追逐猎物，只能去猎捕那些被自己的彩色纹路弄得眼花缭乱、晕头转向的生物。它非常热，即使在冬天，也会从灼热的身体上蜕下皮来。"

### 海主教 | Sea Bishop

这是一种"De pisce Episcopi habitu"（穿着主教衣服的鱼），在 16 世纪中叶被记载，说是一条鱼穿着类似天主教的主教的服装。蒙彼利埃大学医学院的皇家教授纪尧姆·朗德雷把他的观察写进了他于 1554 年出版的《海鱼之书》里："我在这里举出一个更加奇妙的怪物，它是由吉斯伯图斯·日耳曼努斯（Gisbertus Germanus）送来的。日耳曼努斯又是在阿姆斯特丹收到这只海怪的，当时随该海怪附给他的信件称，1531 年，一个穿得像主教一样的海怪曾被带到波兰国王的面前展示。"朗德雷没有记载他的鉴定结论，但他也没有再转述关于这只生物的更多信息，因为这些内容看起来纯属编造。（Gudger, 'Jenny Hanivers', 511-23）

### 海牛犊 | Sea Calf

据老普林尼记载（*Nat. Hist.*, 8.49）："海牛犊海陆两栖，习性与海狸相似。它吐出的胆汁有很多医学用途，而它吐出的凝乳可以治疗癫痫。它知道自己因为这两样产物被人狩猎，因此会主动吐出它们。"海牛犊的习性像海狸？后来普林尼向我们更加明确地解释了他的意思："'海牛犊'在拉丁语里是'phocae'①。"（9.6）他还写道："它们的右鳍被认为能够促进睡眠，据说只要枕在头下就能很快入睡。"（9.15）据说，溺死者的灵魂会变成一只外形像牛犊的怪物，在波兰的一个湖泊里出现。（Bassett, *Legends*, 215）

### 海乳牛 | Sea Cow

参见**克罗·希**。

### 海犬 | Sea Dog

这种生物也被称为"猎犬鱼"或"海猎犬"，根据老普林尼的描述（*Nat. Hist.*, 9.46）："据说，一种'浓雾'会在它们的头顶凝

---

① 海豹。实际上，英语里的"Sea Calf"也是"海豹"之意。

集，这种生物看起来就像比目鱼。然后，它会向它们压下来，使它们再也不能返回地面……这些有害的动物①。"普林尼描述的这种充满攻击性的动物能够杀死游泳者，特别是采海绵的潜水者。为了避免这种命运，潜水者会把一根绳子绑在自己身上。当他发出危险的信号时，船上的同伴就会把他拉上来。但是"除非他们拉得够快，否则只能眼睁睁地看着同伴被吃掉"。海狮通常被称为"海狗"，因为它们的外观像狗，但普林尼指的不可能是海狮。他指的可能是：1. 一种叫"狗鱼"（dogfish，白斑角鲨）的鲨鱼，不过有人可能会希望他也提一下角鲨那带毒的背鳍尖刺；2. 两种猫鲨，分别被称为大、小斑点"狗鱼"，均分布在地中海。普林尼还提到过一种被英译者称为"海狐"②的动物（*Nat. Hist.*, 9.43），但没有给出详细的描述；它可能也是一种"狗鱼"。在神话中，狗与水中的神灵有关，例如爱尔兰的努阿达，相当于不列颠的诺顿斯（或诺登斯），曾在现在的利德尼公园（位于格洛斯特郡，在塞文河畔）周边地区受到崇拜③；又如女神科文提娜④，在诺森伯兰郡的卡劳堡有她的圣井。此外还有许多例子。威廉姆斯（'Of Beasts', 73）认为，这些"水狗"其实就是水獭；在爱尔兰，水獭被称为"madra uisce"，即"水犬"之意。其他名称还包括爱尔兰语的"eascú""eascann"，"瀑布猎犬"，以及**多瓦库**。1635

---

① 本书在这里引用的 1601 年版英译本的译文为"残忍、不幸而狡猾的怪物"，但老普林尼的拉丁语原文仅为"maleficae bestiae"，即"有害的动物"。
② 拉丁语原文为"vulpes marinae"。
③ 20 世纪初，考古学家在利德尼公园（Lydney Park）挖掘出一个罗马时代的遗址，其中最重要的发现是一个罗马化的凯尔特人的神殿，神殿供奉的是凯尔特神话中的海神诺登斯（Nodens），又名诺顿斯（Nodons），他在爱尔兰叫努阿达（Nuada）。
④ 科文提娜（Coventina），在罗马征服时期受不列颠人崇拜的井与泉之女神。在卡劳堡（Carrawburgh）出土的罗马遗迹中有一个她的神殿。

年，有人曾在顿河[1]目击到一只怪物，据说它有"狗头，人的身体、手臂和手，以及一条鱼尾"。（Bassett, *Legends*, 212）在纹章学中，海犬"被描绘为外形像猎犬、尾巴像河狸，脚上有蹼，身体布满鱼鳞，一条类似波浪边的鳍沿着脊背，从头一直延伸到尾"。（Vinycomb, 275）纹章学专家福克斯-戴维斯（Fox-Davies）注道，这只动物实际上是古人在试图描绘河狸。爱尔兰姓氏"麦克纳马拉"（MacNamara）是英语化的"Mac con mara"，即"Mac Con na Mara"（海猎犬之子）的缩写。

## 海鹰｜Sea Eagle

这种生物的拉丁语名称为"Aqulia Marina"，出自皮埃尔·贝隆于1553年出版的《水生动物》、阿尔德罗万迪于1613年出版的《鱼类》（*De Piscibus*）等书。它只不过是普通鲼（学名为 *Myliobatis aquila*），但它的两个标本都已被炮制成更夸张的面貌。鲼广泛分布于东大西洋，包括北海和地中海沿岸，有一条长长的、鞭子般的尾巴。贝隆的标本被认为是**简尼·翰易韦**的一个最早案例。

## 海中象｜Sea Elephant

几乎每种陆地动物好像都能被冠以"海"的前缀，于是老普林尼又加了一些进去："海中象和海公羊生有突出的牙齿，它们的角也和陆上的对应动物的角相同，但是颜色呈白色，就如前述的牙齿一样。"[2]（*Nat. Hist.*, 9.4）

---

[1] 苏格兰的顿河。
[2] 需要注意的是，这种生物不一定是海象科的海象。

## 海兔 | Sea Hare

"海兔"的拉丁语为"Lepus Marinus",是一种生活在印度周边海域的有毒鱼类。据老普林尼记载(*Nat. Hist.*, 9.48):"在印度洋中有着名叫'海兔'的生物,哪怕只是触碰它,毒液都会通过皮肤渗入体内,使人上吐下泻,但它的毒性并没有强到足以致死。在我们的海洋里,也有一些不定型的块状生物,它们只有颜色像兔子;生活在印度洋的种类不仅颜色像,就连形状和毛皮也像,只是毛皮更加粗糙。它不可能被活捉。"实际上,海兔是一种大型的海蛞蝓(海洋腹足纲软体动物),其中最大的种类为黑海兔(学名为 *Aplysia vaccaria*),可以长到 75 厘米长、14 公斤重。

## 海僧侣 | Sea Monk

在罗伯特·柯克[①]于1692年记载的仙灵传说中,他以顺带一提的态度写道:"有些鱼有时看起来就像海里的修会僧侣,戴着兜帽、穿着袍子。"(Kirk, *Sec. Com.*, 49)关于这种鱼,更早的记载出自纪尧姆·朗德雷,时间是 1554 年:"在一场大风暴过后,一只海洋怪物被冲上挪威的海岸。目睹它的所有人都会情不自禁地给它冠以'僧侣'这个名字:它有一张男人的脸,看起来粗野而下流,头顶全秃,闪闪发亮。它肩部的某些结构类似僧侣的兜帽,长长的小翼代替了手臂,身体在末端终结于一条尾巴。"(转引自 Bassett, *Legends*, 206-7)参见**海主教**。

---

[①] 罗伯特·柯克(Robert Kirk,1644—1692),苏格兰牧师、民俗学家,以对仙灵传说的研究闻名。

## 海怪 | Sea Monster

在汹涌的大海和澎湃的波涛中，水手会看到他们几乎难以描述的景象：某些庞然大物，它们巨大的鳍片切开咸水、喷出的水柱直达天空，身体像岛屿一样大，同时还有着巨大的喉咙。他们发明了一些名字来称呼其中的一些生物：**巴莱纳**、**菲塞特尔**、**鲸类**，等等。但是对于其他的生物，他们似乎没有语言可以形容——除了"海怪"这个词之外。根据可以上溯到公元前 2000 年的巴比伦创世史诗《埃努玛·埃利什》记载，整个宇宙是用海怪**提亚玛特**的身躯创造的，她就是旧约《圣经》中的大海怪**利维坦**的原型。因此，对古人来说，海水代表着原始的混乱和邪恶；1 世纪下半叶，老普林尼写道（*Nat. Hist.*, 9.5），当提贝里乌斯皇帝治世之时（14—37 年），"在路格杜努姆行省①岸边的一个岛上，退潮之后，有多达三百只怪物搁浅在岸上，它们形形色色的形状和巨大的身躯都非常惊人。在桑托内斯②海岸也搁浅过同样数量的海怪"。普林尼还引用一个名叫图拉尼乌斯（Turanius）的人的报告称："一只怪物搁浅在加的斯海岸，它在两片鳍之间有一条长十六肘的尾巴，还有一百二十颗牙齿，其中最长的牙齿长四分之三尺③，最短的长半尺。"普林尼继续写道："在玛尔库斯·斯考鲁斯（M. Scaurus）任营造官时④，他在罗马举办了一场奇物展，其中有一具据说是曾出现在安德洛美达⑤故事中的怪兽的骸骨，它

---

① 路格杜努姆高卢行省（Gallia Lugdunensis），今法国中部及布列塔尼半岛一带。
② 桑托内斯（Santones），今法国西部圣特市（Saintes）一带。
③ 罗马尺，1 尺约合 30 厘米。
④ 公元前 58 年。
⑤ 安德洛美达（Andromeda），希腊神话中的埃塞俄比亚公主，在即将被献祭给一只海兽（ketos）的时候被骑着珀伽索斯而来的珀尔修斯所救，之后嫁给了珀尔修斯。

海怪（1662年）：I. 特里同；II. 海僧侣；III. 海主教；IV. 海萨提尔

海怪（约 1544 年）

是从犹地亚（Iudaea）的雅法城运来的。它全长超过 40 尺，肋骨比印度的大象还高，脊柱直径 1.5 尺。"普林尼还描述过一些长得像树木和车轮的怪鱼："加的斯湾中最大的动物是一条长得像大树的鱼。它的枝条伸展得极为宽广，以至于人们相信，它无法从直布罗陀海峡里进出。还有一种长得像车轮，因此被称为'海车轮'的鱼，它们的外形非常独特，从身体辐射出四根辐条，在'车轮'的中央两侧有两只眼睛。"在普林尼之后不久，拔摩岛的约翰撰写了《启示录》，其中就出现了**从海中上来的兽**。在希腊和罗马神话中，海洋里住着许多千奇百怪的怪物，它们大多是普通的陆地动物，但是长着一条发达的鱼尾，例如半鱼羊（Aigikampos）、**半鱼马**（Hippocampus）、**半鱼狮**（Leocampus）、半鱼豹（Pardalocampus）、半鱼牛（Taurocampus）；它们的名字都基于"kampos"（弯曲）这个词根，参见**坎珀**。

## 海鼠 | Sea Mouse

根据冰岛的民间传说，大西洋银鲛，又名"海鼠"或"兔鱼"（rabbit fish），是一种不可忽视的**海怪**。据说，它的嘴十分巨大，足能一口吞下一艘小船。幸运的是，人们经常可以提前发现它，因为它的速度是如此之快，以至于会使自己前方的海水冒出泡沫。它会一直把小船追到岸上，即使向它连续开枪，它也会毫发无伤地乘着下一波浪潮游回海中。（Davidson, 'Folk-Lore', 328-9）

## 海蛇 | Sea Serpent

又称海**龙**。最初及最大的海龙就是巴比伦神话中的**提亚玛特**，它可以追溯到公元前三千纪的苏美尔神话。当然，除此之外，还有更多的例子。1世纪的老普林尼描述过一种名叫"Cornuta"的有角海蛇："有一种鱼得名于它的角[①]，它会把角抬出海面1.5尺[②]高。海龙如果被扔在沙上，会以惊人的速度用鼻尖给自己挖洞。"（*Nat. Hist.*, 9.27）我们不完全清楚他描述的是哪种鱼。同时，普林尼（9.48）也谈到了另一种海洋生物，他称之为"海中的龙或蜘蛛"，浑身都是毒刺。塞维利亚的伊西多尔也称海龙（draco marinus）"手臂上有刺，尾巴上也覆盖着刺"（*Etym.*, XII.6.42）。这种生物被译为"鳄鳝"（"weever""weever fish"），包括鳄鳝科

---

① "Cornuta"即"有角的"。
② 约45厘米。

（Trachinidae）下的几个已知具有毒刺的种类，其中大龙䲢的学名为 Trachinus draco。进入现代之后，关于海龙的证据比巴比伦时代更加丰富；1749 年的《绅士杂志》(Gentleman's Magazine) 刊登了一则关于海蛇的新闻，它有翅膀、两条腿，腿上有蹄子，可谓部件齐全，而且配有插图。当时它显然正在各郡巡展；一个渔民声称，他在萨福克郡的海边捉到它时，因为它骇人的撕咬而失去了一条手臂。一个敏锐的观察者爱德华·多诺万[①]发现，它是将扁鲨（学名为 Squalus squatina）的皮扭曲后制造出来的**简尼·翰易韦**。1861 年，一只类似的怪物以"**非凡之鱼**"的名义被展出；1845 年，阿尔伯特·C.科赫先在纽约，然后在德国的德累斯顿展示了他那巨大的"已灭绝的海洋物种"**西利曼海蛇**；但它们也并非全部都是骗局，参见**彭托皮丹海蛇**。

### 塞琉希德斯 | Seleucides

这是一种会吃蝗虫的鸟，会在人们需要它的时候（蝗灾时）出现。根据老普林尼的记载（Nat. Hist., 10.39）："当卡德穆斯山（Mount Cadmus）上的人们遭到蝗灾时，他们向朱庇特求助，请他派这种鸟来。没有人知道它们是从哪里来的，然后又去了哪里；除了在需要帮助的时候之外，人们从来都无法见到它们。"1800 年，弗朗索瓦·玛利·多丹[②]将这个名字用作十二线极乐鸟的学名（Seleucidis melanoleucus），它是十二线极乐鸟属（Seleucidis）中唯一的物种。

---

① 爱德华·多诺万（Edward Donovan，1768—1837），盎格鲁-爱尔兰博物学作家、博物学画家、业余动物学家。
② 弗朗索瓦·玛利·多丹（Francois Marie Daudin，1776—1803），法国动物学家。

## 海豹人 | Selkie

这是一种可以变成人的海豹,最常出没于奥克尼群岛附近。海豹有两种,常见的海豹,或称"当鱼"(tang fish),没有变成人的能力,但体形更大的海豹——髭海豹、环斑海豹、竖琴海豹、冠海豹、灰海豹——都包含一个"海豹人族群"。它们的起源说法不一:犯的罪行太琐碎而不值得堕入地狱的堕落天使、因为违反了某些禁忌而被罚作海豹的人类,或者它们本来就是海豹,但能变成人形。(Dennison, 'Selkie', 171-7)

## 森穆夫 | Senmurv

参见骏鹰。

## 塞普斯蛇 | Seps

这是一种毒液能够溶解血肉的神奇蛇类。在1世纪,卢坎最早描述了这种怪物:"塞普斯蛇的毒液/会使血肉与身躯腐烂。"他描述了加图[①]军中某个叫萨贝鲁斯的士兵在利比亚沙漠中被咬伤后的命运:"紧贴在他的皮肤/尖牙弯曲的、小小的塞普斯蛇,/他抓住、扯下,将它扔在沙上,/用投枪刺穿。蛇的身躯很小,/却能带来最可怕的死亡,/伤口周围的肉体迅速溶解,/露出苍白的骨头,使肢体血流如注;/破坏了小腿和膝盖的组织,/所有肌肉都从大腿上剥落,/化为黑色的液体;筋膜和腱鞘/分离开来,不

---

① 玛尔库斯·普尔奇乌斯·加图(Marcus Porcius Cato,前95—前46),通称小加图(Cato Minor),罗马政治家,优利乌斯·凯撒的死敌。当时他正在非洲整备军队,准备对抗凯撒。

再约束他的器官。/内脏流淌在地上,但这还不是全部;/在毒液的作用下,他的身体分崩离析,/构成他的所有肌肉颓然而落,/变成浆液;他胸部的框架/已空,成为空腔,失去了里面的所有部件,/那些支持人体生命的器官……"(*Phars.*, 9, ll 848-9, 896-913)在 7 世纪,塞维利亚的伊西多尔延续了塞普斯蛇的恐怖传说。他写道:"致命的塞普斯蛇会迅速吞噬一个人,受害者会在它的嘴里液化。"(*Etym.*, 12.4.17)

## 塞拉皮斯 | Serapis

塞拉皮斯是一位**蛇**身人首的多功能神祇。他是被人造出来的复合神,由埃及的奥索拉皮斯(Osorapis,奥西里斯+**阿庇斯**)和许多希腊神祇(宙斯、哈迪斯、赫利奥斯、狄俄尼索斯、阿斯克勒皮俄斯等)混合而成。有证据表明,他是自托勒密一世(前305—前 282 年在位)的时代开始受到崇拜的。[①](Shaw and Nicholson, *Dict. Anc. Eg.*, 261)

## 蛇 | Serpent

古人相信,蛇是由死人脊椎里的脊髓变成的。这归因于公元前 6 世纪的毕达哥拉斯,以及奥维德在《变形记》里的记载(15.389-90):"有些人相信,在坟墓被关闭、尸体的脊椎腐烂之后,人的脊髓会变成一条蛇。"老普林尼也听说过这个故事,他把同样的记载写在了《自然史》里,还补上一句"可能是这样"。7 世纪

---

① 托勒密王朝是统治埃及的希腊化王朝,这个神代表着统治者希望将希腊人与埃及人的信仰融合为一的政策。

不同种类的蛇(1784年)

时，塞维利亚的伊西多尔又重复了一遍，同时添加了不协调的内容：“有人说，蛇不敢触碰赤身裸体的人。”（*Etym*., 12.4.48）罗马诗人兼政治密谋者卢坎解释了北非毒蛇的毒性来源：“这种恶毒的性质最初来自［美杜莎的］身体／产生这些令人厌恶的害虫；首先从她的嘴里／毒蛇的舌头发出咝咝和嘎嘎的响声；／她的头顶盘结了一大堆毒蛇。”（*Phars*., 9, 739-41）各种著作叙述了很多不同寻常的乃至属于"幻兽"的毒蛇：有两个头的**双头蛇**，会把耳朵贴在地上的**阿斯庇斯蛇**，有角的**角蝰**，会带起烟雾的**水陆蛇**，**海莫罗霍伊斯蛇**，会飞的**投枪蛇**，口内潮湿的**普瑞斯特尔蛇**，会使血肉融化的**塞普斯蛇**，孤雌生殖的**梯林斯蛇**，希腊历史学家希罗多德还描述了一种会飞的蛇（见下一个词条）。**鸡蛇**被称为"蛇王"。很多神和女神也有蛇的属性，例如**阿匹卜**、**格里肯**、**赫普提特**、**奎扎尔科亚特尔**、**塞拉皮斯**、**瓦切特**（参见**乌拉埃乌斯**）。将蛇与**龙**混淆的情况十分普遍。

## 翼蛇 | Serpent, Winged

公元前 5 世纪，希罗多德记载了某种他目睹的"阿拉伯的翼蛇"（*Hist*., 2.75）："有一次，我去了位于阿拉伯，几乎正对着布托城的一个地方。去打听关于翼蛇的事。到达那里之后，我见到了难以计数的蛇的肋骨和脊椎。它们在那里堆积了许多堆，有的巨大，有的较小，有的更小。蛇骨堆积的地方位于陡峭山间的狭窄峡谷的入口，通过峡谷，就是一片广阔的平原，与埃及的大平原直接相连。据说，当春天到来时，翼蛇便从阿拉伯飞往埃及，但朱鹭会在这个峡谷拦截它们，把它们悉数杀尽。阿拉伯人断言，而埃及人也承认，由于朱鹭的这种行为，他们非常崇敬这种鸟。"布托（Buto）是一个古老的埃及城市，现已毁灭，位于亚历山大里亚以东约 95 公里处。它的守护神是蛇头的**瓦切特**女神，代表她的象形文字是眼镜蛇。在 7 世纪，塞维利亚的伊西多尔以扭曲的形式重述了这个故事（*Etym.*, 12.4.28）："在阿拉伯，有一种叫塞壬的蛇长着翅膀。它们不仅比马还快，而且会飞。其毒性强劲，如果被它咬上一口，死亡会比痛觉更快到来。"希罗多德著作的译者乔治·罗林森（George Rawlinson，1812—1902）认为，这种"翼蛇"实际上是蝗虫。

## 塞尔凯特 | Serqet

亦称"Serket""Selqet"，是古埃及的蝎子女神。她站在邪恶势力一边，但也会在来世与伊希斯一起帮助死者。伊希斯因此也与蝎子发生联系，据说，蝎子永远不会去蜇在伊希斯神庙里崇拜过她的妇女。（Budge, *Gods*, 377-8）

## 塞特 | Set

塞特是古埃及的一位动物头神祇。他是塞布和努特[①]的儿子，奥西里斯、伊希斯和奈芙蒂斯（Nephthys）的兄弟。根据一些记载，他同时也是奈芙蒂斯的丈夫、**阿努比斯**的父亲。就像荷鲁斯代表光明的力量那样，他代表黑暗的力量；后来他被等同于**提丰**。尚不清楚这个名字的词源，但既然荷鲁斯的意思是"在上方者"，塞特的意思就可能是"在下方者"。此外，他的动物头也很神秘，就像骆驼，但耳朵有时长而尖，有时呈方形。在被描绘为完全的动物造型时，他有四条腿，身体像狗或豺，尾巴伸直或直立，在末端分成两股。没有人知道这是什么动物，人们只是简单地把它称为"塞特动物"，或称

---

[①] 塞布（Seb），又称盖布（Geb），埃及神话中的大地之神；努特（Nut），埃及神话中的天空女神。

"Sha"。其他某些动物也与塞特有关：神话生物**阿克库**、**阿匹卜**（阿波菲斯）、驴、鳄鱼、河马、猪、乌龟，等等。（Budge, *Gods*, 241ff.）

## 七只吹哨鸟 | Seven Whistlers

参见**吹哨鸟**。

## 沙米尔 | Shamir

根据犹太传说，沙米尔是耶和华在创世第六天的黄昏创造的。它只有一个大麦粒大，但硬度甚至可以切割钻石。[1] 它被用来把十二个支派的名字雕刻到镶于大祭司胸牌的宝石上[2]。由于律法禁止使用铁器，沙米尔也被用于凿出建造所罗门圣殿的石头[3]。直到所罗门需要用它的时候为止，它都在天堂里被守护着，裹以羊毛，放入装满大麦的铅制容器[4]。当圣殿被毁时，沙米尔也不见了踪影。参见**塔哈什**。（Ginzberg, *Legends Jews*, I, 34）

## 舍杜 | Shedu

这个名字的阿卡德语形式为"šēdu"。它是一只巴比伦神话中的恶魔，形象为生着人头的有翼公牛。它起初会毁坏建筑，后来被用来保护建筑免遭其他恶魔和人类敌人的破坏。这个名字也见

---

[1] 具体地说，是一种蠕虫或物质，不见于《圣经》，出自《密西拿》《塔木德》等犹太教神学典籍。
[2] 参见《圣经·出埃及记》28:4-21。
[3] 参见《圣经·出埃及记》20:25、《列王记上》6:7。
[4] 因为除此之外，无论用任何盛法，容器都会在沙米尔的威力下破碎。

于魔法文献。它与**拉玛苏**组成一对。( Jastrow, *Rel. Bab.*, 263-4, 257, 290; Mackenzie, *Myth. Bab.*, 65 )

## 披壳精 | Shellycoat

这是苏格兰传说中的一种水中精魂,它全身都包裹在壳里,故得此名。① 雅各布·格林认为它与德国的 "Schellenrock"(披钟者)有关。它呈现出明显的人形,但极其巨大;它噼啪作响的外套会让最大胆的心灵也感到恐惧。这种精魂遍布苏格兰各地,但有两处地方尤为著名:葛林伯里(Gorinberry)的老宅,位于利兹代尔(Liddesdale)的赫米蒂奇(Hermitage)河边;爱丁堡的利斯港(Leith)的老码头,那里曾有一块"披壳精之石",直到码头重建时才被移走。( Douglas, *Scot. Fairy*, 181-2; Campbell, *Hist. Leith*, 223; Grimm, *Teut. Myth.*, 479 )

## 肖皮尔提 | Shoopiltee

这是设得兰群岛的一种**水马**,外观类似设得兰矮种马。和其他水马一样,肖皮尔提也喜欢吸引人类骑到自己身上,再冲进附近的水域,淹没骑手。人们可以用一杯啤酒作为对这种恶灵的供奉。( Kohl, *Travels*, 200; Thorpe, *North. Myth.*, II, 22, 209 )

## 西嘎弗噗 | Siggahfoops

这是一种类似秧鸡的鸟,可以在月光下或凌晨时分看到。它

---

① "Shellycoat" 即 "coat of shells"。

可以被"声音坚决、文字押韵的朗诵"哄骗而抓住。当然，这是一个恶搞；有个叫"R.L."的人把这份恶搞文字送到《苏格兰田野》(*Scottish Field*)，奇怪的是，《苏格兰田野》居然把它发表了出来。

## 骏鹰 | Simurgh

亦称"Senmurv"，源自中古波斯语（钵罗婆文）的"Sênô-mûrûv"、阿维斯陀语的"Saênô Mereghô"。这是一种神话中的鸟类，经常被翻译成"**狮鹫**"，被描述为"狗鸟"或"孔雀龙"。据信，它会给自己的幼仔哺乳，并且是"三种性质的生物，就像蝙蝠"。(West, *Pahlavi*, 112) 在 11 世纪的波斯史诗《列王纪》中，我们读到："这里矗立着远离人类侵扰的阿尔伯尔兹（Alberz）山，它的山巅高触星辰；从来没有凡人的脚步踏足山顶，在那山顶有骏鹰将巢筑起。骏鹰，奇迹之鸟，用乌木和檀木筑巢，并熏以沉香，使巢穴与王者的身份相称，而土星的邪恶也无法触及那里。"（Zimmern, *Epic*, 34-5）

## 塞壬 | Siren

通常以复数提及。塞壬最早在公元前 8 世纪，荷马的《奥德赛》中出现，但它们无疑基于更古老的口头传统。《奥德赛》讲述了奥德修斯的冒险，他在特洛伊陷落（《伊利亚特》的主题）后试图回国。在赫尔墨斯的帮助下，他战胜了女巫喀耳刻，喀耳刻告诉他该如何躲避塞壬及其他危险。"……建造精良的船只这时已迅速来到塞壬们的海岛近前，因为有顺风推送。顷刻间气流停止吹动，海面呈现一片寂静，恶神使咆哮的波涛平息。同伴们只好站起身来，放下风帆，把帆放进空心船里，再纷纷坐上各自的桨位，用光滑的船桨划动海面。这时我用锋利的铜器把一块大蜡切成小块,伸开强健的大手压揉,蜡块很快熔软,由于双手的强力和许佩里昂之子赫利奥斯的光线;我用它把同伴们的耳朵挨次塞紧。他们让我直立,把我的手脚捆绑在快船桅杆的支架上,用绳索牢牢绑紧,自己再坐下,用船桨划动灰暗的海面。当我们距离那海岛已是呼声可及时,我们迅速前进,但塞壬们已经发现近旁行驶的船只,发出嘹亮的歌声:'光辉的奥德修斯,阿开奥斯人的殊荣,快过来,把船停住,倾听我们的歌唱。须知任何人把乌黑的船只从这里驶过,都要听一听我们唱出的美妙歌声。欣赏了我们的歌声再离去,见闻更渊博。我们知道在辽阔的特洛亚,阿尔戈斯人和特洛亚人按神明的意愿忍受的种种苦难,我们知悉丰饶的大地上的一切事端。'她们这样说,一面发出美妙的歌声,我心想聆听,命令同伴们给我松绑,向他们蹙眉示意,他们仍躬身把桨划。佩里墨得斯和欧律洛科斯随即站起身,再增添绳索把我更加捆牢绑紧。"荷马并没有描述塞壬的外貌,但在后来的希腊艺术中,它们被刻画为长着女性头部的鸟类。一只制于公元前490年前后的储酒罐(现藏于大英博物馆)上的瓶画就描绘了两只塞壬栖息在危崖之上,而第三只正向奥德修斯的船俯冲过去的场景。

在公元1世纪,罗马作家老普林尼提出了质疑:"我不相信塞壬的真实性。尽管克利塔尔库斯的父亲——著名作家狄农肯定这种鸟的存在,还说它们栖息在印度……"(*Nat. Hist.*, 10.49)对塞维利亚的伊西多尔来说,塞壬是一种奇异的蛇类:"在阿拉伯,有一种叫塞壬的蛇长着翅膀。它们不仅比马还快,而且会飞。其毒性强劲,如果被它咬上一口,死亡会比痛觉更快到来。"这无疑源自希罗多德对有翼的蛇类的记载(参见**翼蛇**)。博物学著作对塞壬的记载一直持续到17、18世纪,但它们鸟类的特征已被水生动物的特征取代。丹麦医生托马斯·巴托林(Thomas Bartholin,

塞壬（13世纪）

1616—1680）最著名的事迹是发现了人体的淋巴系统，但他也曾试图分类出一种海洋动物"homo marinus"（"海人"），他称其为塞壬。他对各种案例进行了冗长的描述，甚至给出了一个秃顶、有着人类女性胸部的类鱼动物的例子（*Hist. Anatom.*, 169ff.）。瑞典博物学家、被称为"鱼类学之父"的彼得·阿特迪在他的著作《鱼类学原理》（*Philosophia Ichthyologica*，1738年）中写道："身上只有两片鳍，都长在胸前。没有尾鳍。头部、颈部、胸部直到肚脐，都具有人类外观。"（81）阿特迪的朋友卡尔·冯·林奈将塞壬收入了出版于1740年的《自然系统》第二版，放在"**悖理动物**"条目下。尽管沿用了早先的分类标准，但他仍然对此持怀疑态度："没有人见过活的，也没有人见过死的；连可靠、完整的描述都没有，这很值得怀疑。"（66）参见**人鱼**。

### 斯约哈斯腾 | Sjöhästen

参见**巴克阿斯特**。

### 斯克里克 | Skriker

参见**特拉斯**。

### 史莱普尼尔 | Sleipnir

"史莱普尼尔是最好的马，为奥丁所有，身生八足"；在古诺尔斯语中，这个名字的意思是"滑走者"或"能滑走者"，暗示的是它的迅速，而不是意外滑倒。史莱普尼尔是一匹八足的灰马，其主人为北欧神话中的主神奥丁，据说它的牙齿上刻有如尼符文（Grimm）。

有两幅关于史莱普尼尔的图像（瑞典哥特兰岛上的两块石刻）可以确凿无疑地追溯到 8 世纪，关于它的书面记载出现在 12 和 13 世纪——萨克索·格拉玛提库斯①的《丹麦人的事迹》（12 世纪）、《赫瓦尔和海德里克萨迦》②（13 世纪），尤其是斯诺里·斯蒂德吕松③的《散文埃达》（约1200年）。史莱普尼尔是神祇洛基和神奇的牡马**斯瓦迪尔法利**的后代（洛基以一匹母马的形态生下了它）。冰岛的奥斯比基（Ásbyrgi）峡谷也被称为"史莱普尼尔的蹄印"，民间传说的解释是，这个马蹄形的峡谷是史莱普尼尔的一个蹄子接触地面而形成的。过去的瑞典农民会将一捆谷物留在田里，作为给史莱普尼尔的草料（Grimm; Thorpe），但有人（Davidson）怀疑这种说法。史莱普尼尔的八足是它强大的奔跑能力的象征性表现，它经常被北欧神话作品称为最出类拔萃的动物。在《散文埃达》中，我们读到"奥丁是亚萨神族中的最优秀者，而史莱普尼尔是马中的最优秀者"，"它是整个神界和凡界中最好的马"。然而，史莱普尼尔双倍的马足也暗示了它拥有在生者和死者两个世界之间移动的能力，当神祇巴尔德④梦到自己的死亡之后，奥丁便是骑着史莱普尼尔到处寻找答案的。在巴尔德被杀之后，奥丁的儿子赫尔莫德（Hermódr）也是骑着史莱普尼尔去冥界寻找他的灵魂的。

---

① 萨克索·格拉玛提库斯（Saxo Grammaticus，约 1150—约 1220），丹麦历史学家、神学家、作家。从上古时代写到 12 世纪下半叶的史书《丹麦人的事迹》（*Gesta Danorum*）是其最主要的著作。
② 《赫瓦尔和海德里克萨迦》（*Saga of Hervör and Heidrek*），成书于 13 世纪的一部萨迦，内容认取材于数部更古老的萨迦，保留了许多古代（可能古至 4 世纪上半叶）日耳曼民族的传说和历史文化资料。
③ 斯诺里·斯蒂德吕松（Snorri Sturluson，1179—1241），冰岛历史学家、政治家、诗人。《散文埃达》（*Prose Edda*）是其最重要的著作，记载了大量北欧神话和英雄传说。
④ 巴尔德（Baldr），北欧神话中的光明之神。他在洛基的计谋下，被自己的孪生兄弟、黑暗之神霍德尔（Hodur）杀死。巴尔德死后，奥丁遣神使赫尔莫德去冥界索取他的灵魂，但仍归于失败。

H. R. 伊利斯·戴维森<sup>①</sup>认为，史莱普尼尔的八足是一种隐喻，暗指葬礼上由四人（共有八只脚）所抬的棺材。我们应当补充一点，它的速度也是一种隐喻，因为没有什么能够快过死亡："死者疾行骑驰。"（Grimm）奥丁本人也是一位死神，他会在狂猎时引导死者的灵魂飞过天空。史莱普尼尔的灰色毛色同样使它与死亡产生联系；基尔斯滕·沃尔夫<sup>②</sup>指出，在挪威的萨迦中，死神会骑着灰马在人物的梦中出现，预示他们的死亡；在更广泛的意义上，灰色也象征着超自然的力量。赫尔穆特·尼克尔<sup>③</sup>更是将骑史莱普尼尔的奥丁联系到了天启四骑士："死亡"骑的是灰马。绞刑架曾被称为"haorva Sleipnir"（"史莱普尼尔的亚麻绳"），因为它会把骑手带向死者之国。（参见 Hagen, 'Origin and Meaning', 61）

如果把目光投向萨满教，我们会发现雅库特传说中的**阿巴塞**（邪恶的精魂）也是仅有一只眼睛，骑着八条腿的马，就像骑着史莱普尼尔的奥丁。俄罗斯人类学家 L. P. 波塔波夫<sup>④</sup>还记载过，西伯利亚的萨彦-阿尔泰（Sajan-Altai）<sup>⑤</sup>地区的萨满会将"bura"（"幽灵马"）画在他们的鼓上，好让它们载着萨满进行灵魂之旅。这些马通常被涂成红、白、黑，以及灰色（就像史莱普尼尔），那是代表四方的颜色。早在1934年，奥托·霍夫勒<sup>⑥</sup>就认为史莱普尼尔和萨满教中的"灵魂之马"有所关联。通古斯族的萨满还知晓

---

① 希尔达·罗德里克·伊利斯·戴维森（Hilda Roderick Ellis Davidson，1914—2006），英国古物研究家、专攻日耳曼和凯尔特异教文化的学者，对北欧神话的研究和介绍贡献甚大。
② 基尔斯滕·沃尔夫（Kirsten Wolf，1959—　），丹麦古典文学家。
③ 赫尔穆特·尼克尔（Helmut Nickel，1924—2019），德国艺术史学家。
④ 列昂尼德·帕夫洛维奇·波塔波夫（Leonid Pavlovich Potapov，1905—2000），俄罗斯人类学家，专注于西伯利亚南部的人类学研究。
⑤ 位于西西伯利亚及中西伯利亚南部，俄罗斯与中国、蒙古的边境一带。
⑥ 奥托·霍夫勒（Otto Höfler，1901—1987），奥地利古典文化研究家，专攻日耳曼文化。

史莱普尼尔（700—900 年）

一头"八条腿的麋鹿"。（Davidson, *Pag. Scan.*, 125; Grimm, *Teut. Myth.*, II, 656, 844; Höfler, *Kult.*, 234ff; Nickel, 'And Behold', 179-83; Potapov, 'Pferdekult', 473-88; Sturluson, 'Gylfaginning', § 15, 41, 42, 49, *Prose Edda*, 28, 53, 55, 72; Thorpe, *North. Myth.*, 50; Wolf, 'Color Grey', 235）

## 蛇类 | Snake

参见蛇。

## 蛇石 | Snakestone

既不是蛇，也并非总是石头——蛇石是一种稀奇的混合物，由富有想象力的误认和魔法结合而成。有两种蛇石：1. 螺旋形的菊石类化石，会让人想到盘卷的蛇；2. 据说由蛇头变成的石头。约克郡的惠特比（Whitby）蕴藏着丰富的菊石化石，从而催生了许多当地传说以解释它们的存在：在 7 世纪中叶，圣希尔达[①]为了清理她的修道院的地基，把所有的蛇都变成了石头，因此当地的蛇很少，蛇石很多。至于这些蛇石没有头，则是出于圣卡斯伯特[②]的诅咒。然而，当地的收藏家和经销商却经常在蛇石上刻出蛇头以"恢复原貌"，大英博物馆就藏有一个很好的例子。关于第二类，17 世纪的旅行家让-巴蒂斯特·塔维涅（Jean-Baptiste Tavernier, 1605—1689）曾描述过他在印度见到的蛇石："它们的大小类似双达布隆[一种西班牙金币]，其中一些趋向于椭圆形，中间厚，向边缘逐渐变薄。印度人说，它是某些蛇的蛇头。"（*Travels*, II）但塔维涅宁愿认为它们是人工制造的。根据其他记载，这些东西的成分似乎是将某种植物的根烧成灰，然后再与黏土混合而成。这种黏土通过焚烧骨头制得；或者，根据孔兹[③]的记载（'Madstones'），不是骨头，而是竹黄（一种取自竹节的白色物质）。这种石头是治疗毒蛇咬伤以及一切带毒伤口的良药，包括毒箭造成的伤口。（Bassett, 'Formed Stones', 2-17）

## 斯芬克斯 | Sphinx

这是埃及神话和希腊神话中的一只怪物，其名源自希腊语

---

① 惠特比的希尔达（Hilda of Whitby，约 614—680），基督教圣徒，曾在惠特比建立修道院。
② 圣卡斯伯特（St. Cuthbert，约 634—687），基督教圣徒。
③ 乔治·弗雷德里克·孔兹（George Frederick Kunz，1856—1932），美国矿物学家、矿石收藏家。

的"σφίγγω"（扼杀者）。埃及版的斯芬克斯为男性、无翼，希腊版的为女性、有翼，这是二者的主要区别。这一区别使希罗多德（*Hist.*, 2.175）称埃及版的斯芬克斯为"ἀνδρόσφιγξ"，"anthrosphinx"（人首的斯芬克斯），它的其他版本还有"criosphinx"（山羊首的斯芬克斯）、"hierarcosphinx"（隼首的斯芬克斯）。位于埃及吉萨的大斯芬克斯像（狮身人面像）是这只怪物最古老的形象，同时也是最古老的纪念性雕像，远至古王国的法老卡夫拉（Chephren）统治的年代（约前2558—约前2531年），但它原本的名字没有流传下来。在新王国时期（约前1550—约前1077年），它被称为"Hor-em-akhet"（地平线上的荷鲁斯），经过希腊式转写，就是"Harmachis"。在狮身人面像的爪子之间有一座神殿，里面有一块红色花岗岩石碑，碑文的内容是一个梦，讲述了关于斯芬克斯的传说，做梦者一般认为是图特摩斯四世。石碑的时代据说可以追溯到公元前1400年，无疑比狮身人面像晚得多，但依然属于极为遥远的古代。碑文的一部分是："这座庞大的雕像从活着的岩石中凿出，他有一张坚定而威严的人脸，面向冉冉升起的太阳；他的身躯是狮子，额头上挺立着会带来死亡的蛇，这条蛇随时准备发起攻击。人们称这座雕像为'Harmachis'，狮身人面像，恐怖之父。这座伟大而崇高的神像坐在他所选择的地方；他力量强大，因为太阳的阴影停留在他的头上。孟菲斯和它旁边所有城市的神殿都崇拜他，他们伸出手去，向他表示崇拜，在他面前献祭、奠酒。"[①]（Murray, *Anc. Egyp. Leg.*, 21）至于古代希腊人的"致命的斯芬克斯"，最早出自赫西俄德写于公元前700年左右的《神谱》。它是**提丰**和**厄喀德娜**的后代。伪阿波罗多洛斯写道："她长

---

[①] 本书引用的碑文译文非常老旧（Murray的著作出版于1920年），错误甚多。更加准确的译文参见 Shaw, *The Oxford History of Ancient Egypt*, 254。

吉萨的狮身人面像（1878年）

着女人的脸，狮子的胸部、四肢和尾巴，以及鸟的翅膀。"这只斯芬克斯一直侵扰着底比斯城，只有答出她的谜语才能打败她："那只有一个声音，起初四足，后来两足，最后三足的是什么？"如果有人答错了，就会被她吃掉，底比斯因此损失了很多男人。最后，俄狄浦斯猜中了答案，从而赢得王位，同时在浑然不觉中娶了他的母亲。普林尼在《自然史》中也将某种生物称为斯芬克斯（8.30）："它有棕色的头发，胸前长着一对乳房。"现在认为，这里记载的是某种特殊的猿猴，例如黑猩猩。这也可以解释 7 世纪时塞维利亚的伊西多尔的记载，他将一种猿类命名为"斯芬克斯"。关于人类和狮子的其他组合，参见**狮头人**、**乌伽鲁**、**乌玛胡利鲁**。

## 星蜥 | Stellio

亦称"Stelliones"，源自拉丁语"stella"（星），别名"starlizard",得名于它们长满斑点的皮肤。普林尼称,它们"会像蛇一样蜕皮,然后立即将旧皮吃掉。如果行动迅速,在皮被吃掉前将它抢到手,就可以用皮来治疗癫痫。在希腊,这种蜥蜴的咬噬是有毒的,但在西西里岛的种类则不带毒"。(*Nat. Hist.*, 8.31)它只靠露水和蜘蛛为生。(11.31)普林尼还称,"星蜥"一词也被用于形容欺骗或流氓行为:"据说,没有任何生物会像它那样展现出欺骗人类的巨大恶意,因此'星蜥'已经变成了一个斥责用的贬义词。"(30.27)在希腊,这种生物被称为"ascalabos"或"ascalabotes",得名于神话中由于无礼而被德墨忒尔变成蜥蜴的少年阿斯卡拉布斯(Ascalabus)。(Ovid, *Met.* v.1.450)尽管名声不佳,但令人惊讶的是,星蜥也是一种纹章兽。约翰·博塞韦尔[①]在他于1572年出版的著作《纹章研究》(*Works of Armorie*)中写道:"星蜥是一种像蜥蜴的野兽,背上生有星形的斑点。"(Vinycomb, *Fict. Sym.*, n.p)伦敦的五金商公司(The Ironmongers' Company)的纹章护盾者就是一对星蜥。最出名的"Stallion"或称"Star lizard"是林奈于1758年记载的一种真实存在的蜥蜴,他将之命名为"星纹鬣蜥"(*Stellagama stellio*)。也有著作提到过它的一个奇怪变种:"星蜥蛇"(Stellione-serpent),是一条有黄鼬头的**蛇**,鲍姆(Baume)家族的纹章上有这种生物。它可能源自普林尼记载的奇怪偏方:把星蜥的胆囊在水里弄破可以吸引黄鼬。(29.22)

## 斯托尔虫 | Stoorworm

这是苏格兰民间传说中的一条巨型**海蛇**。据说它大到可以环绕世界半圈,单是舌头就有数百英里长,眼睛闪着红光;当它合

---

① 约翰·博塞韦尔(John Bossewell,?—1580),英国纹章学家。

上双颌时，大地和海洋都会震动。它的呼吸对所有的生物都是致命的。它可以吞下岛屿，当然也可以把苏格兰当成一顿饭；有一天，它真的这样去做了，但是却被一个叫帕特尔（Pattle）的小男孩击败——他钻进它的喉咙，把灼热的煤块倒进了它的肝。这只怪物的垂死挣扎改变了整个北方的风景，最后，它盘绕起来死去，变成了冰岛，而煤块还在它的腹内深处燃烧。它可以与那条据说能够环绕整个世界的**尤蒙刚德**相比。（Williams, *Fairy Tales*, 49-76）

## 鸮类 | Strix

这种生物的希腊语名称为"στρίξ"，"鸣角鸮"（Screech-owl），复数形式为"striges"。在古代，人们相信它会吸婴儿的血。对其最古老的描述可追溯到公元前4世纪，希腊作家波伊奥斯[①]讲述了一个关于波吕丰忒（Polyphonte）的故事——她与熊结合，生下了食人的儿子们，因此被诸神惩罚，变成了"一只在夜间嚎叫的鸮，不吃不喝，栖息时头脚倒挂。它的出现预示着战争和内乱的到来"。（引自 Oliphant, 'Story Strix', 133-4）奥维德的记载（*Fasti*, vi.131-42）更加经典："它们的头部巨大，视线固定，利喙适合掠夺，翅膀呈浅灰色，长着弯曲的钩爪。它们会在夜间飞翔，寻找没有得到照看的婴儿，让他们的身体染上血污，把他们拽出摇篮。据说，它们会用喙撕食那幼小的内脏；它们的胃被吞下的鲜血灌得饱胀。它们被称为'鸮'，这个名字的由来基于如下事实：它们惯于在阴沉凄凉的夜晚尖叫。"他留下了一个问题：这种生

---

[①] 波伊奥斯（Boios），公元前4世纪的希腊作家，著有说教诗《鸟类的起源》（*Ornithogonia*），讲述了各种人类变成鸟的神话故事。此诗现仅存残篇，但很多古代作家都引用或改写过其中的故事，其中最有名的就是奥维德的《变形记》。

物是自然抑或魔法的产物？而民间传说早已给出了答案：鸮类是变成鸟形的女巫。在奥维德的《变形记》中，美狄亚为了使伊阿宋的父亲埃宋返老还童，用鸮的双翼及血肉、狼人的内脏等令人厌恶的超自然材料炮制出了一份魔药。公元 1 世纪上半叶，塞内加[①]写道，鸮类栖息在塔尔塔罗斯的边缘。他还称它们为**路克提法**，"带来悲伤者"。普林尼在提到鸮类的时候，驳斥了一种信念，即它们会飞进打开的窗户，"把奶头塞进婴儿的嘴里哺乳"。这似乎与当时的民间传说完全相反（*Nat. Hist.*, 11.95）。在提到具体的鸮类时，普林尼会使用"Noctua""Bubo""Ulula"等词，一般认为它们分别是林奈分类法下的长耳鸮（*Strix otus*）、雕鸮（*Strix bubo*）、灰林鸮（*Strix aluco*）。普林尼称，"Bubo"是"夜间的怪物"（*Nat. Hist.*, 10.16），身边围绕着许多迷信的故事："它们总是会带来凶兆，特别是在公共占卜中出现时。它们栖息在荒漠之中，那里不仅人迹罕至，而且可怕而难以接近。它是一种怪诞的夜间生物，在叫声里完全没有悦耳的音符，而只是一声声尖嚎。因此，在城市里见到它，哪怕是在大白天见到，都被认为是不祥之兆。但我也知道几个例子，它停在私人住宅的屋檐上，却没有带来严重的后果。它从来不直线飞行，而是曲曲折折地飞。在塞克斯图斯·帕佩里乌斯·希斯特与路奇乌斯·佩达尼乌斯执政的那一年[②]，一只这种鸟飞进了卡皮托里乌姆山上的神殿，因此在该年的 3 月 7 日举行了城市净化仪式。"普林尼没有描述这种鸟的外观。被称为"鸣角鸮"的鸮类，即鸱鸮科（Strigidae）鸣角鸮属（*Megascops*）下有超过 20 个种；这个名字有时也被用来称呼仓鸮

---

① 路奇乌斯·安奈乌斯·塞内加（Lucius Annaeus Seneca，约前 4—65），罗马政治家、哲学家、诗人。
② 公元 43 年。此二人是 3 月至 7 月的执政官。

(学名为 *Tyto alba*)。奥利芬特[①]认为,在任何记载中,鸮都是蝙蝠的变形:波伊奥斯描述了它倒挂的习惯,普林尼称它会哺乳。这并不是对某种鸟类的胡乱幻想,而是在差不多很精确地暗指蝙蝠。但那已为时过晚,鸮和鸣角鸮的形象早已紧密地结合在一起,再也无法分割。(Oliphant, 'Story Strix', 133-49)

### 斯廷法罗斯湖怪鸟 | Stymphalides

这个名字的希腊语是"Στυμφαλιδες",是栖息在阿卡迪亚的斯廷法罗斯湖(Stymphalian lake)附近的一群食人鸟。对它们最早的记载来自罗德岛的阿波罗尼乌斯[②](Argonautica 2 1052ff.),时间是公元前3世纪。驱赶这些怪鸟是赫拉克勒斯的第六项功绩:"赫拉克勒斯来到阿卡迪亚,发现无法用弓箭驱赶这些浸泡在斯廷法罗斯湖里的怪鸟……他的对策是站在高处,摇动一个青铜拨浪鼓,发出喧嚣,于是,愕然的怪鸟们就尖叫起来,恐惧地飞到远方。"据说这些怪鸟是被战神阿瑞斯饲养的(Serv. ad Aen. viii. 300),它们的翅膀由黄铜制成,可以像射箭一样发射羽毛,尖喙能刺穿铠甲(Apollodorus, *Library*, ii. 5. § 2; Pausanius, *Desc. Gr.*, 8.22.4; Hyginus, *Hygini Fabulae*, 30; Schol. ad Apollon. Rhod. ii. 1053)。但另一个版本的故事称,在那里的并不是鸟,而是斯廷法罗斯(Stymphalus)城和奥尔尼斯(Ornis)城里的妇女和她们的女儿们。赫拉克勒斯认为她们对他无礼,于是就把她们全都杀死了。(Mnaseas in *Schol. ad Apollon. Rhod.* ii. 1054)

---

① 萨缪尔·格兰特·奥利芬特(Samuel Grant Oliphant, 1864—1936),美国古典学家。
② 罗德岛的阿波罗尼乌斯(Apollonius Rhodius),古希腊诗人、学者,生活时间约在公元前3世纪上半叶。

## 苏胡尔马苏 | Suhurmasu

出自美索不达米亚神话。这个词是阿卡德语，也被写作"Suhumāšu"，源自苏美尔语的"suĝur-máš"（山羊鱼），字面意思是"鲤鱼山羊"。根据巴比伦创世史诗《埃努玛·埃利什》记载，它作为对抗马尔杜克的十一只魔怪之一，被大海龙**提亚玛特**创造出来。它在黄道十二宫中的对应星座是我们所说的摩羯座。（Green, 'Note Ass. "Goat-Fish"', 25-30）

## 斯瓦迪尔法利 | Svaðilfari

这个名字在古诺尔斯语中的意思是"不幸的旅行者"，它和洛基变成的母马生下了**史莱普尼尔**。它的故事记载在成书于13世纪的《散文埃达》中：在北欧神话中的至高诸神亚萨神族取得统治权的第一天，当他们建造了米德加德之后不久，来了一个建筑工（一个巨人），他称自己可以仅用三个季节来修建一座城堡，保护诸神不受其他巨人攻击。至于回报，他要求得到女神芙蕾雅、太阳以及月亮；在反复思考之后，诸神同意了他的条件，因为洛基建议，诸神可以提出更加苛刻的条件：巨人必须在一个冬天之内建成城堡，并且不能有其他人帮忙，只可以使用他的牡马斯瓦迪尔法利。巨人答应，开始工作。然而，诸神惊讶地看到，这匹牡马完全可以实现他们的要求，在冬天只剩三天的时候，城堡几乎完全建成了——巨人肯定会在规定的时间内完成。诸神不愿放弃芙蕾雅、太阳以及月亮，所以他们把一切都怪罪在洛基头上，并用暴力威胁他，让他想办法撕毁合约。于是洛基把自己变成一匹母马，引走了斯瓦迪尔法利。建筑工对诸神的欺骗行为极其愤怒，去和诸神对质，但这时雷神托尔恰好从远方归来，直接把他的雷锤米约尔尼尔砸在了巨人的天灵盖上,送他进了浓雾之国尼弗尔海姆。"不过,洛基由于和斯瓦迪尔法利发生了那样的交往,他后来便生下了一匹灰色的八足马驹,它是整个神界和凡界中最好的马。"(Sturluson, 'Gylfaginning', §42, *Prose Edda*, 53-5)

# T

## 塔夏兰 | Tacharan

亦称"tachran""tacharain",被描述为一匹身材极小的**凯尔派**。有一些地名是以它命名的:"Clachan an Tacharain"("凯尔派浅滩"),在艾拉岛;"Poll an Tacharain"("凯尔派之池"),在佩思郡。(Carmichael, *Carm. Gad.*, II, 367; Watson, 'High. Myth.', 68)

## 塔哈什 | Tahash

根据犹太传说,这种生物是耶和华创造的,耶和华创造它的唯一目的是用它的皮做圣所的帐幕[①]。对它的描述非常简单:"它的额头上有一只角,皮肤色彩斑斓如火鸡。它属于洁净的动物。"(Ginzberg, *Legends Jews*, I, 34)

## 唐吉 | Tangie

亦称"Tangi",是设得兰群岛的一种**水马**。这个名字源自

---

① 不见于《圣经》,出自《密西拿》《塔木德》等犹太教神学典籍。另,据此类典籍所述,一只塔哈什的皮恰好能做一幅幔子,而一幅幔子长三十肘、宽四肘(约13.72米×1.83米;参见《圣经·出埃及记》26:8)。由此可以推测,塔哈什十分庞大。

"tang"（海藻），因为据说这种生物全身都覆满了海藻。有时，唐吉会被误认为海栖水马**纽格尔**的淡水版，或者相反。值得注意的是，唐吉是黑色的，而纽格尔一般是灰色的。它是一匹夜间出现的黑马，会在通往悬崖的小径旁吃草。如果有人愚蠢地骑上它，它就会跳下最近的悬崖，和它的骑手一起消失在一道神秘的蓝色闪光中。另一个有趣的特点是，据说它是偶蹄的。泰特推测，"唐吉"其实是一个人的名字或绰号，因为它总是被单称为"唐吉"，从来不会被称为"那只唐吉"（the Tangi）。某个叫布莱克·埃里克（Black Eric）的臭名昭著之人曾被认为已与魔鬼结盟，传说，唐吉就是受他指挥的恶魔之一，会驮他越过犬牙交错的悬崖，进入他的洞穴——当它上下悬崖的时候，水手会看到蓝色的光辉在岩石的表面闪烁。参见**尼克尔**。（Eric, *Rur. Rhym.*, 62; Dyer, *Folk-Lore*, n.p.; Stewart, *Shet. Fire.*, 117-40; Teit, 'Water-Beings', 180-201）

## 塔尼瓦 | Taniwha

亦称"tanewa"，是新西兰毛利人传说中的一种**海怪**或巨鱼，据说会吞食土著人。它也被认为栖息在河流和池塘里。塔尼瓦有一个巨大的头颅，被描述为类似鸟类；头下面是一条有鳞的脖子，其周长达 1.8 米；它有两条短而有力的腿；鱼鳍从它的身上延伸出来，终结于灰鸭一般的尾部。参见**班尼普**。（Morris, *Austral English*, 457）

## 粉胸仙翡翠 | Tanysiptera nympha

这是一种分布于太平洋诸岛屿的翠鸟，属于仙翡翠属（*Tanysi-*

*ptera*）。著名鸟类学家、英国皇家学会会员乔治·罗伯特·格雷于1841年描述了这一属中的一个新种，它来自他在巴黎买的一件奇怪的**简尼·翰易韦**，这件标本由五种鸟类的部件巧妙地组合而成："我在仔细检查标本之后，基于所见的事实，产生了一些怀疑。无论它是不是真的，至少一部分身体是被巧妙地粘上了现在所见的艳丽羽毛……它的翅膀显然来自一只林地翡翠……进一步检查证明，绒羽（呈鲜艳的橙红色）和尾臀部，即大部分的身体下部，来自一只红腰咬鹃；在后者两侧的羽毛中混杂着来自一只灰头翡翠幼鸟的颈羽……可以合理地认为，为了使它最终完成，它抓着栖枝的脚也来自别的某一件标本。"（'Remarks', 237-8）然而，在这所有的组合中，格雷发现它的羽毛似乎是真正独一无二的。他将之命名为"粉胸仙翡翠"，后来的发现证实了这一新物种的存在。该标本的原件保存在大英博物馆。

## 塔兰杜斯 | Tarandus

这是一种大如公牛、能够变色、长着枝形角的食草动物，栖息在欧亚大陆中部。据老普林尼记载，"在斯基泰，有一种叫塔兰杜斯的野兽能够像变色龙一样变色……塔兰杜斯像公牛一样大，头比鹿头大，但不像鹿头。它长着分杈的角，属于偶蹄类，毛像熊一样蓬松，原色像驴的毛色。它的皮很硬，人们用它来制作胸甲。当受到惊吓时，它会模仿自己藏身之处的所有树木、灌木和花草的颜色，因此很难被抓住。令人惊讶的是，它的身体可以变化出如此多的颜色，但更令人惊讶的是，这种变化还能延伸到它的皮毛上"。（*Nat. Hist.*, 8.52）老普林尼还列举了其他几种会换毛的动物，包括**吕卡翁**和**托斯**。这个名字现在被用作驯鹿的学名（*Rangifer tarandus*）。

## 塔兰图拉海蛛 | Tarantula Sea Spider

1829年，马盖特（Margate）镇的某个"M.C.G."先生投书给《自然史杂志》，报道了一条新闻："上个月的一天，这片海岸边的一个渔民拖起他的网后，发现有一个侵入者被缠在网眼里。他说，这只侵入者看起来就像'塔兰图拉海蛛'。它有八条无关节的腿、两只眼睛，因为没有头，眼睛就长在胸部背面；口部则位于腹部下方，嘴里还有一条螺旋形的舌头。它有'几乎半码长'、'有一对钳子'，体形巨大，重5.25磅。在活着的时候，它'快得就像赛马，并且每一瞬间都在改变颜色'。"它的所有者穆雷（Murray）先生打算把它带到伦敦，在波曼街北的集市上展出。

## 塔拉斯奎 | Tarasque

这是一只曾经出现在法国普罗旺斯的塔拉斯孔（Tarascon）的怪物，狮头龙尾；传说，一位神秘的基督教圣人圣玛莎（St. Martha）从这只怪物的蹂躏下拯救了塔拉斯孔的人民。据说她只用一个十字架和少许圣水就制服了怪物，把它牵到镇上，然后人们用石头把它打死了。当地有两个创立于1469年的年度庆典纪念此事：6月最后一个星期日的塔拉斯奎节，以及7月29日的圣玛莎节。（Spicer, *Festivals*, ch. 3）

## 塔布-乌斯吉 | Tarbh-Uisge

这是一种苏格兰的"水公牛"[①]，名字来自盖尔语，和"tarbh-

---

[①] 盖尔语。"tarbh"，公牛。

baoidhre"[1] 是同义词。据说这是一种无害的生物,生活在偏僻山中的小湖里。它只在晚上现身,有时会从山上下来,和普通的牛一起吃草。在高地地区,人们说出生时是短耳或者耳朵看上去像是被切断的小牛就是塔布-乌斯吉的后代,因为塔布-乌斯吉没有耳朵。这样的小牛被称为"刀耳"或"半耳"。塔布-乌斯吉只能被银质武器杀死。旧时,想猎捕它的农民会把一枚六便士银币塞进猎枪,以达到自己的目的。(MacGregor, *Peat-Fire Flame*, 79; Mackinlay, *Folklore*, 178)关于它的古希腊版,参见**半鱼牛**。

## 爪虫 | Tatzelwurm

这个名字来自德语的"Tatzen"(爪)和"Wurm"(虫),是一种有爪的**虫**或**龙**,栖息在德国南部、瑞士和奥地利的阿尔卑斯山德语地区。它的爪子被认为拥有神奇的力量,有些类似"福图纳图斯的许愿帽"[2]。据说抓住它的人会获得大量回报,不过,当然,它还从未被发现过。虽说如此,依然有传说称,曾经有一只这种巨兽的骨架悬挂在巴伐利亚的马夸特施泰因(Marquartstein)城堡的天花板上。从前,奥地利的温肯(Unken)也有一块古老的奉献碑,"上面雕刻着一个死去的农民,他在两只这种生物面前十分害怕。它们的样子被认为是出自一个乡村画家的想象"。一根用灰烬和木头制成的手杖据说能让持有者在这些地区避开所有蛇类。其他类似的生物还包括"Stollenwurm"(洞虫)和"Springwurm"(跃虫),它也等同于"Bergstutz"(山鹿)。1915年,保时捷公司制造了一台能拉动二十台拖车的超级拖拉机,并将其

---

[1] "baoidhre"是"包伯利"的另一种拼法。
[2] 福图纳图斯(Fortunatus)是15、16世纪德国民间故事中的一个角色,据说拥有一个钱永远花不完的钱包和一顶能把人传送到任何地方的帽子。

命名为"爪虫"。(Doblhoff, 'Altes und Neues', 142-67; Schmid, *Bav. High.*, 178-9)

## 半鱼牛 | Taurocampus

这是一种古希腊及罗马神话中的海公牛,名字源自希腊语的"tauro-"(公牛)和"kampos"(弯曲的),拉丁语通常写作"Taurocampus"。一幅作于公元 1 或 2 世纪的罗马镶嵌画(加济安泰普考古博物馆藏)表现了一位女性被一头巨大的海公牛背走,她可能是一位**涅瑞伊得**,或者是被宙斯以动物的形态绑架的欧罗巴。

## 托斯 | Thos

这是一种"裸狼"。据老普林尼记载,"托斯是狼的一种,但身体比普通的狼更长,腿比普通的狼更短,跳跃迅速而敏捷,以狩猎为生,不会危害人类。据说,它不会变换毛的颜色,冬天长着蓬松的毛,但夏天就把毛褪去,变得赤裸"。(*Nat. Hist.*, 8.52)老普林尼把它与**吕卡翁**及**塔兰杜斯**列为一类。

## 托特 | Thoth

托特是埃及神话中的朱鹭头智慧神,有时(特别是在早期)也表现为狒狒头。他与月亮有关:他常常头顶一个圆盘和新月,代表不同的月相。据推测,朱鹭弯曲的长喙也被视为新月的符号,或者可能是芦苇笔的象征。他在给死者灵魂称重的过程中负责记录裁决。(Shaw and Nicholson, *Dict. Anc. Eg.*, 268-9)

## 雷电鸟 | Thunder Bird

这是被美洲土著民族广泛信仰的一位鸟神。他在不列颠哥伦比亚叫"托托克"（Tootooch），站在乌鸦氏族图腾柱的顶端；他是新英格兰地区的阿尔冈琴族的"暴风鸟"武乔森（Wuchowsen）；他是墨西哥湾地区各族信仰中的"胡拉坎"（Hurakan）。他是一位造物主，向人们提供庇护、和平与丰穰。他明亮的双眼投射出的视线就是闪电；他拍打翅膀时会掀起风暴（飓风），把邪恶的灵魂驱赶到世界最远的角落。作为比较，可参见北欧神话中的**赫莱-斯瓦尔格尔**。（Leland, *Algonquin*, 111-13; Stratton, *Storm God*, 1-7; Webster, *Thunder*, 20-1）

## 提亚玛特 | Tiamat

提亚玛特是巴比伦神话中的原初神祇，是混沌、**龙**与怪物之母，同时也是海洋的化身。虽然她通常被描述成一条龙，但最初记载她的巴比伦创世史诗《埃努玛·埃利什》并未特别描述她的面貌或形态。诚然，其他的美索不达米亚神话都将提亚玛特作为一条龙或**蛇**看待，表现她的形象的雕塑或印章也刻画了一只**海怪**，她有狮头或**狮鹫**头、翼翅、爪子和尾巴。大英博物馆藏有一枚新亚述帝国时期[①]的圆筒印章（BM 138129，制于前 800—前 600 年），上面刻画的是一名弓箭手瞄准一条有冠的蛇，这通常被解释为马尔杜克在与提亚玛特战斗。另一枚较早的新亚述帝国圆筒印章（BM 89589，制于前 900—前 750 年）刻画了类似的场景，其中的蛇更大，有角，显然有前腿，而弓箭手手执雷霆，另外还有一排其他角色。同样地，这条蛇也被认为是提亚玛特。据《埃努玛·埃利

---

① 前 935—前 612 年。

什》所述，提亚玛特的伴侣——混沌之神阿普苏被反叛的新神族杀害，于是她便生出一支军队去讨伐诸神："她创造了巨蛇，／尖牙利齿，攻伐凶狠。／她将其全身血液换为毒液。／那可怕的、丑恶的群蛇，披挂着恐怖，／她为其饰以光辉，装扮成赫赫威仪，／只要目睹它们，人就会惊怖颤栗，／它们的身体一旦抬起，就无人能抵挡它们的攻击。／她创造了毒蛇、蛇、拉哈穆神、／旋风、饿犬、蝎人、／强大的暴风雨、鱼人、有角兽［人牛］①。／它们全副武装、冷酷无情，在战斗中从不知退缩。"（Budge, First tablet, lines 114-23）后面这九种生物装备着武器（可能是雷霆），而神祇金古（Kingu，提亚玛特的长子兼她的丈夫）被提亚玛特授予了"天命之书版"（Tablets of Destiny）②，书版像胸甲一样佩戴在他的胸前；他还有提亚玛特创造的十一种生物作为盟友。尽管如此，提亚玛特依然被英雄神祇马尔杜克击败。然后，马尔杜克用提亚玛特的躯体创造了宇宙："他将提亚玛特劈为两半，就像撕开一条平鱼，／将其中一半抬起，扯作遮蔽一切的天空，／随即拉上门闩，设置看守，／他命令他们，禁止让她的水漏出。"1848—1876 年，记载着《埃努玛·埃利什》的泥版碎片被奥斯丁·亨利·莱亚德③在对尼尼微古城废墟的考古活动中发掘出来，它由七块泥版组成，大

---

① 需要注意的是，不同译本的"十一种生物"列表不尽相同，例如斯派瑟（E. A. Speiser）的译本就是：蛇怪（Monster-serpents）、咆哮的群龙（Roaring dragons）、毒蛇（Viper）、龙（Dragon）、斯芬克斯（Sphinx）、巨狮（Great-Lion）、狂犬（Mad-Dog）、蝎人（Scorpion-Man）、强大的狮魔（Mighty lion-demons）、飞龙（Dragon-Fly）、半人马（Centaur）。（Speiser, *Ancient Near Eastern Texts: Relating to the Old Testament*, 62）
② 这是美索不达米亚神话中的一组神圣的泥版，上面写有楔形文字。神祇只要得到它，就能上升到主神的位阶，拥有统治宇宙的权力（但持有泥版的神依然可能被打败）。参见本书词条"祖鸟"。
③ 奥斯丁·亨利·莱亚德（Austen Henry Layard, 1817—1894），英国考古学家。

约有一千行。这个版本的记载大约出自公元前 7 世纪,不过一般认为它的内容基于早期苏美尔人的故事,可以上溯到公元前 2000 年。提亚玛特和她的十一个怪物盟友被解释为黄道十二宫的象征,事实上,马尔杜克后来的行为就包括了在天上设置十二宫的星座,不过它们与提亚玛特及十一种生物并无关联。提亚玛特更有可能是银河的象征,但她也与长蛇座(Hydra,"海德拉座")有关。巴比伦创世神话是旧约《圣经》的原型;在伪经《以诺书》中,蛇被称为"Tabaet"(发音是"tavaet"),这个词被视为"提亚玛特"之讹,而且受到了**俄安内**的故事的影响。她还被视为旧约中的**利维坦**和新约**《启示录》中的兽**。被提亚玛特创造的怪物的名字是:**巴斯穆**("毒蛇")、拉哈穆(Lakhamu,参见**拉赫穆**)、**吉塔布利鲁**("蝎人")、**库鲁鲁**("鱼人")、**库萨里克库**("人牛")、**姆斯玛哈**(Musmahha,"角蛇")、**乌伽鲁**("狮头怪")、**乌利迪姆**(狂犬或狂狮)、乌苏玛伽鲁(Usumgallu,"大龙")。提亚玛特所有的恶魔子嗣都改头换面,变成了行善的辟邪恶魔,被用来抵御邪恶。(Barton, 'Tiamat', 1-27; Budge, *Bab. Leg. Cr.*, 114-23; King, *Sev. Tab. Cr.*, 116-17)

## 梯林斯蛇 | Tirynthian Serpent

这是希腊的一种孤雌生殖的蛇,出自老普林尼的《自然史》(*Nat. Hist.*, 8.84):"梯林斯的一种蛇,会在春天自己从地里生出。"《自然史》的译者认为此地可能是希腊的梯林斯(Tiryns),拉丁语形式为"Tirynthus",法语形式为提林斯"Tirynthe"。没有任何动物学家发现过这种蛇。

## 羊角鸟｜Tragopanades

亦称"tragopomones"，词源来自拉丁语的"tragus"（山羊）和希腊神祇**潘**的名字。它是一只巨大的、铁色的鸟——老普林尼说"很多人断言，它比鹰还大"——有一对公羊的角，在头部两侧还生有红色羽毛。对它较早的记载是庞波尼乌斯·梅拉① 简短的描述，由老普林尼转述："那些惊人的鸟类，例如'tragopomones'，在头上长着角。"（*Nat. Hist.*, 10.60）被他归在同一类别中的**珀伽索斯**和**狮鹫**仅仅是传说，但这段记载是今天仅存的古人对热带的犀鸟科（学名为 Bucerotidae）鸟类的夸张描述。这是一种拥有长长的向下弯曲的喙的鸟，有些种类还在头上长有额外的角状突起（称为"头冑"）。阿尔德罗万迪（*Ornithologia*, 12.20.10.7）曾经见过一只被带到欧洲的犀鸟，它被称为"Rhinoceros Avis"（犀牛鸟）。这种鸟类的现代学名是"角犀鸟属"（*Buceros*），词源来自希腊语的"牛角"。另外，也有一种"长角的野鸡"，学名为"角雉属"（*Tragopan*），得名于求偶时在头部两侧竖立起来的一对肉质角。和老普林尼记载的"羊角鸟"相似，它们通常长着红色的羽毛。角雉属鸟类栖息在喜马拉雅山脉和南亚的其他地区，以及远东地区。

## 特拉斯｜Trash

这是民间传说中的一种能预兆死亡的犬形精魂，来自兰开夏郡的伯恩利；其名可能源自"thurse"（巨人、恶魔），或者是类似"啪嚓"的拟声词。它也被称为"斯克里克"（Skriker）。据哈德威克记载（*Traditions*, 173-4）："这种精魂的出现被认为是某种死亡

---

① 庞波尼乌斯·梅拉（Pomponius Mela），罗马地理学家，生活时间约在公元1世纪。

的标志，它因此被当地人称为'特拉斯'或'斯克里克'。它通常会出现在一个死神已经选择了自己的受害者的家庭里，其身形的可见度预示了死亡会在多长时间之后到来。一些人对我说，他们见过的这种'犬魔'表现为白色的奶牛或马的样子，但在大多数时候，'特拉斯'的形貌都被描述为一条大狗，脚爪宽大、毛发蓬乱、耳朵下垂，以及'眼睛瞪大'。在行走时，它的脚爪会发出蹚水的声音，犹如人穿着旧鞋子走在泥泞的路上，'特拉斯'就由此得名。'斯克里克'这个称呼则来自这种精魂发出的尖叫，在它尚不可见的时候，人们就能听到这种叫声。当它尾随一个人的时候，会开始倒走，眼睛永远盯在被跟定的人身上；哪怕被跟的人略微疏忽一丝一毫，它都会突然消失不见。它偶尔会跳进水池，如果不跳进水池，就会发出巨大的溅水声，沉没在它向之现形的人的脚边，仿佛一块沉重的石头被扔到了泥泞的路面上。有些人会试图用武器或手打它，但却碰不到任何有实体的东西，而'斯克里克'依然站在原地。人们说，它经常在今天的伯恩利地区出现，最常见于戈德利（Godly）路和教区教堂附近。但它的活动范围绝不只限于墓地。类似的精魂据说也出没于威尔士和英格兰的其他地区。"哈德威克认为，它与"奥丁走失的猎犬"的传说有关。

### 特里同 | Triton

它们是希腊神话中的海神，后来在罗马神话中被弱化为人鱼。赫西俄德写道（*Theog.* 901）："安菲特里忒和波涛喧嚣的摇动大地之神［波塞冬］生下了身材庞大、统治广大水域的特里同，他拥有海的全部，和亲爱的母亲、海王父亲一起住在黄金做成的宫殿里。他是一位可怕的神灵。"据老普林尼记载（*Nat. Hist.* 9.5）："当提贝里乌斯皇帝治世之时，从奥利西普①来的一个使节团向他汇报道，他们曾亲眼见过并听过一个特里同在洞窟里吹螺号。它的样子和人们通常所知的样子相同。"他还写道："一些骑士等级出身的可信证人曾对我说，他们在加的斯湾见过'海人'。'海人'身体的所有部分都与人类相仿，会在夜晚爬到船上。他们坐在船的哪一边，哪一边就会开始下沉。如果他们坐的时间够久，整条船都会沉入水中。"公元 2 世纪，地理学家波桑尼阿斯称，他见过一个特里同（*Desc. Gr.*, 9.21.1）："我在罗马见过另一个特里同，它属于某人收藏的珍品，身材比塔纳格拉②的那个要小。特里同的外观如下：他们的头发像沼泽里的青蛙，不仅颜色像，而且同样粘在一起，无法分开。他们的身体粗糙，覆盖着细小的鳞片，就像鲨鱼的身体。他们有人类的鼻子，在耳朵下方还有鳃，嘴巴更宽，耳朵更大，牙齿类似野兽的牙齿。在我看来，他们的眼睛是蓝色的，有手和手指，指甲像骨螺的壳。在他们的胸部和腹部以下没有脚，取而代之的是一条尾巴，类似海豚的尾巴。"特里同还有把手臂换成马腿的亚种；参见**鱼尾半人马**。又参见**人鱼**。

## 巨龟 | Turtle, Giant

据老普林尼记载（*Nat. Hist.* 9.10）："人们在印度海中发现的乌龟如此巨大，以至于它的壳可以用来充当完整的屋顶。而在另一些主要位于红海的岛屿上，人们把乌龟的壳当成舢板使用。"虽然英译者译为"乌龟"，但我们通常会将其理解为"海龟。"历史上最大的龟类是生活在约 8000 万年前的白垩纪晚期的古巨龟

---

① 奥利西普（Olisipo），今葡萄牙之里斯本。
② 塔纳格拉（Tanagra），希腊城邦，在雅典以北。

（学名为 *Archelon ischyros*），目前已发现的最大标本有将近 5 米长。现存的最大龟类是南美的巨型侧颈龟（Arrau turtle，学名为 *Podocnemis expansa*），能长到 1 米长。

## 提丰｜Typhon

这个名字来自古希腊语"Τυφῶν"，亦称"Typhaon"

巨龟（1901 年）

"Typhoeus"，是希腊神话中的一个怪物般的存在。它最初被提到，是在荷马作于公元前 8 世纪的史诗《伊利亚特》中（2.782）。荷马对"Typhoeus"讲述甚少，他把这只怪物放在一个未知的国度"阿里摩"（Arimi）。在作于约公元前 700 年的《神谱》中（ll. 306-32），赫西俄德认为"Typhoeus"和"Typhaon"是两种不同的存在。关于"Typhoeus"，他写道："提丰身强力壮，干起活来双手总有使不完的力气，双脚不知什么是疲倦。他是一条可怕的巨蟒，肩上长有一百个蛇头，口里吐着黝黑的舌头。在他奇特的脑袋上、额角下、眼睛里火光闪烁；怒目而视时，所有的脑袋上都喷射出火焰。他所有可怕的脑袋发出各种不可名状的声音；这些声音有时神灵能理解，有时则如公牛在怒不可遏时的大声鸣叫，有时又如猛狮的吼声，有时也如怪异难听的狗吠，有时他发出嘘声，让它回荡在山间。"他是盖亚和塔尔塔罗斯所生，后来掀起了挑战宙斯霸权的叛乱。在一场可怖的战斗之后，宙斯把他打入地狱（也叫塔尔塔罗斯），镇压在埃特纳山下。一个制于公元前 550 年前后的古希腊陶瓶（现藏于慕尼黑州立文物博物馆）上的瓶画生动地描绘了这场战斗——宙斯正在投掷雷霆，与一个有着翅膀和人头、腿是缠结在一起的蛇尾的怪物战斗。即便失败了，"Typhoeus"依然是所有的恶风之源，这使他得到了绰号"哈比之父"，也产生了至今仍在使用的"台风"（typhoon）一词（从词源学上来说，这个词来自中文"tai fung"[①]）。在阿里斯托芬作于公元前 405 年的喜剧《蛙》中（845），一个角色命令献祭一只黑羊以避免台风。在公元 1 世纪，老普林尼也将某些特定种类的风暴，例如飓风（hurricane）或台风，称为"Typhon"（*Nat. Hist.*, 2.49）。至于另一个"Typhaon"，赫西俄德称他为"可怕的，胆大妄为、不知法度"的，他与半人半蛇的**厄喀德娜**结合，生下了双头犬**俄尔图斯**、五十个头的**刻耳柏洛斯**、**勒拿海德拉**，以及**奇美拉**。史密斯[②]认为，赫西俄德想将"Typhon"描写为"Typhoeus"的儿子（*Dict.*, 914），但这一点没有明显地见于文字。将他们作为截然不同的两个存在处理的做法可能是不正确的。在公元前 5 世纪，希罗多德认为提丰就是埃及神祇**塞特**，并称他被埋葬在塞波尼斯湖（Lake Serbonis，今天的巴尔达维勒湖）之下（*Hist.*, III.5）。后来的作家也提到了一些不同的主题和地点，例如在公元 1 或 2 世纪写作的伪阿波罗多洛斯就这样描述他："在体形和力量上，他超越了大地所有的后代。他的大腿是人类的形状，但却惊人地庞大，可以跨过所有的高山，他的头经常顶到星辰。他的一只手能伸到西方，另一只手能伸到东方，从双臂之间伸出一百个龙头。在他的大腿之下，丛生着巨大的、盘卷的毒蛇，当蛇头伴着咝咝声伸出的时候，足以到达他自己的头部。他的身上长满了翼翅；他蓬乱的头发随风飘动，拍打着他的头顶和脸颊；他的眼睛闪出火光。如此巨大

---

[①] 对"台风"（typhoon）的词源有多种解释，这只是其中之一。
[②] 威廉·史密斯（William Smith, 1813—1893），英国词典编纂者。

提丰与哈比（17世纪）

的提丰猛投出燃烧的岩石，巨大的火柱从他的嘴里喷出，他的咝声和吼声直达最高的天穹。"在记载宙斯与提丰之间的战斗时，作者也提到："那雌龙得耳斐涅，半人半兽的少女……"（*Library*，1.7）关于其他曾被英雄神祇击败的似龙怪物，参见**皮同**和**巴比伦的提亚玛特**；也可比较基督教的《**启示录**》中的兽。

# U

### 瓦切特 | Uatchet

亦称**瓦杰特**（Wadjet），是一位**蛇**头的古埃及女神。她是一位主要的神祇，与**乌拉埃乌斯**有关，崇拜中心位于佩尔-瓦切特（Per-Uatchet），希腊人称此地为布托。她以姆特-瓦切特-巴斯特（Mut-Uatchet-Bast）的形式与其他女神产生联系①，后被伊希斯吸收。参见**赫普提特**。（Budge, *Gods*, 24, 92, 93, 440）

### 乌伽鲁 | Ugallu

"Ugallu"是阿卡德语，意为"大暴风雨兽"，但根据它的样貌，这个名字一般被译为"巨狮"或"狮魔"。它是巴比伦神话中的一只狮头鹰爪的怪物，被**提亚玛特**创造。在早期的描绘中，乌伽鲁的脚有时是人脚，但到了古巴比伦时期②，鹰爪就变成了主流。一些证据表明，他也可能被描绘成驴耳。最早提到他的记载是巴比伦创世史诗《埃努玛·埃利什》，它的内容基于早期苏美尔人的故事，可以上溯到公元前 2000 年。乌伽鲁从阿卡德时代开始出

---

① 姆特（Mut），埃及神话中太阳神阿蒙（Ammon）的妻子；巴斯特（Bast），埃及神话中的猫头女神。
② 即巴比伦第一王朝，约前 1894—约前 1595 年。

现在雕刻艺术中，经常与提亚玛特的另一个怪物后代**拉赫穆**有关。除了作为生物的名字，"乌伽鲁"有时也是一种类型，通常是一只手高举匕首，另一只手握着战棍，守卫着大门。在尼尼微北宫就出土过这样的雕刻。参见"狮人"**乌玛胡利鲁**；拉赫穆也具有狮子的某些特征。（Green, 'Neo-Ass. Apo. Fig.', 87-96; Green, 'Note Lion-Dem.', 167-8; Ornan, 'Exp. Dem.', 83-92）

## 独角兽 | Unicorn

这个名字源自拉丁语，由"uni-"（一）和"cornu"（角）组成。关于独角兽的传说始于公元前 5 世纪末的克特西亚斯（*Indica*, 25, 33），他是在波斯国王大流士的宫廷里服务的希腊医生："在印度人之中，他继续前进。那里有一种野驴像马一样大，甚至还要更大。它们的头部是暗红色的，眼睛是蓝色的，而身体其余部分是白色的。在它们的前额上长着一支一肘长的角［如果杯中饮品有毒，用这支角做成的杯子可以解除饮品所含的一切毒素］。关于这支角的颜色，从基部开始向上约两掌宽的部分呈最纯净的白色，从这里开始逐渐收窄，在尖端呈火一样的深红色，而在中间则是黑色。它们的角会被做成杯子，喝下杯中的饮品能够避免抽搐和癫痫。不仅如此，无论其中盛的是葡萄酒、水或其他任何饮品，也无论下毒是在倒进杯前还是在那之后，这种角杯都能解除所有毒素。其他的驴类，包括野生的和驯养的，都像其他奇蹄动物一样缺乏距骨（踝骨）和肝脏里的胆汁，但唯有这种野驴具备这两者。它们的距骨是我所见过的最美丽的距骨，其大小和形状都和牛的距骨相仿，像铅一样重，整个表面的颜色犹如朱砂。它们极其迅速而健壮，没有任何生物能追得上它们，就连马也无能为力。"克特西亚斯还描述了追赶独角兽时会遇到的特殊问题："刚开始跑的时候，它只是小步轻奔，看起来甚至有几分悠闲；但奔跑的时间越长，它的速度就越快，最后会用极其激烈的步伐疾驰。"因此，这种动物只能在某个特定的时间被抓到——当它们带幼仔去草场漫游的时候。然后，数量极多的猎人会骑着马从四面八方包围它们，由于它们不愿让自己的幼仔被抓，为了给其争取逃脱时间，它们会放弃逃跑、拼死抵抗，用角刺、蹄踢、牙咬杀死许多马及其背上的骑手。狩猎的结束就意味着它们浑身插满箭头和矛头死去；活捉它们是绝不可能的。它们的肉很苦，不适合食用，人们捕猎它们只是为了它们的角和距骨（*Indica*, 26-7）。亚里士多德（前384—前322年）把克特西亚斯的记载收录在他的《动物志》中（II.2.8及VI.36），同时还加上了独角**剑羚**（一种大型羚羊，通常有两支角）。

到了公元1世纪，普林尼的独角兽又呈现出新的特点："有一种非常狂暴的动物叫一角兽［独角兽］，有鹿头、大象脚、野猪尾，身体的其余部分像马。它会发出深沉的哞叫，在前额中央长着一支黑色的、两肘长的独角。据说这种动物绝不可能被活捉。"（*Nat. Hist.*, 8.31）独角兽在旧约《圣经》中被提到过三次，甚至连上帝也曾被比喻成独角兽①（《民数记》24:8），至少钦定版《圣经》是这样翻译的。希伯来语的**瑞姆**在希腊语中被译为一角兽（monoceros），然后又在英语中被译为独角兽（unicorn）。在犹太教经典《塔木德》中，基于这个原因，亚当曾将一只独角兽献祭给上帝；现代的英语《圣经》译本一般将它译为"野牛"（wild ox），因为将这种生物理解为现已灭绝的原牛（auroch）似乎要更有道理一些。

当中世纪的欧洲人开始探索已知世界的边缘时，这些古老的记载被赋予了新生。马可·波罗记载过苏门答腊的独角兽："这个国度生活着野象和无数独角兽，这二者几乎同等庞大。独角兽

---

① 《圣经》和合本将此处的"unicorn"译作"野牛"。

独角兽（中世纪）

的毛发像水牛，足部像大象，厚重的黑色独角长在前额中央。它们不会惹是生非，但单是用角甚至用舌头就能伤到人，因为它们的舌头上覆盖着长而结实的刺。[它们中的任何一头都野性十足，会用膝盖将人重重地压在身下，然后用舌头锉他。]它们的头部形似野猪，总是垂向地面，非常喜欢待在沼泽和泥地里。"这种野兽看起来非常丑陋，而且并不像我们的传说讲的那样，会被处女的膝盖抓住①。事实上，"它们和我们想象的样子完全不同"。（Travels, II, 3.9）马可·波罗描述的实际上是犀牛。但他并不是唯

---

① 中世纪广为流传的传说称，独角兽极难被抓，但会被纯洁之人，特别是处女吸引，当它把头枕在处女的膝上睡熟时，就可以抓住它。参见插图。

一目击过独角兽的人;布莱登巴赫的伯恩哈德①从德国的美因茨去往耶路撒冷朝圣时,曾在西奈半岛见到独角兽(*Peregrinatio in Terram Sanctam*,Mainz 1486)。在那之后,博物学著作还继续收录独角兽,例如瑞士著名博物学家康拉德·格斯纳的《万有文库》(*Bibliotheca Universalis*,1551年)和《动物图谱》(1560年)、爱德华·托普塞尔的《四足兽的历史》(1607年)等。

### 非洲的独角兽 | African Unicorn

黑暗大陆包藏着许多关于怪物的传说,其中当然也包括独角兽。它们在这里有几个不同的名字;最早的记载来自伊丽莎白时代的私掠船长詹姆斯·兰开斯特爵士,他于1592年穿过马六甲海峡时听说了一种叫**阿巴特**的独角兽。1848年,穆勒男爵宣称自己在科尔多凡见到了一只被称为**阿纳沙**的独角兽(Gosse, *Rom. Nat. Hist*);吕佩尔②也提到过这种生物,它们原产于科尔多凡,被称为尼尔克玛(Nillekma)或阿拉塞(Arase,显然与阿纳沙相同)。根据卡瓦茨记载,它们在刚果被称为**阿巴达**。还有**恩祖祖**,它们的雄性长着柔软而灵活的角,"在马科阿并不少见"。(Freeman, *Sth. Afr. Ch. Rec*)详细的第一手描述来自传教士杰罗姆·洛波(Jerome Lobo,约1593—1678),写于17世纪初。起初,他只是听信了别人的叙述,在写给英国皇家学会秘书亨利·奥尔登堡(Henry Oldenburg)的信中,他这样报告:"这些证词,特别是善良的老人约翰·加布里埃尔(John Gabriel)的证词,以及我同伴神父的支

---

① 布莱登巴赫的伯恩哈德(Bernhard of Breydenbach,约1440—1497),德国牧师、旅行家,曾去耶路撒冷朝圣,游历巴勒斯坦、西奈半岛、埃及,并出版游记。
② 爱德华·吕佩尔(Eduard Rueppell,1794—1884),德国博物学家、探险家。

持,都使我相信这种说法——闻名遐迩的独角兽就产于该省,它们在那里繁衍生息。"(Lobo, *Short Relation*, 47)一段时间之后,他亲眼见到了这种生物:"我在阿高斯(Agaus)省见到了独角兽,这种生物曾被无数次提到,却鲜有人目睹。它们无比迅速,总是从一棵树下跑到另一棵树下,所以我没有机会仔细研究它们。但我已经和它们十分接近,因此可以给出一些外观上的描述:它们就像十分美丽的马,身材比例精准矫健,外表呈赤褐色,尾巴呈黑色。在有些省份,独角兽的尾巴很长,在另一些省份则很短。一些独角兽的鬃毛极长,能够拖到地面。它们十分胆怯,从不吃草,只是围绕在能保护它们的动物身边。"(*Voyage*, 69)洛波在旅途中被蛇咬伤之后,试图用他所谓的"独角兽的角"来解毒,然而却无效;幸运的是,他后来发现了一种更有效的解毒法。19世纪初,康拉德·马尔特–布戎①在他的开创性著作《世界地理》(*Universal Geography*, IV, 375-7)中曾经很认真地将15、16世纪在非洲东南海岸对独角兽的目击报告当成其存在的证据。(Gould, *Myth. Mon.*, 346-7; Reade, *Savage*, 32-3)

## 美洲的独角兽 | American Unicorn

在探险家们探索美洲大陆的时候,关于独角兽的报道屡见不鲜。约翰·霍金斯②爵士于1564年"发现"了美洲的独角兽。在佛罗里达,他发现当地人戴着用独角兽角做的项链,并观察到:"这里有很多独角兽;他们断言,这种野兽只有一支角,当它们去河边喝水的时候,会在喝水之前先把角浸到水里。我公司得

---

① 康拉德·马尔特–布戎(Conrad Malte-Brun, 1775—1826),法国地理学家。
② 约翰·霍金斯(John Hawkins, 1532—1595),英国海军将领、海盗、奴隶贩子。

到了独角兽的角，法国人也得到了相同的东西，他们把它用来展览。"（引自 Haklyut, *Princ. Nav.*, X, 59）在探索虚无缥缈的"通往印度的西北通道"的途中，探险家约翰·戴维斯[①]发现自己到达了北美洲东海岸。1584 年 6 月 14 日，当地人向他射去了"一支有骨质箭头的箭，我断定，这箭头是独角兽角的一片碎片"。荷兰地理学家阿诺达斯·蒙塔努斯（Arnoldus Montanus，1625—1683）在他的重要著作《未知的新世界》（*De Nieuwe en Onbekende Weereld*，1671 年出版于阿姆斯特丹，英译本同样出版于 1671 年，德译本出版于 1673 年）中描述了一种野兽，还附有一张版画："在加拿大的边境地区，我们又一次见到了这些动物，它们长得有些像马，偶蹄，鬃毛蓬乱，一支独角耸立在额头上。尾巴像野猪，眼睛是黑色的，脖子则像鹿。它们非常喜爱萧条的荒野，十分害羞，因此，除非是在发情期，否则雄性从来不与雌性接近。在发情期，它们会将狂暴的性格撇在一边，一旦发情期过去，它们会再次恢复野性，甚至自己攻击自己。"（引自 Lutz, 'Am. Uni.', 135-9）美洲独角兽的分布范围显然从佛罗里达沿东海岸一直延伸到加拿大。

**现代的独角兽 | Modern Unicorns**

弗兰克·索恩博士（Dr. Frank Thone）曾经写道："独角兽已不再完全笼罩在可疑的神话暮色之中"（'Unicorn', 312-13），"活生生的独角兽就存在于美国，存在于 1936 年的现代"。他报道了缅因大学的生物学家富兰克林·多夫博士（Dr. W. Franklin Dove）进行的一次合并手术——多夫博士将一头出生仅一天的小牛的两支角芽移植到眉骨中央，使它们并拢。文章还附有一幅艾尔郡牛的

---

[①] 约翰·戴维斯（John Davis，1550—1605），英国航海家。

照片，这头牛大约两岁半大，一支巨大的独角从它的前额爆生而出。多夫博士指出，这支巨大的角使这头牛成为了一只强大的动物，同时还为它赋予了平和的天性。他并不满足于这头怪物，而是企图建立一种范围广泛的历史理论，其内容是，古人有能力制造他们自己的独角兽。他引用的文献跨度从普林尼直到新近的人类学研究，试图证明，在从非洲到尼泊尔的范围内，人们自古以来一直在对牛角芽进行合并手术。

## 独角鹿 | Unicorn Stag

优利乌斯·凯撒在他写于公元前1世纪的《高卢战记》中提到过这种非凡的生物，它游荡在广阔的厄尔希尼安森林（今天德国的黑森林是它的残余）中："一种像鹿的牛，在它的额头正中、两只耳朵之间，长着一支独角，这支角比我们所知的任何动物的角都要更高、更直，从角的顶端像手掌一样分出很长的枝杈。雌性和雄性的体形，以及角的式样和尺寸都一模一样。"（*Caes. Gal.* 6.26）关于厄尔希尼安森林中的另一种奇异的生物，参见**厄尔希尼亚**。

## 乌拉埃乌斯 | Uraeus

这个词是希腊语的"**蛇**"。作为古埃及法老神性的象征，他的头上会顶着穿有两条乌拉埃乌斯的拉神标志。在壁画上，法老的头顶也会画有乌拉埃乌斯。乌拉埃乌斯亦被认为是一个神，称为**瓦切特**，即"乌拉埃乌斯女神"。后来，女神伊希斯和奈芙蒂斯与乌拉埃乌斯结合到一起，这似乎代表她们吸收了旧有的瓦切特的功能。希腊神话中的蛇发女妖戈尔贡可能就源自头戴乌拉埃乌斯的埃及女神。（Alexander, 'Ev. Bas.', 174; Budge, *Gods*, 377）

## 乌利迪姆 | Uridimmu

这是一只美索不达米亚神话中的怪物，被描述为狗头（其名意为"狗"），是"咆哮的狗"或"狂犬"，由**提亚玛特**创造（Wiggerman, *Mes. Prot. Sp.*, 50）。另一种记载称，他上半身为人，下半身为狮（Green, 'Note Ass. "Goat-Fish"', 25-30）。在尼尼微亚述巴尼拔宫殿的北宫出土过一块石灰岩浮雕板，上面雕着乌利迪姆的形象（OD VII 10）。它的黏土像会被埋在房下，以保佑家庭幸福、繁荣。

## 乌玛胡利鲁 | Urmahlilu

亦称"Urmahlullû"，是稀见于美索不达米亚神话中的"狮人"或"半人狮"，有着狮子的身躯和四条腿，以及男人的躯干和头部。他最早出现在一枚公元前13世纪的亚述印章上。魔法仪式指定乌玛胡利鲁为厕所的守护神，他的半狮形态使他能出色地抵挡厕所中的特殊恶魔——完全为狮形的苏拉克（Šulak）。（Wiggerman, *Mes. Prot. Sp.*, 98, 181）

## 瓦特纳-格达 | Vatna-Gedda

这是冰岛传说中的一种生物,名字意为"海湾狗鱼":"它的颜色呈闪耀的金色,大小和形状类似小比目鱼。这种鱼极其罕见,只有在浓雾和暴风雨前的恶劣天气中才能看见。无论谁想钓它,都必须在钩子上钩以黄金,然后戴上人皮手套。在面对鬼魂的攻击时,它可以提供最佳的防护,没有任何鬼魂能在它的强大力量下飘起。如果'海湾狗鱼'被放在地上,它会沉入地下;这种生物毒性极强,就算把它放在瓶子里,再裹上许多层,驮它的马也会失去与它接触之处的所有毛发,而且再也不会长出。有一次,一条'海湾狗鱼'被抓住,人们把它裹在两层马皮里,但它依然穿过这两层马皮,消失在泥土中。唯一绝对稳定的保存方法是把它包在婴儿的胎膜里,然后再裹在小牛皮中。"(Davidson, *Folk-Lore*, 330)

## 瓦特纳斯特 | Vattenhäst

参见**巴克阿斯特**。

## 维德佛尔尼尔 | Vedfolnir

在北欧神话中,世界树伊格德拉修的一条树枝上栖着一只雕,而一只名叫维德佛尔尼尔的鹰又蹲在雕的两眼之间("它知晓世间万事")。('The Beguiling of Gylfi' in Sturluson, *Prose Edda*)

## 鞑靼植物羔羊 | Vegetable Lamb of Tartary

这种生物亦称"Scythian Lamb"(斯基泰羊)或"the Barometz",来自它的拉丁名字"Agnus scythicus"和"Planta Tartarica Barometz"。据说,它是一种长得像植物的羊,随着《约翰·曼德维尔爵士旅行记》在 14 世纪的出版,这件惊奇之事传到了西方人的耳中:"这里长着一种水果,类似葫芦。当它成熟之后,把它切开,会发现里面有一只小动物,它有肉、骨头和血液,就像一只没有毛的羊羔。它的植物部分和动物部分都可以吃。这实在是一件奇事;我吃的这种水果虽然奇妙,但我知道,上帝所行的更加奇妙。"直到 18 世纪,这个故事的变种还在被当作真实之事报道。在出版于 1740 年的《自然系统》第二版中,林奈将它放在**悖理动物**的条目下:"据推测,它是一种植物,但长得很像羊羔。茎从地下长出,穿入它的脐部;据说,它的体内含有血液,偶尔会被野生动物吞食。它被安上了美洲蕨(American fern)的根。实际上,就像所有的特征显示的那样,它是对绵羊胚胎的一种寓言式描述。"(66)中国人会制造插在蕨类根部上的假羊羔或其他假动物,也就是说,它是一种**简尼·翰易韦**。但林奈漏掉了更明显的一点:它同时也是对棉花

鞑靼植物羔羊(1887 年)

（棉属植物）的寓言式描述。棉花那蓬松的白色纤维很像小羊羔，而且可以像羊毛一般纺织。1698年，大英博物馆收藏了一件中国制作的此类假标本。( Lee, *Veg. Lamb*, passim )

## 邪牛鬼 | Vichschelm

这是一种形为饥饿公牛的恶灵，人们会在巴伐利亚和奥地利的山脉中听到它的怒吼。它显然来自人们对牛只健康的祈祷；当地传统认为，给牛喂"圣经草"（虎耳草叶茴芹，学名为 *Pimpinella saxifraga*）可以防止它的侵害。( Schmid, *Bav. High.*, 178 )

## 维多佛尼尔 | Vidofnir

出自北欧神话，亦称"Víðópnir""Vidopnir""Vidrof-nir"，意为"树蛇"，是一只雄鸡，它的羽毛像金子一样闪亮，或者就是金质的，像闪电一样闪亮，因此又被称为"古林肯比"( Gullin-kambi，金冠）。它栖在世界树伊格德拉修的树顶，永恒地警惕着诸神与巨人之战。有许多人可能已经注意到了，它至今也栖在教堂的尖顶上，等待着古代诸神的回归。( 'Voluspa' and 'The Lay of Fjolsvith' in Sturluson, *Prose Edda* )

## 维特利斯克·斯特兰德穆德拉尔 | Vitrysk Strandmuddlare

这种生物的名字意为"白俄罗斯岸边捣杵"，有一个虚构的学名 *Lirpa lirpa*，仅有一件雌性标本，据说来自乌克兰的"Zscicvzoskaija"地区。它有一个野猪幼仔的头部和前半身，增加了两只"獠牙"，后半身和尾巴是松鼠的，后腿是鸭腿。标本每年

4月1日都会在瑞典哥德堡自然历史博物馆展出。它是各种动物的器官粘在一起的产物——"獠牙"是鳄鱼牙,眼睛可能来自猛禽。从1960年起,博物馆以此作为一种招揽游客的手段。当然,它是一件简尼·翰易韦。(Dance, *Animal Fakes*, 118)

## 瓦杰特 | Wadjet

参见**瓦切特**。

## 邪狼 | Warg

"warg"是一个古高地德语词汇,意思是"狼"[1],与之类似的词是古英语的"wearg"(罪犯,及相近的古英语词汇"werg",可诅咒的)、古诺尔斯语的"vargr"(可比较哥特语的"vargs",恶魔)。将狼和反社会行为建立联系的做法古已有之:在诺曼法中,歹徒被称为"Wargus esto"(如狼之人)。《利普里安法典》称:"Wargus sit, hoc est expulsus"(其人乃狼也,当驱逐)。于是,狼被认为与魔鬼有关,魔鬼也会变成狼形:在《克努特法典》中,魔鬼是"Vodfreca verevulf"(鲁莽而贪婪的狼人)[2],中世纪称魔鬼为"大狼"(Archilupus),认为它常常会变成狼的样子。格林(*Teut. Myth.*,

---

[1] 托尔金在《魔戒》(*The Lord of the Rings*)中把"Warg"描写为一种可供骑乘的妖狼,从而定义了它在现代作品中的形象——邪恶而聪明的狼,往往为邪恶人形生物充当坐骑。因此,现代奇幻作品普遍将这个词译为"座狼",但它原本并无"坐骑"的意思。
[2] 可参考《马太福音》7:15:"你们要防备假先知。他们到你们这里来,外面披着羊皮,里面却是残暴的狼。"

III, 996)认为"Warg"的词源是斯拉夫诸语的"魔鬼":俄语的"vorog"、波兰语的"wrog"、塞尔维亚-克罗地亚语的"vrag",等等。据说,不幸的安杰拉·德拉巴特①因为与"图卢兹魔鬼"性交而成了第一个被烧死的女巫,时间是 1275 年。她被指控的罪行包括与一只狼头蛇尾的魔鬼订立邪恶的盟约,并用婴儿喂它。魔鬼与狼的关联最早可追溯至北欧神话中的**芬里尔**——那只直到"诸神之黄昏"才被放出的庞然巨怪。(Jones, *Nightmare*, 152, 186-77)

## 水马 | Water-Horse

这是一种常见于欧洲民俗传说的邪恶的水中精魂,根据地区不同,可分为**巴克阿斯特**(瑞典)、"Cabbylushtey"(马恩岛)、**凯菲·杜尔**(威尔士)、**凯尔派**(苏格兰)、"Lutin"(法国)、**尼克尔**(英国和德国)、"Nuggle"或**纽格尔**(设得兰群岛)、**肖皮尔提**和**唐吉**(还是在设得兰群岛)等。老普林尼在《自然史》中记载了几种适应海洋生活的陆地动物(9.2):"这里也有许多奇特的海怪,就像巨大的绵羊,它们习惯上岸来吃灌木的根,然后再返回海中。还有一些长着马头、驴头和公牛头的海怪,经常去吃田里的庄稼。"

## 沃特顿的不伦不类之物 | Waterton's Nondescript

据说,查尔斯·沃特顿对英属圭亚那②的第四次远征的目的十分明确——从南美洲海岸"获得一件迄今未知、难以归类的动

---

① 安杰拉·德拉巴特(Angéle de la Barthe,约 1230—1275)据说是一个来自图卢兹的法国女人,于 1275 年被宗教裁判所以行巫术的罪名处火刑,因此被称为中世纪迫害异端和女巫的第一个受害者。现代研究已经证实,此人是在 15 世纪被虚构出来的。
② 1966 年独立为圭亚那合作共和国。

物的标本"。它的样貌非常古怪:"'这种动物颇有些希腊雕像的特征',乡绅(沃特顿)说。他声称,可以参考雕像对这件标本进行检查。他只带回了'头部和双肩',因为他'当时时间紧张',同时也发现它太重了。他用他沉重的开玩笑风格表示,别人应该出去再找一个标本。"有些人认为,沃特顿"残杀了一些'土著印第安人',以用一种傲慢的方式显示他'剥制标本的能力'"。但这个"希腊"标本的真相毫不恐怖:沃特顿的不伦不类之物其实是"一只来自圭亚那的红吼猴的皮,它被填充标本的技术改造成了一位多毛的、乔治王朝晚期的绅士"。沃特顿还制造了**诺克提法**。参见**简尼·翰易韦**。(Aldington, *Strange Life*, 110-13)

## 狼人 | Werewolf

在著于公元 1 世纪的《自然史》中,老普林尼虽然对**卡托布列皮斯**和**利科尔涅**的故事津津乐道,却不太相信"Versipellis"(拉丁语的"变皮者")①的存在。他写道:"关于那些人变成狼,然后再变回人的故事,我们应当确信它们不是真实的,否则我们就必须相信从古代传下来的所有神话故事。但这种信念已经在普通人心中根深蒂固,以至于'Versipellis'变成了一种常见的咒骂。我会在这里指出这种故事的起源:一个并非无足轻重的希腊作家尤安特斯(Euanthes)告诉我们,阿卡迪亚人声称,某个安图斯(Anthus)②家族会抽签选出一位家庭成员,然后将他带到某个特定的湖边。那人会把自己的衣服挂在湖边的一棵橡树上,游过湖,走进荒野。于是,他就会变成一只狼,与其他同类一起在那里生活九年。如果

---

① 这个词在拉丁语中引申为"叛徒、变节者",源自古代作家记载的一种精神疾病,病人想象自己是一只狼。这种病可能就是现代的"变狼妄想症"。
② 应该不是希腊神话中的同名人物。

一只日耳曼狼人（约 1685 年）

那人能够控制住自己，在九年间都不接触人类，九年后，它就会回到同一个湖边，重新游过湖，恢复人形，外表看起来只是比以前年长了九岁。对此，法比乌斯（Fabius）①补充道，他九年前脱下的衣服还好好地在那里。这件事向我们展示了，希腊人的轻信可以达到怎样惊人的程度！无论谎言多么厚颜无耻，它总是能找到支持者。与之相仿，阿格里奥帕斯（Agriopas）也在他的《奥林匹克冠军志》（*Olympionics*）中记载道，过去，阿卡迪亚人会在祭祀'将人变狼者'朱庇特②的日子里向这位神献上人祭。帕拉西亚③人德迈涅图斯（Demaenetus）就曾杀死一个男孩，进行这种献祭，他在吃

---

① 所指不明。不是罗马历史学家法比乌斯·皮克托尔（Fabius Pictor）。
② "将人变狼者"（Lycaean，"变狼的"）是阿卡迪亚人对宙斯（罗马称朱庇特）的一种特定称呼，源自阿卡迪亚国王吕卡翁把儿童祭献给宙斯，然后被宙斯变成一只狼的传说。参见本书词条"吕卡翁"。帕拉西亚一名即来自吕卡翁的儿子之一帕拉修斯（Parrhasius）。这则传说可能和阿卡迪亚古代的人祭习俗有关，同时，就像老普林尼在这里引用的故事一样，可能暗示了某种狼人信仰。
③ 帕拉西亚（Parrhasia），阿卡迪亚的一个地区。

过男孩的内脏之后变成了一只狼。十年后，他又变回人形，并且受训成为一名拳击运动员，在奥运会上获得了拳击比赛的胜利。"（*Nat. Hist.*, 8.34）耐人寻味的是，老普林尼会将狼人写在《自然史》里，并且很认真地思考它们存在的可能性；最后，他的结论是，这是一个巨大的希腊谣言。然而，"狼"一直都与食人、打破强大的禁忌、变成野兽、"如狼一般"贪婪等概念相关，使人不断地将这种生物与犯罪及恶魔崇拜划上等号。参见**邪狼**。

## 鲸 | Whale

如果不是大自然提供了这么多精彩的例子，这种生物肯定会被归于"幻兽"之列。从对它们庞大的身躯感到惊讶和恐惧的水手们那里产生了丰富的民俗；动物学这门学科出现之前，像老普林尼这样的著名古代作者在试图描述它们的时候往往无法把现实和幻想分开，如**巴莱纳**和**菲塞特尔**。在历史的另一端，只属于普通人的丰富传统已经消失在现代的教育、娱乐和生活中了，关于这些生物的故事一般只会被民俗学家记载下来，如冰岛的"恶鲸"**伊尔赫维尔**，以及词义显而易见的**岛鱼**。在冰岛的传说中，它们的背上仅仅生着石南，而一则斯拉夫传说却讲述了一头背上长着一片森林的鲸，它吞下了一整支舰队，结果使自己体重过重，在原地动弹不得。（Gubernatis, *Zoo. Myth.*, 345; Waugh, 'Folk. Whale', 361-71）

## 鲸类 | Whirlepoole

在菲利蒙·霍兰德翻译的 1601 年版老普林尼《自然史》（第一个英译本）中，他用这个词翻译一种"巨大的鱼类"，拉丁原文为**菲塞特尔**（Physeter）；**巴莱纳**也包括在这一类别中。即**鲸**。

### 吹哨鸟 | Whistler

亦称"七只吹哨鸟"。"一些夜行鸟类的叫声被认为是凶兆:当它们成群飞行时,被称为'七只吹哨鸟'。"(*New Eng. Dict*)在民间传说中,这七只鸟被认为是参与了将耶稣钉上十字架的犹太人的灵魂,或者未受洗便去世的孩子的灵魂。在不同版本的英国传说中,这七只鸟中的六只飞翔在什罗普郡和伍斯特郡,寻找着第七只鸟。当它们找到第七只鸟的时候,世界将迎来终结。它们和**加百列猎犬**等狂猎传说有关,在很大程度上被视为这些狂猎部队的空中版。在英国西部和南部,这种鸟可被确定为中杓鹬(学名为 *Numenius phaeopus*),它们如潺潺流水般的哨声会重复七次;在肯特郡和盖尔郡的传说中,这种鸟是白腰杓鹬(学名为 *Numenius arquata*)。在英伦三岛的其他部分,它们指的则是群集的野鸭或鸻。(Harrison, 'Whistler', 539-41; Wright, *Rust. Sp.*, 197)

### 斯佩白马 | White Horse of Spey

这是在苏格兰的斯佩塞(Speyside)地区作祟的一种**凯尔派**。它们喜欢在风暴之时以及雷声在凯恩戈姆斯(Cairngorms)和克罗姆代尔(Cromdale)的河岸之间轰响时出现,人们可以听到它轻轻的嘶鸣声,看到它的白色身形如闪电般转瞬即逝。它会去和疲惫的旅人搭讪,并很希望自己被骑;骑上这匹马的人会被它淹没在斯佩河的深处。这匹马会唱一首歌,当地人提供的一个版本是:"骑好啦,戴维,/等到今晚十点钟,/你就进了波特克拉维①。"(MacGregor, *Peat-Fire Flame*, 68)

---

① 波特克拉维(Pot Cravie)不知为何地,可能是指某个湖泊的深处或山凹。

## 魂精 | Wight

在日耳曼民间传说中,魂精(丹麦语称为"Vaette")是一种基督教传入之前的精灵①,通常是男性,往往依附于特定的地点,与仙灵略有不同。他们的形象一般是小牛、猫、狗或戴着红色尖帽(源自古代的乡村服饰)的矮人(Dwarf)。他们很调皮,容易生气。一条古老的冰岛法律禁止在船艏饰有龙头的船返回冰岛,因为这会冒犯"土地的魂精",航往异国他乡的船不受这条禁令限制。在其他地方,例如日德兰半岛,人们会在房屋的门槛下埋一只猫或一条蛇,以使它们的灵魂变成保护房屋的魂精(日德兰半岛的土语称为"Vare")。可比较**教堂牺灵**。也有邪恶的魂精(丹麦语称为"Menvaetter"),他们是由被谋杀、自杀、被处死的人的灵魂变成的,会向人类要求定期献祭,但春季的"魂精之火"(丹麦语称为"Vaette-ild")可以反击他们。最著名的魂精,无疑是在圣诞节给孩子们带来礼物的尼森(Nisse),经过基督教的转化,尼森被等同于圣尼古拉(即圣诞老人);参见**尼克尔**。人们应当把食物(粥)放在外面,作为对他的回报。(Schütte, 'Dan. Pag.', 363-4)

## 巴里斯代尔野兽 | Wild Beast of Barrisdale

1937年,苏格兰作家阿拉斯代尔·阿尔平·麦格雷戈写道:"不到六十年前,在霍恩湖岸边的巴里斯代尔,有一个佃农遇到过

---

① 托尔金在《魔戒》中把"Wight"描写为一种战斗力强大的不死生物,从而定义了它在现代作品中的形象。因此,现代奇幻作品普遍将这个词译为"尸妖",但它的本意并非如此。顺带一提,这种用法最早的例子是威廉·莫里斯(William Morris)于1869年翻译的《格雷提萨迦》(*Grettis saga*),这个译本将北欧神话中的"Draug"(一种看守墓穴的不死生物战士)译为"Barrow Wight",托尔金在《魔戒》中使用了同样的词汇。换言之,现代奇幻作品中的"尸妖"其实是"Draug",称它为"Wight"纯属英语误译。

这种怪物。他向自己的邻居说，这只笨拙的生物有巨大的翅膀和三条腿，他经常看到它飞翔在诺伊德特（Knoydart）的群山上，特别是在巴里斯代尔一带。他断言，有一次这只生物对自己图谋不轨，还好他赶紧跑回自己的小屋，躲了起来。直到去世的时候，他都坚称，那只怪物当时追得如此之近，以至于他把屋门摔在了它的脸上。住在霍恩湖更遥远的岸边的居民经常听到'巴里斯代尔野兽'可怕的咆哮，一个叫拉纳德·麦克马斯特（Ranald MacMaster）的老人在群山中发现过这只三腿生物的足迹，足迹一直延伸到巴里斯代尔湾的沙滩上。"（MacGregor, *Peat-Fire Flame*, 82-3）

## 有翼猫 | Winged Cat

参见**翼猫**。

## 维里考 | Wirry-Cow

亦称"wirry-cowe""wurry-cow"或"worrycow"，是苏格兰民间传说中的一种恶灵。它是一种妖怪，也是稻草人的别名（Henderson, *Scot. Prov.*, 252），同时还是一只鬼魂或魔鬼。这个名字的词源被普遍认为来自"担心牛"（worry to cow），不过它更可能是盖尔语词汇"uruisg"（小妖怪）的变体。（Mackay, *Dict. Low. Scot.*, 283）

## 魔犬 | Wish Hounds

参见**夜嘶猎犬**。

## 狼 | Wolf

就是普通的狼，学名为 *Canis lupus*，可以在普通的动物园看到。不过，狼也有一些不普通的亚种；老普林尼于公元 1 世纪在《自然史》中记载道（*Nat. Hist.*, 8.34）："在意大利，狼的眼睛也被认为具有恶性的力量。如果在人看到狼之前，狼先看到人，它就会暂时夺走人的声音。"普林尼对此没有作出任何评判，但他不太相信**狼人**的存在。他还记载了狼尾的神奇功能："人们普遍认为，这种动物的尾巴上的一小绺特定的毛拥有促进爱情的魔力，但当它被猎取之后，这绺毛就会脱落，也会失去力量。要想得到它，必须在狼活着的时候把毛从它的尾巴上揪下来。"普林尼也记载了狼的两个变种"雄鹿狼"和"雌鹿狼"。参见**鹿斑狼**。又参见**芬里尔**和**邪狼**。

## 沃尔珀丁格 | Wolpertinger

这种 *Chimaera bavarica*——"巴伐利亚的**奇美拉**"，是由几种动物的部件拼接而成的幻想动物。它的基础通常是一只野兔或家兔，最简单的形态是给兔子安上角，就像**有角兔**和美国的**鹿角兔**。在历史上有据可查的沃尔珀丁格不能追溯至那幅描绘了有着鹿角和鸭翅的兔子的图画——该图的原图由德国著名画家阿尔布雷希特·丢勒（Albrecht Dürer）绘于 1502 年。[①] 而对 *Lepus conutus*（有角的兔子）的描述最早出自康拉德·格斯纳的《动物史》，这部里程碑式的五卷本博物学巨著于 1551—1558 年（前四部）及 1587 年（第五部）在苏黎世出版；这导致许多重要的早期博物学著作都收录了这种动物，直到它被证明纯属虚构。2013 年，位于慕尼黑的德国狩猎与渔业博物馆举办了一次名叫"与沃尔珀丁

---

① 因为这幅图画（即本书中的插图）是后人在丢勒的《野兔》上修改而成的。

阿尔布雷希特·丢勒的《野兔》（1502 年），被改造为沃尔珀丁格

格一起生活"的特展。在瑞典，类似的生物被称为"Skvader"。
（Kirein, *Wolpertinger*, passim）

## 沃芬噗 | Woofen-Poof

这是一种珍稀的鸟类，由奥古斯特·C. 福瑟林厄姆（Augustus

C. Fotheringham）于 1928 年发现，福瑟林厄姆还为它取了学名 *Eoörnis pterovelox gobiensis*。它生活在戈壁沙漠里，外观介于鹈鹕和翼龙之间，飞行时速最高可达 600 公里。它一定会产下双胞胎，双胞胎的性别不同，未来将相互配对。事实上，"福瑟林厄姆"是康奈尔大学的植物学教授莱斯特·W. 夏普（Lester W. Sharp），在一本描述这种鸟的 34 页的小册子里，他编造了一大堆无用的废话，还附以充足的照片和图表①。"沃芬噗"可能是也可能不是源自"威芬噗"（Whiffenpoof），这个词出自维克多·赫伯特作于 1908 年的轻歌剧《小尼莫》（*Little Nemo*）。（Anon., 'Brief Notices', 112）

## 虫 | Worm

这是英格兰北部与苏格兰低地地区对**龙**的称呼，来自古诺尔斯语的"Ormr"，意为**蛇**或龙。它们中的代表有**莱姆顿虫**、**莱德利虫**、**林顿虫**、波拉德虫（Pollard Worm）、索克本虫（Worm of Sockburn）、**斯托尔虫**。1873 年，亨德森提出，它们都曾是民间活生生的传说；沃尔特·司各特爵士认为，"虫"是人民对巨蛇的记忆的残余，这些巨蛇过去曾出没在不列颠岛上的原始森林中——如果你相信的话。类似的生物参见**林德虫**、**爪虫**；在更远的地区，还有**蒙古死亡蠕虫**。（Henderson, *Notes*, 281; Scott, *Minstrelsy*, III, 291）

## 狼灵 | Wulver

这是设得兰群岛上的一只狼头生物。苏格兰民俗学家杰希·萨

---

① 这当然是一桩恶作剧，但当时却有一些人当真了。

克斯比（Jessie Saxby）似乎是最早记载它的人，她是"维京俱乐部"[①]在20世纪早期的副会长兼分区名誉秘书。据说，狼灵长着一头棕色的短发，喜欢钓鱼。它住在一个山洞里，人们将它坐在上面钓鱼的石头称为"狼灵石"。萨克斯比本人的住址是"安斯特岛鲍尔塔桑德，'狼灵丘'"。（Viking Club, *Saga-Bk*, III, x）

## 湖龙 | Wurrum

这是一种生活在爱尔兰的淡水半龙。W. R. 勒法努[②]写道："那可怕的野兽，湖龙——半鱼半龙——仍然生活在许多山上的湖里。的确，它很罕见，但经常可以听到有关它的传言。"（*Seventy Years*）据说，它们中的一只名叫**布兰**的特定个体就生活在爱尔兰凯里郡的布林湖中。爱尔兰诗人叶芝也曾在《凯尔特的薄暮》中写道："这里的确还有某些更加强大的生物，它们藏在湖里，渔网和鱼线不可能捕到它们。"（*Celt. Twilight*, 108）参见**皮阿斯特**。

## 龙／虫 | Wyrm

参见**虫**。

## 飞龙 | Wyvern

这是一种有翼的蛇形生物，生有两只鹰腿和一条带刺的尾巴，

---

[①] 全称为"研究北欧文化的维京学会"（Viking Society for Northern Research），于1892年在伦敦成立，致力于研究和推广斯堪的纳维亚古代文化。
[②] 威廉·理查德·勒法努（William Richard Le Fanu，1816—1894），爱尔兰工程师，晚年著有回忆录《七十年的爱尔兰生活》（*Seventy Years of Irish Life*），里面提到了许多奇闻轶事。

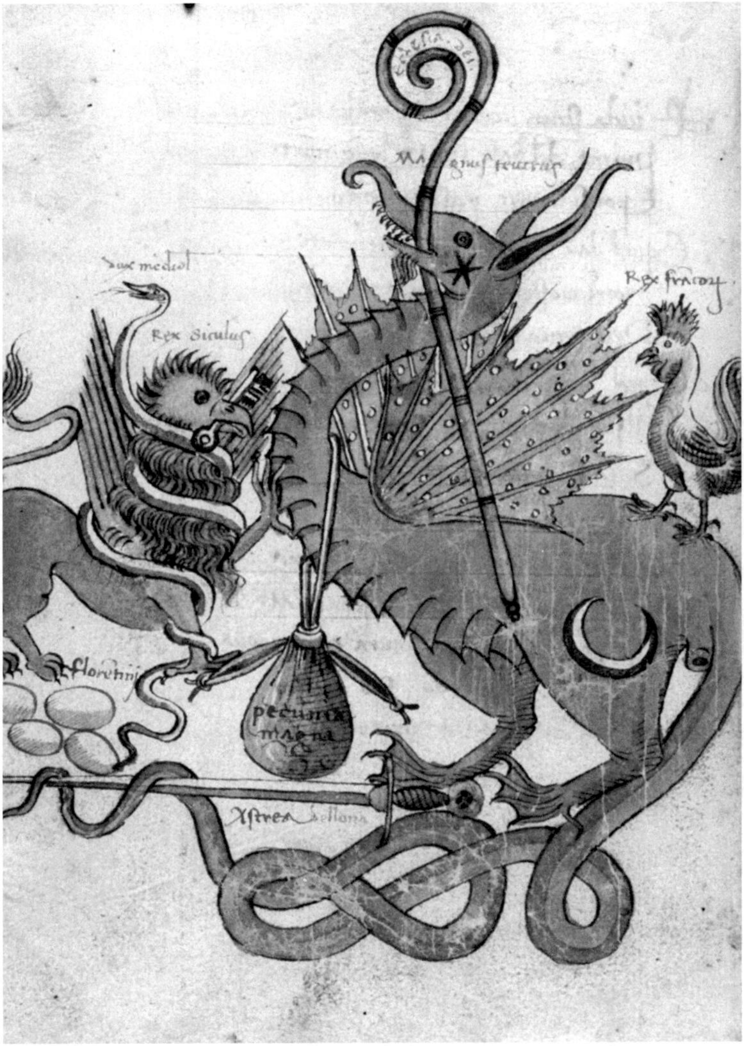
Dux mediol
Rex siculus
Rex fracoz
pecunia magna
Astrea Bellona

飞龙（15 世纪）

尾巴通常被描绘成卷曲或交缠的样子。在贝叶挂毯上的一个早期例子可以被视为它的标准形象。它象征着邪恶、瘟疫和嫉妒，但出现在纹章上的时候，它象征的则是推翻暴政或打倒一个特别邪恶的敌人，这在纹章学中有几个例子。它看似与**龙**有关，因此经常被人混淆。（Vinycomb, *Fict. Sym.*, n.p）

## 塞科特科瓦奇 | Xecotcovach

这是一只巨大的原初怪鸟,出自中美洲(主要在危地马拉)的基切人的神话。塞科特科瓦奇属于四只一组的毁灭精魂中的一只。起初,主神们创造了大地和动物,然后用木制的人体模型造成人类,放到这个新世界里。然而,诸神和人类后来发生了争执,神祇遂想毁灭人类。于是,大洪水淹没了人类,一块厚厚的树脂也从天而降(大概是想把人类闷死),怪鸟塞科特科瓦奇啄出他们的眼睛,怪鸟卡穆拉兹(Camulatz)扯下他们的头颅,怪鸟科兹巴拉姆(Cotzbalam)吃他们的肉,怪鸟特库姆巴拉姆(Tecumbalam)折断他们的骨头。然后,诸神的其他造物也群起攻击人类。(Spence, *Popol Vuh*, 10-11)

## 修克阿特尔 | Xiuhcoatl

出自中美洲神话。这个名字的字面意思为"绿松石蛇",实际含义为"火蛇"。这种生物是被神祇维齐洛波奇特利(Huitzilopochtli,"蜂鸟巫师")作为武器创造的,他用修克阿特尔与叛乱的兄弟姐妹作战,并将他们歼灭。修克阿特尔是"红色黎明"的象征。火神修提库特利(Xiuhtecuhtli)穿着火蛇衣服,羽蛇神**奎扎尔科亚特尔**的代表装束是绿松石蛇面具。(Spence, *Gods Mexico*, 66, 211, 324)

## 雅库妈妈 | Yacu Mama

即"水之母",是南美洲的一种拥有某种程度的超自然力量的**蛇**类。它十分巨大,主要出没于湖泊丰富的亚马孙河河口地带,会在水域中掀起暴风雨,打翻土著人的独木舟,然后将他们囫囵吞下。因此,当地人在冒险下水之前会吹起号角,制造巨大的噪音,以赶走这只怪物。1845 年,曼纽埃尔·卡斯特鲁齐·德·耶马札(Manuel Castrucci de Yemazza)神父对沿法斯塔扎(Fastaza)河岸而居的欧伊瓦罗斯(Oivaros)及扎帕罗斯(Zaparos)部落进行了一次传教之行。在记录中,他这样描述这只野兽:"只要有人看到这只怪物,它就会将惊慌和恐怖灌入哪怕是最为大胆的人的心灵。它从不寻找或追踪猎物;它的灵力是如此强大,仅靠呼吸就能把飞禽走兽拉到自己身边。这种能力的有效范围是二十到五十码,具体距离由个体的体形决定。这就是当我(以及五名装备鸟枪的射手)航行在法斯塔扎河上时,会威胁我们的生命的东西——我的独木舟高两码,长十五码;但当地的印第安人向我发誓说,那种动物的直径有三到四码,长度有三十到四十码。它们能囫囵吞下整只猪、鹿、老虎以及人,无论那人拥有怎样完善的装备。"据说这种怪物实际上是红尾蚺(学名为 *Boa constrictor*),虽然它在传说中的大小远远大于任何迄今为止报告过的、现实存在的个体。(Herndon, *Exploration*, 168-9)

## 雅胡 | Yahoo

亦称"幽威"（Yowie），出自澳大利亚土著的传说。这是一种类似猿猴的怪物，根据描述，它的高度和整体轮廓都与人类相仿，长长的白发从头上披下，有超长的手臂，生着爪子而不是手，脚踵朝后。虽然现在"幽威"一词更为常见，但"雅胡"是对这种生物最早的称呼，第一份有这个词的记录出自 1842 年。"幽威"可能是"雅胡"之讹。"雅胡"这个词本身无疑出自乔纳森·斯威夫特著于 1726 年的《格列佛游记》，斯威夫特在这本书中描写了虚构的生物"雅胡"。其后，这个词又变成了一般用语，用来形容野蛮、粗鲁的人。( Anon., 'Super. Aus. Abo.', 92-6 )

## 耶鲁兽 | Yale

这个名字源自拉丁语"eale"，具体意义不明。[①] 它的大小似河马，尾巴如大象，头部像野猪，还生有两支独立的、可自由活动的角。对它的最初记载出自老普林尼的《自然史》( *Nat. Hist.*, 8.30 )，他认为这种生物产自埃塞俄比亚："此外，还有一种叫'耶鲁兽'的动物。它有河马那么大，尾部与大象相似，毛色呈黑色或深褐色，长着野猪的颚部，还有两支长度超过一肘的角，这两支角可以自由活动。在战斗时，它可以交替使用这两支角，使它们直指对方，或偏向一旁。"这种生物也被用在纹章中，例如亚伯勒伯爵（Earl of Yarborough）家的纹章就是耶鲁兽。

---

[①] 又称"Jall"，在法语中称为肯提克尔（Centicore）。附带一提，耶鲁大学（Yale University）的校名来自大学的捐助者、东印度公司总裁伊利胡·耶鲁（Elihu Yale），与这种生物并无关系。

雅胡（1913年）

## 夜嘶猎犬 | Yeth Hound

出自德文郡的民间传说。"Yeth Hound"意为"死亡猎犬"，亦称"Yell-Hound"（嚎叫猎犬）或"Wish Hound"（魔犬）①。这是一种无头狗，被认为是未受洗便夭折的孩子的灵魂变成的。这些灵魂被禁止进入天堂，于是就黯夜彷徨于乡间，尽管没有发声器官，却能不停地哀嚎。它们有时还会被一个无头的猎人"威斯曼"（Wistman，源自奥丁的一个别名"Wusc"或"Wisc"）带领着。据说，达特姆尔高原边缘的海岬"恶魔岩"（Dewerstone②）是它们聚会的地点，而被称为"阿伯特之路"（Abbot's Way）的古老道路是它们的猎场。民俗学家罗伯特·亨特（Robert Hunt）

---

① 罗伯特·亨特认为，这里的"wish"不是"希望"，而是德文郡土语"wishtness"，用来形容有魔力的或超自然的事物，同样源自奥丁的别名"Wisc"。（Hunt, *Pop. Rom.*, 145）

② "Dewer"是一个古凯尔特词汇，即"Devil"。

耶鲁兽(中世纪)

曾回忆道,有人说过:"弗朗西斯·德雷克爵士夜里会驾着由无头马拉的灵车进入普利茅斯,车后还跟着一大群无头的'嚎叫猎犬'(yelling hounds)。狗听到这些魔犬(wish hounds)的嚎叫便会丧命。"(Hunt, *Pop. Rom.*, 29, 145)参见**丹迪犬**和**加百列猎犬**。(Anon. *Dial. Dev.*, 97; Norway, *High. By.*, 149)

## 耶提 | Yeti

即"令人厌忌的雪人"(Abominable Snowman),是一种山居的猿类生物,据猜测生活在喜马拉雅山脉中。对它最早的记载出自英属印度陆军少校劳伦斯·奥斯汀·沃德尔笔下,他曾是加尔各答医学院的化学及病理学教授。当时,沃德尔正在探索一条通往锡金高原的东加(Dong-kia)关口的道路,他观察当地的花卉和动物,并记录海拔高度等因素对人体的影响。当走到一个叫杰尔瓦(Jarwa)的标高5200米的地方时,"雪中出现了一些大脚印,横穿过我们面前的道路,走向更高的山峰。人们断言,这是多毛的野人留下的痕迹,它们被认为是生活在永恒的雪中。除它们之外,还有传说中的白色狮子,据说即使在风暴中也能听到它们的吼声。藏族人普遍相信这些生物的存在"。

喜马拉雅山脉中的疑似耶提脚印
(左脚)(1976年)

此时暴风雪袭来,使沃德尔无法追踪。后来的询问令他失望:"我就这个问题问了许多藏族人,但他们没有一个能举出真实的事例。肤浅的调查只能得到道听途说的结果。"他认为,"这些所谓的'多毛的野人'显然是巨大的黄色雪熊(学名为 Ursus isabellinus),它们几乎是纯粹的肉食动物,经常杀死牦牛"。这种熊现在一般称为"喜马拉雅棕熊"(学名为 Ursus arctos isabellinus),当地人称为"Dzu-Teh"。(Waddell, *Am. Him.*, 223)此后,也有一些关于脚印和目击事件的进一步报道,还发现了可供分析的毛发标本——尼泊尔的昆琼寺(Khumjung monastery)竟然宣称自己拥有一块野人头皮,还把它锁在玻璃柜里展览。虽然猜测还在持续,但这些发现都没有解决问题。(Sanderson, *Abominable*, passim)"令人厌忌的雪人"一语从20世纪50年代开始流行起来,这个称呼最初出自1951年12月31日出版的那一期《生活》(*Life*)杂志。

# Z

### 扎哈克 | Zahhak

参见**阿兹·达哈克**。

### 扎尔提斯 | Žaltys

这是立陶宛民间传说中的一种神奇的绿**蛇**(草蛇)。它是"诸神的哨兵",被认为会给所在的房屋带来幸运——不管是藏在角落里,藏在床下,还是盘在桌子上。它会带来幸福和繁荣,保证土地高产、家庭繁衍。(Gimbutas, *Balts*, 38)

### 席兹 | Ziz

根据犹太传说,席兹是耶和华在创世第六天创造的,为万鸟之王,与万鱼之王**利维坦**、万兽之王**贝希摩斯**并列。和那两只巨怪一样,席兹也极为巨大:"他的脚踝歇在地上,他的头伸向天空……他的翼翅庞大,展开使天空黑暗。"[1] 同样和另外两者相仿,席兹会每年一次地威吓自己统治的生物,以防它们互相吞噬殆尽:

---

[1] 出自犹太教神学典籍《阿嘎达》(Aggadah)。

"在提斯利月<sup>①</sup>,秋分之时,巨鸟席兹会挥动他的翼翅,高声啼鸣。于是那些猛禽,那些鹰和秃鹫,便惊悸而退,不敢去扑击其他鸟类,在贪婪中将它们捕食。"它的名字源于它的肉的不同味道:"它的味道像这个(seh)、像那个(seh)。"在世界终结之时,席兹的肉将作为奖赏,给那些弃绝了不洁鸟类的义人食用。(Ginzberg, *Legends Jews*, I, 4-5, 28-9)

## 祖鸟 | Zu bird

亦称**安祖**。在巴比伦神话中,他是一只"神圣的风暴之鸟",被称为"食肉鸟、狮鸟或巨鸟<sup>②</sup>、狞猛鸟、利喙鸟"。祖曾是一位神祇(亚述人称他为"Za"或"Zi"),但由于犯下了一些晦涩不明的暴行(被称为"祖神之罪"),他被诸神追杀,"逃跑后躲在自己的

恩利尔与祖鸟(亚述浮雕)

---

① 犹太教历7月、犹太国历1月,在公历9月与10月之间。
② 祖鸟的形象被表现为半狮半鹰。参见插图。

国度，将自己转化为这种贪婪的猛禽"。（Smith, *Chaldean*, 113-22）他有着恶魔般的模样，"从邪恶的奴仆爬升到邪恶之首"，并且领导了一场针对诸神的叛乱。他的"罪行"是窃取"天命之书版"，这使他拥有了宇宙的力量。祖鸟象征着从阿拉伯沙漠吹来的夏季沙尘暴，他在夜空中的对应星座是我们所说的飞马座和金牛座。在神话学上，它与印度的**迦楼罗**同源。（Mackenzie, *Myth. Bab.*, 75）

# 参考文献

## 手稿

'Aberdeen Bestiary', Aberdeen University Library, Univ. Lib. MS 24.
'*Bestiaire of Pierre de Beauvais*', Bibliothèque Nationale de France, Nouv. acq. fr. 13521.
[Bestiary], British Library, Harley MS 4751.
Folieto, Hugo de, '*A viarium / Dicta Chrysostomi*', British Library, London, MS Sloane 278 (published in Druce, 'Elephant').
'Marvels of the East', British Library, Cotton Tiberius B. v, ff.78v-87v.
'Rochester Bestiary', British Library, Royal MS 12 F xiii.

## 已出版文献

Abercromby, John, 'Magic Songs of the Finns', *Folk-Lore*, vol. I (1890), pp. 17-46.
Abercromby, John, *The Pre-and Proto-Historica Finns Both Eastern and Western with The Magic Songs of the West Finns*, vol. II. London: David Nutt, 1898.
Adam, Alexander, *A Summary of Geography and History, Both Ancient and Modern*, London: A. Strahan, 1802.
Ælian, *De Natura Animalium*, Latin trans. Friedrich Jacobs. Jena: Frommann, 1832.
Aeschylus, Fragment 155, in Aristophanes, *The Frogs of Aristophanes*, trans. W.C. Green. Cambridge: Cambridge University Press, 1888.

Alcock, Elizabeth A., 'Pictish Stones Class I: Where and How?', *Glasgow Archaeological Journal*, Vol. 15 (1988-9), pp. 1-21.

Aldington, Richard, *The Strange Life of Charles Waterton*. London: Evans Brothers, 1949.

Aldrovandi, Ulyssis, *Ornithologiae*, 4 vols. Bologna, 1599-1603.

Aldrovandi, Ulyssis, *De Piscibus libri V.* Bononiae: Bellagambam, 1613.

Aldrovandi, Ulyssis, *Serpentum et Draconum Historiae libri duo.* Bononiae: C. Ferronium, 1640.

Alexander, R. M., 'The Evolution of the Basilisk', *Greece & Rome*, Vol. 10, No. 2 (Oct., 1963), pp. 170-81.

Almqvist, Bo, 'Waterhorse Legends (MLSIT 4086 & 4086B): The Case For and Against a Connection between Irish and Nordic Tradition', 'The Fairy Hill Is on Fire! Proceedings of the Symposium on the Supernatural in Irish and Scottish Migratory Legends', *Béaloideas*, 59 (1991), pp. 107-20.

Ananikian, M.H., 'Armenia (Zoroastrianism)', in *The Encyclopedia of Religion and Ethics*, vol. 1. Edinburgh: T. & T. Clark, 1908.

Andrews, Roy Chapman, *On the Trail of Ancient Man: A Narrative of the Field Work of the Central Asiatic Expeditions*. New York and London: G.P. Putnam's Sons, 1926.

Anglicus, Bartholomaeus, *Medieval Lore from Bartholomew Anglicus*, ed. Robert Steele. London: The De La More Press, 1905.

Anichkov, Eugene, 'St. Nicolas and Artemis', *Folklore*, 5.2 (June, 1894), pp. 108-20.

Anon. [Mary Reynolds Palmer], *A Dialogue in the Devonshire Dialect*. London: Longman, Rees, Orme, Brown, Green and Longman, 1837.

Anon., Beowulf, trans. John M. Kemble. London: William Pickering, 1837.

Anon., 'Brief Notices', *The Quarterly Review of Biology*, Vol. 5, No. 1 (March 1930), pp. 98-131.

Anon., 'Superstitions of the Australin Aborigines: The Yahoo', *Australian and New Zealand Monthly Magazine*, 1.2 (February 1842), pp. 92-6.

Anon., 'Tales of the Water-Kelpie', *Celtic Magazine*, XII (1887), 511-15.

[Pseudo-]Apollodorus, *Apollodorus, The Library*, trans. Sir James George Frazer. London: William Heinemann, 1921.

Apollonius Rhodius, *Argonautica*, trans. E.V. Rieu. Harmondsworth: Penguin, 1959.

Aristotle, *Aristotle's History of Animals*, trans. Richard Cresswell. London: George Bell & Sons, 1878.

Aristotle, *Historia Animalium*, trans. D'Arcy Wentworth Thompson, *The Works of Aristotle*, vol. 4. Oxford: Clarendon Press, 1910.

Arnoldson, Torild Washington, *Parts of the Body in Older Germanic and Scandinavian*. Chicago: University of Chicago Press, 1915.

[Arrian], *Arrian*, trans. E. Iliff Robson, 2 vols. London: Heinemann, 1933.

Artedi, Peter, *Philosophia Ichthyologica*. Grypeswaldiae: Ant. Ferdin. Röse, 1738.

Baily, James Thomas Herbert, [No Title], *The Connoisseur*, 203, 1980, p. 108.

Barandiarán, J.M. de, 'Die prähistorischen Höhlen in der baskischen Mythologie', *Paideuma* (July 1941).

Barnum, P.T., *The Life of P.T. Barnum*. Buffalo: Courier, 1888.

Barton, George A., 'Tiamat', *Journal of the American Oriental Society*, 15, 1893, pp. 1-27.

Bassett, Fletcher, *Legends and Superstitions of the Sea and of Sailors*. Chicago and New York: Belford, Clarke & Co., 1885.

Bassett, M.G., "'Formed Stones', Folklore and Fossils", *Amgueddfa*, 7, 1971, pp. 2-17.

Belon, Pierre, *De Aquatilibus*. Paris: C. Stephanum, 1553.

Bertholin, Thomas, *Historiarum Anatomicarum Rariorum*, vol. 1, Amsterdam: Joannes Henrici, 1654.

Binns, Ronald, *The Loch Ness Mystery Solved*, Open Books, 1983.

Black, G.F., *Country Folk-Lore, vol. III: Orkney and Shetland Islands*, ed. Northcote W. Thomas. London: David Nutt, 1903.

Blanchet, A., 'Recherches sur les "grylles" ', *Revue des études anciennes*, XXIII (1921), pp. 43-51.

Blind, Karl, 'Scottish, Shetlandic and Germanic Water Tales', The Contemporary Review, vol. XL (July-December, 1881), pp. 186-207.

Boer, Richard Constant, (ed.), *Orvar-Odds Saga*. Leiden: E.J. Brill, 1888.

Bonnaterre, Pierre Joseph, *Tableau Encyclopedique et Methodique*. Paris: Panckoucke, 1789.

Bossewell, John, *Works of Armorie*. London: Richard Totelli, 1572.

Boswell, James, *The Journal of a Tour to the Hebrides with Samuel Johnson*. London: Henry Baldwin, 1785.

Brand, John, *Popular Antiquities of Great Britain: Faiths and Folklore; A Dictionary of National Beliefs, Superstitions and Popular Customs* [...], ed. Sir Henry Ellis, 2 vols. London: Rivington et al., 1813; new ed. William Carew Hazlitt. London: Reeves and Turner, 1905.

Breiner, Laurence A., 'The Career of the Cockatrice', *Isis*, vol. 70, no. 1 (March 1979), pp. 30-47.

Brooke, Stopford A., *The History of Early English Literature*. New York: Macmillan & Co., 1892.

Brooks, John, 'The Nail of the Great Beast', *Western Folklore*, Vol. 18, No. 4 (Oct., 1959), pp. 317-21.

Brontë., Charlotte, *Jane Eyre*. London: Smith, Elder & Co., 1847.

Brown, Charles E., *Paul Bunyan Tales*. Madison WI: N.p., 1922.

Brown, Charles E., *Paul Bunyan: Natural History*. Madison, WI: N.p., 1935.

Buckland, Francis T., *Curiosities of Natural History*, vol. II. London: Richard Bextley, 1868.

Buckland, Frank [Francis], *Log-Book of a Fisherman and Zoologist*. London: Chapman & Hall, 1875.

Budge, E.A. Wallis, *The Egyptian Book of the Dead: The Papyrus of Ani*. London: British Museum, 1895.

Budge, E.A. Wallis, *The Babylonian Legends of the Creation*. London: Harrison and Sons, 1921. Buffon, Georges Lois Leclerc, comte de, *Buffon's Natural History*, vol. VIII. London: H.D. Symonds, 1807 [1797].

Burns, Robert, *The Works of Robert Burns*, ed. James Currie, vol. III. Liverpool: J. M'Creery, 1800.

Burton, Robert, *The Anatomy of Melancholy*. Philadelphia: E. Claxton & Co., 1883 [1621].

Caesar, C. Julius, *Caesar's Gallic War*, trans. W.A. McDevitte and W.S. Bohn. New York: Harper & Brothers. 1869.

Calvert, Albert F., *The Aborigines of Wester Australia*. London: Simpkin, Marshall, Hamilton, Kent & Co., 1894.

Cambrensis, Giraldus, *The Historical Works of Giraldus Cambrensis*, trans. Thomas Forester and Sir Richard Colt Hoare. London: George Bell and Sons, 1894.

Campbell, Alexander, *The History of Leith*. Leith: William Reid & Son, 1827.

Campbell, J.F., *Popular Tales of the West Highlands*, New Edition, vol. IV.

London: Alexander Gardner, 1893.

Campbell, J.F., *The Celtic Dragon Myth*, trans. George Henderson. Edinburgh: J. Grant, 1911.

Campbell, John Gregorson, *Superstitions of the Highlands and Islands of Scotland*. Glasgow: MacLehose and Sons, 1900.

Carmichael, Alexander, *Carmina Gadelica: Hymns and Incantations*, 2 vols. Edinburgh: T. and A. Constable, 1900; new ed., Oliver and Boyd, 1928.

Carrington, Richard, *Mermaids and Mastodons*, pp. 59-62.

Caxton, William, *Caxton's Mirrour of the World*, ed. Iliver H. Prior. London: Early English Text Society, 1913.

Chaucer, Geoffrey, *The Canterbury Tales*. London: William Caxton, 1478.

Collaert, Adriaen, *Animalium Quadrupedum*. Antwerp: n.p., 1612.

Cook, Albert Stanburrough, and James Hall Pitman (trans.), *The Old English Physiologus*. Oxford: Oxford University Press, 1821.

Costello, Peter, *In Search of Lake Monsters*. Berkeley: Medallion Books, 1974.

Cox, William T., *Fearsome Creatures of the Lumberwoods, With a Few Desert and Mountain Beasts*. Washington: Judd & Detweiler, Inc., 1910.

Craigie, William A., *Scandinavian Folk-Lore*. London: Alexander Gardner, 1896.

Crawhall, Joseph, *History of the Lambton Worm; Also, The Laidley Worm of Spindleston Heugh*. Newcastle: W. and T. Fordyce, n.d.

Ctesias, *Ancient India as Described by Ktesias the Knidian*, ed. J.W. McCrindle. London: Trübner & Co., 1882.

Curry, Andrew, 'The Dawn of Art', *Archaeology*, Vol. 60, No. 5 (September/October 2007), pp. 28-33.

Curtis, Edmund, 'Some Medieval Seals out of the Ormond Archives', T*he Journal of the Royal Society of Antiquaries of Ireland*, Seventh Series, Vol. 6, No. 1 (30 June 1936), pp. 1-8.

Czaplicka, M.A., *Shamanism in Siberia*. Oxford: Clarendon Press, 1914.

Dance, Peter, *Animal Fakes and Frauds*. London: Sampson Low, 1976.

Daniel, William Barker, *Rural Sports*. London: Bunny and Gold, 1801.

Davidson, H.R. Ellis, *Pagan Scandinavia*. London: Thames & Hudson, 1967.

Davidson, Olaf, 'The Folk-Lore of Icelandic Fishes', *The Scottish Review* (July and October, 1900), pp. 312-32.

Davis, F. Hadland, *Myths and Legends of Japan*. London: George G. Harrap &

Co., 1912.

Dennison, W. Traill, '326. Orkney Folklore. Sea Myths. -4. Nuckelavee', *The Scottish Antiquary*, vol. 5 (1891), 130-3.

Dennison, W. Traill, '495. Orkney Folklore. -11. Selkie Folk', *The Scottish Antiquary*, vol. VII (1903), 171-7.

Derrett, J. Duncan M., 'The History of Palladius on the Races of India and the Brahmans', Classica et Mediaevalia, 21 (1960), 64-135.

Ditchfield, Peter Hampson, *Old English Customs Extant at the Present Time*. London: George Redway, 1896.

Dixon, Roland B., *Oceanic Mythology*. Boston: Marshall Jones Company, 1916.

Doblhoff, Josef Frh. v., 'Altes und Neues vom "Tatzelwurm" ', *Zeitschrift für Österreichische Volkskunde* (1896), 142-67.

O'Donoghue, Denis, *Brendaniana: St Brendan the Voyager in Story and Legend*. Dublin: Browne & Nolan, 1893.

O'Donovan, J., *Tribes and Customs of Hy Many*. Dublin: Irish Archaeological Society, 1843.

Douglas, Sir George, *Scottish Fairy and Folk Tales*. London: Walter Scott, 1901.

Druce, George C., 'The Caladrius and its Legend, Sculptured upon the Twelfth-Century Doorway of Alne Church, Yorkshire', *Archaeological Journal*, 69 (1912), 381-416.

Druce, George C., 'The Elephant in Medieval Legend and Art', *Journal of the Royal Archaeological Institute*, vol. 76 (1919).

Druce, George C., 'An Account of the Mermecoleon or Ant-Lion', *Antiquaries Journal*, 3, 1923, 347-64.

Drugulin, W.E., *Historischer Bilderatlas*. Leipzig, 1863.

Durham, M. Edith, 'High Albania and its Customs in 1908', *The Journal of the Royal Anthropological Institute of Great Britain and Ireland*, Vol. 40 (Jul.-Dec., 1910), pp. 453-72.

Dyer, T.F. Thiselton, *The Folk-Lore of Plants*. London: Chatto & Windus, 1889.

Dyer, T.F. Thiselton, *The Ghost World*. London: Ward & Downey, 1893.

Easton, M.G., *The Illustrated Bible Dictionary*. London: Thomas Nelson, 1897.

Eberhardt, George, *Mysterious Creatures: A Guide to Cryptozoology*, 2 vols. Bideford: CFZ, 2013.

Egede, Hans, *A Natural Description of Greenland*. London: C. Hitch, 1745.

Eiichirô, Ishida, 'The "Kappa" Legend: A Comparative Ethnological Study on the Japanese Water-Spirit "Kappa" and Its Habit of Trying to Lure Horses into the Water', *Folklore Studies*, 9 (1950), pp. 1-152.

Ellis, Richard S., 'The Trouble with "Hairies" ', *Iraq*, Vol. 57 (1995), pp. 159-65.

Elvin, Charles Norton, *A Dictionary of Heraldry*. London: Kent and Co., 1889.

Eric, Duncan, *Rural Rhymes, and The Sheep Thief*. Toronto: W. Briggs, 1896.

L'Estrange, John, *The Eastern Counties Collectanea*. Norwich: Tallack, 1872.

Euripides. *The Complete Greek Drama*, ed. Whitney J. Oates and Eugene O'Neill, Jr., 2 vols. 1. *Heracles*, trans. E. P. Coleridge. New York. Random House. 1938.

Evershed, Samuel, 'Legend of the Dragon-Slayer of Lyminster', *Sussex Archaeological Collections*, 18 (1848), pp. 180-3.

Fanu, W.R. Le, *Seventy Years of Irish Life*. London: E. Arnold, 1893.

Farmer, John Stephen, and William Ernest Henley, *Slang and its Analogues Past and Present*. London: printed for subscribers, 1890.

Felsecker, Johann, *Abermaliger Wunders*. Nuremberg: n.p., 1683.

Forbes, Alexander Robert, *Gaelic Names of Beasts (Mammalia), Birds, Fishes, Insects, Reptiles, Etc.* Edinburgh, Oliver and Boyd, 1905.

Fox-Davies, Arthur Charles, *A Complete Guide to Heraldry*. London: TG & EG Jack, 1909.

Freeman, J.J., *South African Christian Recorder*, vol. I (no date), p. 33.

G., M.C., 'A Sea Spider', *Magazine of Natural History*, 2 (1829), p. 211.

Gadd, C.J., 'Some Contributions to the Gilgamesh Epic', *Iraq*, 8.2 (Autumn, 1966), pp. 105-21.

Galen, *De Theriaca ad Pisonem*, in *Claudii Galeni Opera Omnia*, ed. C.G. Kühn. Leipzig: C. Cnobloch, 1821-33.

Gessner, Conrad, *Historiae Animalium, 4 vols*. Zurich, 1551-8.

Giles, J.A., (ed.), *Six Old English Chronicles*. London: George Bell & Sons, 1896.

Gimbutas, Marija, *The Balts*. London: Thames and Hudson, 1963.

Ginzberg, Louis, *The Legends of the Jews*, trans. Henrietta Szold, 7 vols. Philadelphia: Jewish Publication Society of America, 1909.

Goldsmith, Oliver, *A History of the Earth and Animated Nature*, 8 vols.

London: J. Nourse, 1774.

Goodman, Steven M., 'Description of a New Species of Subfossil Eagle from Madagascar: Stephanoaetus (Aves: Falconiformes) from the Deposits of Ampasambazimba', *Proceedings of the Biological Society of Washington*, 107 (1994), pp. 421-8.

Goodrich-Freer, A., 'More Folklore from the Hebrides', *Folklore*, 13.1 (Mar. 25, 1902), pp. 29-62.

Gosse, Philip Henry, *The Romance of Natural History*. Boston: Gould and Lincoln, 1864.

Gould, Charles, *Mythical Monsters*. London: W.H. Allen & Co., 1886.

Grammaticus, Saxo, [*Gesta Danorum*] *The Nine Books of Danish History of Saxo Grammaticus*. New York, Norroena Society, 1905.

Graves, Robert, 'Greek Myths and Pseudo Myths', *The Hudson Review*, 8.2 (Summer, 1955), pp. 212-30.

Gray, G.A., 'Remarks on a Specimen of Kingfisher, Supposed to Form a New Species of the Tanysiptera', *Annals and Magazine of Natural History*, 6 (1841), pp. 237-8.

Gray, J.E., 'On a New Genus of Mytilidae, and on some Distorted Forms which occur among Bivalve Shells', *Proceedings of the Zoological Society of London*, 26 (1858), pp. 90-2.

Green, Anthony, 'Neo-Assyrian Apotropaic Figures: Figurines, Rituals and Monumental Art, with Special Reference to the Figurines from the Excavations of the British School of Archaeology in Iraq at Nimrud', *Iraq*, Vol. 45, No. 1, Papers of the 29 Rencontre Assyriologique Internationale, London, 5-9 July 1982 (Spring, 1983), pp. 87-96.

Green, Anthony, 'A Note on the "Scorpion-Man" and Pazuzu', *Iraq*, 47 (1985), pp. 75-82.

Green, Anthony, 'A Note on the Assyrian "Goat-Fish" , "Fish-Man" and "Fish-Woman" ', *Iraq*, 48 (1986), pp. 25-30.

Green, Anthony, 'A Note on the "Lion-Demon" ', *Iraq*, 50 (1988), pp. 167-8.

Grimm, Jacob, *Teutonic Mythology*, trans. James Steven Stallybrass, 4 vols. London: George Bell & Sons, 1883.

Gubernatis, Angelo de, *Zoological Mythology*. London: Trübner & Co., 1872.

Gudger, E.W., 'Jenny Hanivers, Dragons and Basilisks in the Old Natural History Books and in Modern Times', *Scientific Monthly*, 38.6 (Jun. 1934), pp. 511-23

Guest, Lady Charlotte, *The Mabinogion*. London: Bernard Quaritch, 1877.

Guillim, John, *A Display of Heraldrie*. London: n.p., 1610.

Gurdon, Lady Eveline Camilla, *Suffolk*, County Folk-Lore, Printed Extracts No. 2. London, D. Nutt, 1893.

Hagen, H.A., 'The History of the Origin and Development of Museums', *The American Naturalist*, 10 (1876), pp. 80-9.

Hagen, Sivert N., 'The Origin and Meaning of the Name Yggdrasill', *Modern Philology*, 1.1 (Jun. 1903), pp. 57-69.

Hakluyt, Richard, *The Principal Navigations, Voyages, Traffiques and Discoveries of the English Nation*, 12 vols. Glasgow: James MacLehose and Sons, 1903-05.

Hansen, George P., 'The Loch Ness Monster: A Guide to the Literature', *Zetetic Scholar*, 11, 1983.

Hardiman, James, (ed.), *A Chorographical Description of West or H-Iar Connaught, Written AD 1684 by Roderic O'Flaherty*. Dublin: Irish Archaeological Society, 1846.

Hardwick, Charles, *Taditions, Superstitions and Folk-Lore, Chiefly Lancashire and the North of England*. London: Simpkin, Marshall & Co., 1872.

Harland, John, *A Glossary of Words Used in Swaledale, Yorkshire*. London: English Dialect Society, 1873.

Harrison, Jr, Thomas P., 'Two of Spenser's Birds: Nightraven and Tedula', *Modern Language Review*, 44.2 (April 1949), pp. 232-5.

Harrison, Jr, Thomas P., 'The Whistler, Bird of Omen', *Modern Language Notes*, 65.8 (Dec., 1950), pp. 539-41.

Hartland, Edwin Sidney, *English Fairy and Other Folk Tales*. London: Walter Scott, 1890.

Hatto, A.T., *Essays on Medieval German and Other Poetry*. Cambridge: Cambridge University Press, 2010 [1980].

Haussig, Hans Wilhelm (ed.), *Götter und Mythen im Alten Europa*. Stuttgart: Ernst Klett, 1973.

O'Hear, Natasha and Anthony, *Picturing the Apocalypse*. Oxford: Oxford University Press, 2015.

Henderson, Andrew, *Scottish Proverbs*. Edinburgh: Oliver & Boyd, 1832.

Henderson, George, *Survivals of Belief Among the Celts*. Glasgow: James

MacLehose and Sons, 1911.

Henderson, William, *Notes on the Folk-Lore of the Northern Counties of England and the Borders*. London: W. Satchell, Peyton and Co., 1879.

Herndon, William Lewis, *Exploration of the Valley of the Amazon*. Washington: R. Armstrong, 1854.

Herodotus, *The History of Herodotus*, trans. George Rawlinson. London: John Murray, 1859.

Hesiod, *Hesiod, The Homeric Hymns and Homerica*, trans. H.G. Evelyn-White. London: William Heinemann, 1914.

Hesiod, *Theogony*, in *Hesiod, The Homeric Hymns and Homerica*, trans. H.G. Evelyn-White. London: William Heinemann, 1914, pp. 78-153.

Hippo, Augustine of, *Sermo* 316:2 -In Solemnitate Stephani Martyris; Duri Iudaei in Stephanum.

Höfler, Otto, *Kultische Geheimbünde der Germanen*. Frankfurt: Moritz Diesterweg, 1934.

Hoefnagel, Joris, *Animalia Quadrupedia et Reptilia (Terra)*. Frankfurt: 1580.

Holiday, F.W., *The Great Orm of Loch Ness*. New York: W.W. Norton, 1969.

Holmberg, Uno, *Die Wassergottheiten der finnisch-ugrischen Völker*. Helsinki: die Gesellschaft, 1913.

Homer, *The Iliad*, trans. A.T. Murray, 2 vols. London: William Heinemann, 1924.

Homer, *The Odyssey*, trans. A.T. Murray, 2 vols. London, William Heinemann, Ltd. 1919.

Homer, *The Odyssey of Homer*, trans. George Herbert Palmer. Boston: Houghton Mifflin, 1891.

[Homer], *The Homeric Hymns*, ed. Thomas W. Allen and E. E. Sikes. London. Macmillan. 1904.

Hopkins, Clark, 'Assyrian Elements in the Perseus-Gorgon Story', *American Journal of Archaeology*, 38.3 (Jul.-Sep., 1934), pp. 341-58.

[Horace] Q. Horatius Flaccus, *Horace: Odes and Epodes*. Paul Shorey. Boston: Benj. H. Sanborn & Co. 1898.

[Horace] Q. Horatius Flaccus, *Epistles*, in *The Works of Horace*, trans. C. Smart, vol. II. London: Carnan and Newbery, 1770.

Howey, M. Oldfield, *The Horse in Magic and Myth*. London: Rider, 1923.

Huc, Évariste Régis, *Travels in Tartary, Thibet, and China*, trans. W. Hazlitt, 2 vols. London: Office of the National Illustrated Library, 1852.

Hunt, Robert, *Popular Romances of the West of England*, 3rd ed. London: Chatto & Windus, 1903.

Huxley, Margaret, 'The Gates and Guardians in Sennacherib's Addition to the Temple of Assur', *Iraq*, 62 (2000), pp. 109-37.

[Pseudo-]Hyginus, *Hygini Fabulae*, ed. Maurice Schmidt. Jena: Hermann Dufft, 1872.

Ingersoll, Ernest, *Birds in Legend, Fable and Folklore*. London and New York: Longmans, Green & Co., 1923.

Ingersoll, Ernest, *Dragons and Dragon-Lore*. New York: Payson & Clarke, 1928.

Jackson, Steven, 'Callimachean Istrus and the Guinea-Fowl on Leros', *Hermes*, 128.2 (2000), pp. 236-40.

Jacobs, Joseph, *English Fairy Tales*. New York: Grosset & Dunlap, 1895.

Jastrow, Morris, *The Religion of Babylonia and Assyria*. Boston: Ginn & Co., 1898.

Jastrow, Morris, 'Sumerian Myths of Beginnings', *American Journal of Semitic Languages*, 33 (1917), 91-144.

Kearney, 'Lake Shore', *The Hodag and Other Tales of the Logging Camps*. Madison, WI: Democrat Printing Co., 1928.

Kennedy-Fraser, Marjory, *The Songs of the Hebrides*. London: Boosey & Co., 1909.

Kinahan., G. H., 'Aughisky, or Water-Horse', *The Folk-Lore Journal*, 2.2 (Feb., 1884), pp. 61-3.

King, Leonard William, *The Seven Tablets of Creation*. London: Luzac and Co., 1902.

Kirein, Peter, *Der Wolpertinger lebt*. Munich, Lipp, 1968.

Kirk, Robert, *The Secret Commonwealth*. Mineola: Dover, 2008 [1692].

Kohl, Johann Georg, *Travels in Scotland*. London: Darling, 1849.

Korotayev, Andrey, Yuri Berezkin, Artem Kozmin and Alexandra Arkhipova, 'Return of the White Raven: Postdiluvial Reconnaissance Motif A2234.1.1 Reconsidered', *Journal of American Folklore*, 119.472 (Spring, 2006), pp. 203-35.

Kramer, Samuel Noah, Sumerian Mythology. Philadelphia: University of Pennsylvania Press, 1961.

Kuhns, L. Oscar, 'Bestiares and Lapidaries', in *Library of the World's Best Literature Ancient and Modern*, edited by Charles Dudley Warner, vol. 4. New York: R.S. Peale, 1896.

Kunz, George Frederick, 'Madstones and their Magic', *Science*, 18.459 (20 Nov. 1891).

L., R., 'Spotting the Siggahfoops', *Scottish Field*, 115 (1968), p. 18.

Lambert, W. G., 'The Pair Lahmu—Lahamu in Cosmology', *Orientalia*, new series, 54.1/2 (1985), pp. 189-202.

Lang, Andrew, (ed.), *The Arabian Nights' Entertainments*. London: Longmans, Green & Co., 1898.

Lang, Andrew, *The Crimson Fairy Book*. London: Longmans, Green & Co., 1903.

Langdon, Stephen, *Babylonian Liturgies*. Paris: Paul Geuthner, 1913.

Langdon, S. [Stephen], 'Six Babylonian and Assyrian Seals', *Journal of the Royal Asiatic Society of Great Britain and Ieland*, 1 (Jan., 1927), pp. 43-50.

Lee, Henry, *The Vegetable Lamb of Tartary: A Curious Fable of the Cotton Plant*. London:

S. Low, Marston, Searle & Rivington, 1887.

Leland, Charles G., *The Algonquin Legends of New England*. Boston and New York: Houghton, Mifflin & Co., 1884.

Linnaeus, Carolus, *Systema Naturae*, 2nd ed. Stockholm: Gottfried Kiesewetter, 1740.

Lloyd, George Thomas, *Thirty-Seven Years in Tasmania and Victoria*. London: Houlston and Wright, 1862.

[Lobo, Jerónimo], *A Short Relation of the River Nile: Of Its Source and Current*. London: Lackington, Allen & Co, 1798.

Lobo, Jerónimo, *A Voyage to Abyssinia*, trans. Samuel Johnson. London and Edinburgh: Elliot and Kay, 1789.

Lover, Samuel, *Legends and S tories of Ireland*. Westminster: Archibald Constable & Co., 1899.

Lucan, *Pharsalia (The Civil War)*, trans. Edward Ridley, London: Longmans, Green, and Co., 1986.

Lucian, *Lucian*, trans. A. M. Harmon, vol. IV. Cambridge MA: Harvard University Press, 1992.

Lutz, Cora E., 'The American Unicorn', *The Yale University Library Gazette*,

53.3 (Jan., 1979), pp. 135-9.

Macalister, R.A. Stewart, *The Philistines: Their History and Civilization*. London: British Academy, 1913.

MacDougall, J.M., *Waifs and Strays of Celtic Tradition, Argyllshire Series, No. III: Folk and Hero Tales*. London: David Nutt, 1891.

MacDougall, James, and George Calder, *Folk Tales and Fairy Lore in Gaelic and English*. Edinburgh: J. Grant, 1910.

MacGregor, Alasdair Alpin, *The Peat-Fire Flame: Folk-Tales and Traditions of the Highlands and Islands*. Edinburgh: The Moray Press, 1937.

M'Kenzie, Dan, 'Children and Wells', *Folklore*, 18.3 (Sep., 1907), pp. 253-82.

Mackay, Charles, *A Dictionary of Lowland Scotch*. London: Whittaker, 1888.

Mackenzie, Donald A., *Myths of Babylonia and Assyria*. London: Gresham, 1915.

Mackenzie, Donald A., *Myths of China and Japan*. London: Gresham, 1923.

Mackinlay, James Murray, *Folklore of Scottish Lochs and Springs*. Glasgow: W. Hodge, 1893.

Macleod, Fiona, *Wind and Wave, Collection of British Authors*, 3609. Leipzig: Tauchnitz, 1902. MacRitchie, David, 'Memories of the Picts', *The Scottish Antiquary, or, Northern Notes and Queries*, 14.55 (Jan., 1900), pp. 121-39.

Magnus, Albertus, *De Animalibus Historia*, ed. Hermann Stadler. Münster: Aschendorff, 1916.

Malte-Brun, Conrad, *Universal Geography*, vol. IV. Edinburgh: Adam Black, 1823.

Mandeville, John, *The Travels of Sir John Mandeville*, ed. A.W. Pollard. London: Macmillan and Co., 1900.

Mantell, Gideon Algernon, *Illustrated London News* (4 Nov. 1848).

Martin, Douglas, 'Douglas Herrick, 82, Dies; Father of West's Jackalope', *New York Times* (19 Jan. 2003).

Maylam, Percy, *The Hooden Horse*. Canterbury: Privately Printed, 1909.

McCrindle, J.W., (ed.), *Ancient India as Described by Megasthenês and Arrian*. London: Trübner & Co., 1877.

Milton, John, *Paradise Lost*, Bk II, in *The Poetical Works of John Milton*, vol. II (London: Law and Gilbert, 1809).

Miles, Clement A., *Christmas in Ritual and Tradition, Christian and Pagan*. London: T. Fisher Unwin, 1912.

Miljutin, Andrei, 'Rat Kings in Estonia', *Proc. Estonian Acad. Sci. Biol. Ecol.*, 56.1 (2007), 77-81.

Misson, Francis Maximilian, *A New Voyage to Italy*, vol. I. London, 1699.

Montanus, Arnoldus, *De Nieuwe en onbekende Weereld: Of Beschryving van America en't Zuid-land*. Amsterdam: Jacob van Meurs, 1671.

Montecuccolo, Giovanni Antonio Cavazzi da, *Istorica descrizione de tre regni Congo Matamba ed Angola*. Bologna: Giacomo Monti, 1687.

Moore, George F., *A Descriptive Vocabulary of the Language in Common Use Amongst the Aborigines of Western Australia*. London: W. S. Orr & Co., 1842.

Morris, Edward Ellis, *Austral English: A Dictionary of Australasian Words, Phrases and Usages*. London: Macmillan, 1898.

Morris, Henry, 'Features Common to Irish, Welsh, and Manx Folklore', *Béaloideas*, 7.2 (Dec., 1937), pp. 168-79.

Murray, Margaret A., *Ancient Egyptian Legends*. London: John Murray, 1920.

Murthy, K. Krishna, *Mythical Animals in Indian Art*. New Delhi: Abhinav, 1985.

*A New English Dictionary*, 10 vols. Oxford: Clarendon Press, 1888-1928.

Nickel, Helmut, 'And Behold, a White Horse: Observations on the Colors of the Horses of the Four Horsemen of the Apocalypse', *Metropolitan Museum Journal*, 12 (1977), pp. 179-83.

Niehoff, M. R., 'The Phoenix in Rabbinic Literature', *Harvard Theological Review*, 89.3 (July, 1996), pp. 245-65.

Nonnos, *Dionysiaca*, trans. W.H.D. Rouse, 3 vols. London: William Heinemann, 1940.

Norway, Arthur, *Highways and Byways in Devon and Cornwall*. London: Macmillan, 1897.

Nuttal, Zelia, 'A Note on Ancient Mexican Folk-Lore', *Journal of American Folklore*, 3 (1895-6), 117-29.

Oliphant, Samuel Grant, 'The Story of the Strix: Ancient', *Transactions and Proceedings of the American Philological Association*, 44 (1913), 133-49.

Ornan, Tallay, 'Expelling Demons at Nineveh: On the Visibility of Benevolent Demons in the Palaces of Nineveh', *Iraq*, 66 (2004), pp. 83-92.

Oudemans, A.C., *The Great Sea-Serpent: A Historical and Critical Treatise*. London: Luzac & Co., 1892.

Osbeck, Peter, *A Voyage to China and the East Indies*, trans. John Rheinhold Forster, 2 vols. London: Benjamin White, 1771.

Ovid, *The Fasti, Tristia, Pontic Epistles, Ibis and Halieuticon of Ovid*, trans. Henry T. Riley. London: H.G. Bohn, 1876.

Ovid, *Metamorphoses*, trans. John Dryden, et al. London: J.F. Dove, 1826.

Owen, Elias, *Welsh Folk-Lore*. Oswestry and Wrexham: Wododall, Minshall and Co., 1896.

Pausanias, *Description of Greece*, trans. W.H.S. Jones, Litt.D. and H.A. Ormerod, M.A., 6 vols. London: William Heinemann, 1918.

Peacock, Edward, 'Ghostly Hounds at Horton', *Folk-Lore Journal*, 4.3 (1886), pp. 266-7.

Peck, Harry Thurston, (ed.), *Harper's Dictionary of Classical Literature and Antiquities*. New York: Harper & Brothers, 1896.

Philostratus the Elder, *Imagines*, trans. Arthur Fairbanks. London: William Heinemann, 1931.

Piccardi, L., 'Seismotectonic Origins of the Monster of Loch Ness', *Earth System Processes: Programmes with Abstracts, Geological Society of America and Geological Society of London* (2001), p. 98.

Pindar, *The Odes of Pindar*, trans. Sir John Edwin. London: William Heinemann, 1915.

Pinkerton, John, *A General Collection of the Best and Interesting Voyages and Travels in all Parts of the World*, vol. XVI. London: Longman, Hurst, Rees, Orme and Brown, 1814.

Pliny, *The Historie of the World. Commonly called, The Naturall Historie of C. Plinius Secundus*, trans. Philemon Holland. London: Adam, 1601.

Plummer, Charles, (ed.), *Two of the Saxon Chronicles*. Oxford: Clarendon Press, 1897.

Plutarch, *Plutarch's Lives*, trans. Bernadotte Perrin. London: William Heinemann, 1914.

Polo, Marco, *The Travels of Marco Polo the Venetian*, ed. John Masefield. London: J.M. Dent & Sons, 1908.

Polo, Marco, *The Travels of Marco Polo: The Complete Yule-Cordier Edition*, vol. II. N.p.: Project Gutenberg, 2004.

Pontoppidan, Erich, *The Natural History of Norway*, trans. A. Berthelson. London: A. Linde, 1755.

Potapov, L.P., 'Über den Pferdekult bei den turksprachigen Völkern des Sajan-Altai-Gebirges', *Abhandlungen und Berichte des Staatlichen Museums für Völkerkunde Dresden*, 34 (1975), pp. 473-88.

Quintus Smyrnaeus, *The Fall of Troy*, trans. Arthur S. Way. London: William Heinemann, 1913.

R., A., *True and Wonderfull: A Discourse Relating a Strange and Monstrous Serpent, or Dragon, Lately Discovered and yet Living to the Great Annoyance and Divers Slaughters both Men and Cattel*. London: John Trundle, 1614.

R., J., 'Zoological Imposture', *Magazine of Natural History*, 1 (1829), p. 189.

Reade, W. Winwood, *Savage Africa*. New York: Harper & Bros., 1864.

Rhys, John, *Celtic Folklore: Welsh and Manx*, vol. I. Oxford: Oxford University Press, 1901.

Richards, Thomas, *Antique Lingue Britannice. Thesaurus*. Dolgelly: R. Jones, 1815.

Ridgeway, Sir William, *The Early Age of Greece*. Cambridge: Cambridge University Press, 1901.

Roes, Anne, 'New Light on the Grylli', *Journal of Hellenic Studies*, 55.2 (1935), pp. 232-5.

Rondelet, Guillaume, *Libri de Piscibus Marinis*. Lugduni [Lyon]: Mattiam Bonhomme, 1554.

Rydberg, Viktor, *Teutonic Mythology: Gods and Goddesses of the Northland*, 3 vols. London: Norroena Society, 1906.

Sanderson, Ivan T., *Abominable Snowmen: Legend Come to Life*. Philadelphia and New York: Chilton, 1961.

Saxby, Jessie M.E., *Shetland Traditional Lore*. Edinburgh: Grant & Murray, 1932.

Schmid, Herman, *The Bavarian Highlands and the Salzkammergut*. London: Chapman & Hall, 1874.

Schröer, K.J., 'Mythische Gestalten im Presburger Volksglauben: Wauwau', *Zeitschrift für deutsche Mythologie und Sittenkunde* (1853).

Schütte, Gudmund, 'Danish Paganism', *Folklore*, 35.4 (31 December 1924), pp. 360-71.

Scot, Reginald, *The Discovery of Witches*, ed. Brinsley Nicholson. London: Elliot Stock, 1886 [1584].

Scott, Sir Walter, *Letters on Demonology and Witchcraft*. Edinburgh:

Ballantyne and Co., 1840.

Scott, Sir Walter, *Minstrelsy of the Scottish Border*, ed. T.F Henderson, 4 vols. Edinburgh: W. Blackwood, 1902.

Seneca, L. Annaeus, *Hercules Furens*, in *Tragoediae*, ed. by Rudolf Peiper, Gustav Richter. Leipzig: Teubner, 1921.

Servius, *Ad Aeneid*, in *Vergilii carmina comentarii. Servii Gammatici qui feruntur in Vergilii carmina commentarii*, ed. Georg Thilo and Hermann Hagen. Leipzig: Teubner, 1881.

Seville, Isidore of, *The Etymologies of Isidore of Seville*, trans. Stephen A. Barney et al. Cambridge: Cambridge University Press, 2006.

Seymour, St John D., and Harry L. Neligan. *True Irish Ghost Stories*. Dublin: Hodges, Figgis & Co., 1914.

Sharpe, R. Bowdler, *Catalogue of the Passerifotmes, or Perching Birds in the Collection of the British Museum*, part 1. London: British Museum, 1879.

Sharpe, R. Bowdler, 'Notes on Some Birds from Perak', *Proceedings of the Zoological Society of London* (1886), p. 354.

Shaw, Ian, and Paul Nicholson, *The British Museum Dictionary of Ancient Egypt*. London: British Museum, 1995.

Sheldon, J.S., 'Herodotus and the Iranian Tradition', in *Thinking Like a Lawyer*, ed. by Paul McKechnie. Leiden: Brill, 2002, pp. 167-80.

Shepard, Odell, *Lore of the Unicorn*. London: Allen & Unwin, 1930.

Shope, Richard E., and E. Weston Hurst, 'Infectious Papillomatosis of Rabbits', *J. Exp. Med.*, 58.5 (31 Oct. 1933), pp. 607-24.

Sikes, Wirt, British Goblins: *Welsh Folk-Lore, Fairy Mythology, Legends and Traditions*, London: S. Low, Marston, Searle & Rivington, 1880.

Smith, Andrew, Illustrations of the Zoology of South Africa. London: Smith, Elder & Co., 1838.

Smith, George, *The Chaldean Account of Genesis*. London: Thomas Scott, 1876.

Smith, William, *A Dictionary of Greek and Roman Biography and Mythology*. London: John Murray, 1873.

Solinus, Caius Julius, *Collectanea Rerum Memorabilium*, ed. Theodor Mommsen. Berlin: Friderici Nicolai, 1864.

Sorrento, Girolamo Merolla da, *Breve e succinta relazione del vaggio nel regno di Congo nell'Africa meridionale Fatto dal P. Giralamo Merolla da Sorrento*

*1684-1688*. Naples: F. Mollo, 1692.

Spence, Lewis, *The Popol Vuh: The Mythic and Heroic Sagas of the Kiches of Central America*. London: David Nutt, 1908.

Spence, Lewis, *The Gods of Mexico*. London: T. Fischer Unwin, 1923.

Spicer, Dorothy Gladys, *Festivals of Wester Europe*. New York: H.W. Wilson Co., 1958.

Stevenson, Robert Louis, *Travels with a Donkey in the Cevennes*. Boston: Herbert B. Turner & Co., 1903.

Stewart, George, *Shetland Fireside Tales*, 2nd ed. Lerwick: T. & J. Manson, 1892.

Strabo, *The Geography of Strabo*, ed. H. L. Jones. London: William Heinemann, 1924.

Stratton, Florence, *When the Storm God Rides: Tejas and Other Indian Legends*. New York: Charles Scribner's Sons, 1936.

Sturluson, Snorri, *Prose Edda* [c.1200], trans. Arthur Gilchrist Brodeur. New York: The American-Scandinavian Foundation, 1916.

Swainson, Charles, *Provincial Names and Folklore of British Birds*. London: Trübner & Co., 1885.

Swinburne, Algernon Charles, *Border Ballads*. Boston: Bibliophile Society, 1912.

Tatlock, J.S.P., 'The Dragons of Wessex and Wales', *Speculum*, 8.2 (Apr., 1933), pp. 223-35.

Tavernier, Jean Baptiste, *Travels in India*, trans. V. Ball, vol. II. London: Macmillan and Co., 1889.

Teit, J.A., 'Water-Beings in Shetlandic Folk-Lore, as Remembered by Shetlanders in British Columbia', *The Journal of American Folklore*, 31.120 (Apr.-Jun., 1918), pp. 180-201.

Tellez, Balthazar, *The Travels of the Jesuits in Ethiopia*. London: Knapton, Bell, et al., 1710.

Tennyson, Alfred, *Poems, Chiefly Lyrical*. London: Effingham Wilson, 1830.

Tertullian, *Liber Apologeticus: The Apology of Tertullian*, ed. Henry Annesley Woodham. Cambridge: Cambridge University Press, 1843.

Theophrastus, *Theophrastou tou Eresiou Peri taon lithaon biblion: Theophrastus's History of Stones with an English version, and Critical and Philosophical Notes*. London: C. Davis, 1746. Thomas, W. Jenkyn, *The Welsh Fairy Book*.

New York: F.A. Stokes, 1908.

Thompson, R. Campbell, *The Devils and Evil Spirits of Babylonia*, vol. I. London: Luzac & Co., 1903.

Thompson, R. Campbell, (trans.), *The Epic of Gilgamesh*. London: Luzac & Co., 1928.

Thone, Frank, 'Unicorn No Longer Fabulous; Biologist Has Produced One', *The Science News Letter*, 29.788 (16 May 1936), pp. 312-13.

Thorpe, Benjamin, *Northern Mythology*, vol. II. London: Edward Lumley, 1851.

Tohall, Patrick, 'The Dobhar-Chú Tombstones of Glenade, Co. Leitrim (Cemetries of Congbháil and Cill-Rúisc)', *The Journal of the Royal Society of Antiquaries of Ireland*, 78.2 (Dec., 1948), pp. 127-9.

Topsell, Edward, *The History of Four-Footed Beasts and Serpents*. London: E. Cotes, 1658.

Trevelyan, Marie, *Folk-Lore and Folk-Stories of Wales*. London: Elliot Stock, 1909.

Triton, Henry H., *Fearsome Critters*. Cornwall, NY: Idlewild Press, 1939.

Turner, William, *Turner on Birds*, ed. by A.H. Evans. Cambridge: Cambridge University Press, 1903 [1544].

V., 'Notice of an Imposture Entitled a Pygmy Bison, or American Ox', *Magazine of Natural History*, 2 (1829), pp. 218-19.

Verein zur Hebung des Fremdenberkehrs in Lüneburg, *Führer durch Lüneburg und Umgegend*. Lüneburg: Herold and Wahlstab, 1905.

Viking Club, *Saga-Book of the Viking Club, Society for Northern Research*, 3 (1903), p. x.

Vinycomb, John, *Fictitious and Symbolic Creatures in Art*. London: Chapman and Hall, 1906.

Virgil, *The Aeneid*, trans. Robert Fagles. London: Viking (Penguin), 2006.

W., 'Remarks on the Histories of the Kraken and Great Sea Serpent', *Blackwood's Magazine*, 2 (March, 1818), pp. 645-54.

Waddell, L.A., *Among the Himalayas*. Westminster: Archibald Constable & Co., 1899.

Waterton, Charles, *Natural History Essays*, ed. Norman Moore. London: Frederick Warne and Co., c.1870.

Watson, E. C., 'Highland Mythology', *The Celtic Review*, 5.17 (Jul., 1908), pp.

48-70.
Waugh, Arthur, 'The Folklore of the Whale', *Folklore*, 2.2 (Jun. 1961), pp. 361-71.
Webber, W.L., *The Thunder Bird Tootooch Legends*. Seattle: Ace Printing Co., 1936.
Webster, Wentworth, *Basque Legends*. London: Griffith and Farran, 1879.
West, E.W., (trans.), *Pahlavi Texts, Part III: Dîn a -î Maînôg-î Khirad, Sikandgûm a nîk Vigar, and the Sad Dar*, Sacred Books of the East, vol. 24. Oxford: Clarendon, 1885.
Wiggerman, F.A.M., *Mesopotamian Protective Spirits: The Ritual Texts*. Groningen: Styx, 1992.
Wilde, Lady Francesca Speranza, *Ancient Legends, Mystic Charms, and Superstitions of Ireland*. London: Ward & Downey, 1887.
Wilkins, W.J., Hindu Mythology: *Vedic and Puranic*. London and Calcutta: Thacker & Co., 1900.
Williams, Herschel. *Fairy Tales from Folk Lore*. New York: Moffat, Yard & Co., 1908.
Williams, N. J. A., 'Of Beasts and Banners the Origin of the Heraldic Enfield', *The Journal of the Royal Society of Antiquaries of Ireland*, 119 (1989), pp. 62-78.
Willughby, Francis, *Ornithology*, ed. John Ray. London: John Martyn, 1678.
Wolf, Kirsten, 'The Color Grey in Old Norse-Icelandic Literature', *Journal of English and Germanic Philology*, 108.2 (April 2009), pp. 222-38.
Wood, Ernest, and S.V. Subrahmanyam (trans.), *The Garuda Purana*. Allahabad: Panini Office, 1911.
Wood-Martin, W.G., *Traces of the Elder Faiths of Ireland*. London: Longmans, Green and Co., 1902.
Woodward, John, *A Treatise on Heraldry British and Foreign*, 2 vols. Edinburgh and London: W. & A.K. Johnston, 1892.
Wright, Elizabeth Mary, *Rustic Speech and Folk-Lore*. London: Humphrey Milford, 1913.
Wright, Thomas, *Dictionary of Obsolete and Provincial English*. London: Henry G. Bohn, 1857.
Wulff, Winifred, 'Carnagat', *Journal of the Royal Society of Antiquaries of Ireland*, Sixth Series, 12.1 (30 Jun. 1922), pp. 38-41.

Wyman, *Proc. Boston Soc. of Nat. Hist.*, 2 (Nov. 1845), p. 65.
Yeats, William Butler, *The Celtic Twilight*. London: A.H. Bullen, 1902.
Yule, Henry, and A.C. Burnell, *Hobson-Jobson: A Glossary of Colloquial Anglo-Indian Words and Phrases*, ed. by William Crooke. London: J. Murray, 1903.
Zimmern, Helen, *The Epic of Kings: Stories Retold from Firdusi*. London: T. Fischer Unwin, 1883.

# 图 录

Alphyn: Kelcey Swain, 'Heraldic Alphyn', 2008, digital rendering, Wikimedia Commons.

Aspidochelone: 'Bestiarius', Danish Royal Library, Copenhagen, MS, GKS 1633 4º, fol. 59v (dated 1633).

Aspis: 'Bestiary with Theological Texts', c.1200-c.1210, British Library, London, Royal MS 12 C XIX, fol. 65v.

Bäckahäst: Theodor Kittelsen, *Gutt på hvit hest* [Boy on a White Horse], c.1900, pencil on paper, Nordnorsk Kunstmuseum, Norway.

Balaena: 'Bestiary', c.1236–1250, British Library, London, Harley MS 3244, fol. 60v.

Basilisk (1): 'Bestiary with Theological Texts', c.1200–c.1210, British Library, London, Royal MS 12 C XIX, fol. 63.

Basilisk (2): Ulyssis Aldrovandi, *Serpentum et Draconum Historiae* (Bononiae: C. Ferronium, 1640), p. 363.

Basilisk (3): Wenceslas Hollar after Marcus Gheeraerts the Younger, *The Basilisk and the Weasel*, seventeenth century, print.

Beast of the Apocalypse (Sea): William Blake, *The Great Red Dragon and the Beast from the Sea*, 1805, pen and watercolour, National Gallery of Art, Washington, DC.

Beast of the Apocalypse (Earth): 'The Beast from the Earth Killing People and People Receiving the Mark of the Beast', c.1255–1260, tempera colours, gold leaf, coloured washes, pen and ink on parchment, John Paul Getty Museum, Los Angeles, MS Ludwig III 1, fol. 25v.

Behemoth: Louis Le Breton, illustration, in Collin de Plancy, *Dictionnaire Infernal* (Paris: Henri Plon, 1863).

Bonasus: 'Rochester Bestiary', c.1230–fourteenth century, British Library, London, Royal MS 12 F XIII, fol. 16r.

Bunyip: *Australian Illustrated News* (1 October 1890).

Caladrius: 'Bestiary with Theological Texts', c.1200–c.1210, British Library, London, Royal MS 12 C XIX, fol. 47v.

Centaur: 'Bestiary with Theological Texts', c.1200–c.1210, British Library, London, Royal MS 12 C XIX, fol. 8v.

Cerberus: Hans Sebald Beham, *Hercules Capturing Cerberus* (The Labours of Hercules), 1545 (1542–1548), engraving.

Ceryneian Hind: Antonio Tempesta/Nicolo Van Aelst, *Hercules and the Hind of Mount Cerynea* (The Labours of Hercules, plate 6), 1608, etching, Los Angeles County Museum of Art, Los Angeles.

Chimæra: Apulian red-figure dish, c.350–340 BCE, Louvre, Paris, K362.

Chrysomallus: Jason seizes the Golden Fleece, Roman sarcophagus, second century CE, Palazzo Altemps, National Roman Museum, Rome, 8647.

Cinnamologus: 'Bestiary', c.1236–1250, British Library, London, Harley MS 3244, fol. 54.

Colchian Dragon (Echidna): Salvator Rosa, Jason and the Dragon, c.1663–1664, etching and drypoint on laid paper, National Gallery of Art, Washington DC.

Cretan Bull: Bernard Picart, 1731, engraving.

Cynocephalus: Ulyssis Aldrovandi, *Monstrum Historia* (Bologna: 1642).

Dragon: 'Drachen Hilpoltstein 1533', *Augsburger Wunderzeichenbuch* (Augsburg: n.p., c.1550), fol. 129.

Dragon (Wyvern): Claude Paradin and Francois d'Amboise, *Dévises héroiqves et emblèmes* (Paris: R. Bovtonné, 1622).

Dragon (Head): Giovanni Battista Tiepolo, *The Immaculate Conception* (detail), 1767–1768, oil on canvas, Museo Nacional del Prado, Madrid.

Erymanthian Boar: Antonio Tempesta/Nicolo Van Aelst, *Hercules and the Boar of Erymanthus*, The Labours of Hercules plate 4, 1608, etching, Los Angeles County Museum of Art, Los Angeles.

Fearsome Critters: Coert Du Bois, 'The Splinter Cat', published in William T. Cox, *Fearsome Creatures of the Lumberwoods* (Washington, DC: Judd & Detweiler, 1910), p. 36.

Fenrir: 'Odin and Fenris', H.A. Guerber, *Myths of the Norsemen from the Eddas and Sagas* (London: Harrap, 1909) illustration facing p. 334.

Fur-Bearing Trout: Ross C. Jobe, *Fur Bearing Trout*, no date, taxidermy, photograph by Samantha Marx, 2009.

Glycon: Statue of Glycon in Tomis, Constanta, photograph by Christian Chirita, c.2009.

Griffin: 'Rochester Bestiary', c.1230–fourteenth century, British Library, London, Royal 12 F XIII, fol. 11r.

Hercynea: 'Bestiary' c.1236–1250, British Library, London, Harley MS 3244, fol. 54.

Hippocampus: Walter Crane, *Neptune's Horses*, c.1910, published in *The Greek Mythological Legend* (London: n.p., 1910).

Hydra: 'An embalmed serpent sent by the Venetians to King Francis 1560', Pierre Boaistuau, *Histoires prodigieuses*, fol. 145R, Wellcome Library, London, WMS 136 (L0025568).

Ichneumon: Egyptian, bronze, c.600–500 BCE (Late Period), Walters Art Museum, Baltimore, Accession No. 54.410.

Jörmundgandr: 'Thor, Hymir and the Midgard Serpent' from Viktor Rydberg, *Teutonic Mythology*, 3vols (London: Norroena Society, 1906).

Jenny Haniver: specimen made from a guitar fish, former Collection of Jules Berdoulat, Museum of Toulouse, Toulouse, photograph by Didier Descouens, 2012.

Katzenknäuel: Johann Jonathan Felsecker, *Abermaliger Wunderswürdiger und entsetzlicher Scheusal Wie vormals der Ratzen also auch jetzt der Katzen* (Nürnberg: n.p., 1683).

King Charles I's Parrot: published in Frank Buckland, *Log-Book of a Fisherman and Zoologist* (London: Chapman & Hall, 1875).

Kraken: Riov/Etherington, 'De Alecto vindt een reuzeninktvis' ('The Alecto finds a giant squid'), engraving, published in *De Aarde en Haar Volken* (Haarlem: A.C. Kruseman, 1867).

Ladon: Antonio Tempesta/Nicolo Van Aelst, *Hercules and the Serpent Ladon* (The Labours of Hercules, plate 10), 1608, etching, Los Angeles County Museum of Art, Los Angeles.

Lamassu: Façade M, Gate K, Nr 1, Palace of Sargon II, from Paul-Émile Botta and M.E. Flandin, *Les Monument de Ninive*, vol. 1 (Paris: Imprimerie Nationale, 1849).

Lamia: Edward Topsell, *The History of Four-Footed Beasts and Serpents* (London: E.Cotes, 1658).

Lepus Cornutus: Robert Bénard, *Lièvre cornu*, c.1789, engraving, in Pierre Joseph Bonnaterre, *Tableau Encyclopedique et Methodique* (Paris: Panckoucke, 1789).

Lernæan Hydra: Cornelis Cort, *Hercules Killing the Lernæan Hydra*, c.1565, engraving.

Leucrocuta: 'Rochester Bestiary', c.1230–fourteenth century, British Library, London, Royal 12 F XIII, fol. 23r.

Leviathan: H. Pisan after Gustave Doré, *The Destruction of Leviathan*, 1866, engraving, published in *The Holy Bible with Illustrations by*

Gustave Doré (London: Cassel, Petter, and Galpin, 1866).

Manticore: Joannes Jonstonus, *A Description of the Nature of Four-Footed Beasts* (London: Moses Pitt, 1678).

Mares of Diomedes: Antonio Tempesta/Nicolo Van Aelst, *Hercules and the Mares of Diomedes* (The Labours of Hercules, plate 8), 1608, Los Angeles County Museum of Art, Los Angeles.

Mari Llwyd: Thomas Christopher Evans, *The Mari Llwyd at Llangynwyd*, c.1910–1914, photograph, National Library of Wales, Aberystwyth, Photo Album 929 A.

Mermaid: *Fake Mermaid*, 1923, photograph, Gold Museum, Ballarat, Victoria, Australia, 2011.0072.

Mermaid (FeeJee): 'Mermaid Exhibited in London', published in 'The Mermaid of Legend and of Art', *The Art Journal* (1880), fig. 39.

Minotaur: Gustave Doré, 'The Minotaur on the Shattered Cliff', engraving, published in *Dante Alighieri's Inferno from the Original by Dante Alighieri and Illustrated with the Designs of Gustave Doré* (New York: Cassell Publishing Company, 1890).

Mongolian Death Worm: Pieter Dirkx, *Allghoi Khorkhoi*, c.2007.

Nautilos: Charles Bevalet, 'Argonaut Sitting in the Open Sea', engraving, published in Louis Fibuier, *Ocean World: Being a Descriptive History of the Sea and its Living Inhabitants* (New York: D. Appleton & Co., 1868).

Pictish Beast: 'The Maiden Stone', published in Alexander Inkson McConnochie, *Bennachie* (Aberdeen: D. Wyllie & Son, 1890), p. 112.

Python: 'Apollo Killing the Python', engraving after Hendrik Goltzius, published in Ovid, *Metamorphoses* (Mülbracht, Holland: 1589), Bk 1, pl 13, Los Angeles County Museum of Art, Los Angeles, 54.70.1i.

Quetzalcoatl: 'Serpent Mask of Tlaloc' [also identified with Quetzalcoatl], Mixtec-Aztec,

1400–1521 CE, turquoise mosaic on wood, British Museum, London, Am1987,Q.3, photograph by Hans Hillewaert, 2011.

Rat King: *6 Ratten Welche mit den Schweiffen sehr Verknipfft Vnd Zu Strasburg den 4/14 Julij in einem Keller gefangen wordten* (Friedrich Wilhelm Schmuck, c.1683), Universitätsbibliothek Erlangen-Nürnberg, Erlangen, Einblattdrucke A IV 88x.

River-Whale: K. Reiger, *Waller*, 1666, illus.

Roc: published in Richard F. Burton, *The Book of the Thousand Nights and a Night*, Bassorah Edition, vol. VI (N.P.: Burton Club, 1900), frontispiece.

Sea Monsters from Schotti: P. Gasparis Schotti, *Physica Curiosa, sive Mirabilia Naturæ et Artis* (Würzburg: Jobus Hertz, 1662), plate II, facing p. 401.

Sea Monsters: Sebastian Münster, *Meerwunder vnd seltzame Thier* (Basel: n.p., c.1544).

Serpent: 'Aspic ptyas [etc.]', engraving, published in Joseph Joly, *La Géographie Sacrée, et les Monuments de l'Histoire Sainte* (Paris: Alexandre Jombert, 1784), plate x.

Siren: 'Bestiary', 1225–1250, British Library, London, Harley MS 4751, fol. 47v.

Sleipnir: Tjängvidestenen ('Tjängvide Image Stone'), 700–900 CE, petroglyph, Historiska Museet, Stockholm, Gotland Runic Inscription G 110, photograph by Dr Antje Bosselmann-Ruickbie, 2015.

Sphinx: Félix Bonfils, 'Le Sphynx apres les déblaiements et les deux grandes pyramides' ('The Sphinx after excavation and the two great pyramids'), photograph, Library of Congress Prints and Photographs Division, Washington DC, LC-DIG-ppmsca-03956, published in Félix Bonfils, *Album Souvenirs d'Orient, Egypte, Palestine, Syrie et Grèce; Nubie, Temple d'Abou Simbel* (Alais, 1878).

Turtle, Giant: *Archelon ischyros*, Yale Peabody Museum of Natural History, Yale University, published in Frederic A. Lucas, *Animals of the*

*Past* (New York: McClure, Phillips & Co., 1901).

Typhon: Wenceslas Hollar, *The Greek Gods: Typhon*, seventeenth century, engraving.

Unicorn: 'Rochester Bestiary', c.1230–fourteenth century, British Library, London, Royal 12 F XIII, fol. 10v.

Vegetable Lamb: published in Henry Lee, *The Vegetable Lamb of Tartary: A Curious Fable of the Cotton Plant* (London: Sampson, Low, Marston, Searle & Rivington, 1887).

Werewolf: 'Der Werwolf von Neuses', undated pamphlet, c.1685.

Wolpertinger: after Albrecht Dürer, *Feldhase*, 1502, watercolour on paper, Albertina, Vienna.

Yahoo: Louis John Rhead, 'The Servants Drive a Herd of Yahoos into the Field Laden with Hay', published in Jonathan Swift, *Gulliver's Travels* (New York and London: Harper & Brothers, 1913), facing p. 316.

Yale: 'Rochester Bestiary', c.1230–fourteenth century, British Library, London, Royal 12 F XIII, fol. 27r.

Yeti: René de Milleville, untitled, March 1976, photograph, de Milleville family collection.

Zu Bird: 'Enlil Battles Anzu', line drawing of an Assyrian relief, published in Anton Nyström, *Allmän kulturhistoria eller det mänskliga lifvet i dess utveckling*, vol. I (Stockholm: C. & E. Gernandts, 1900).

图书在版编目（CIP）数据

幻兽动物园 /（英）利奥·鲁伊克比著；玖羽译. -- 成都：四川人民出版社，2019.11
ISBN 978-7-220-11510-3

Ⅰ. ①幻… Ⅱ. ①利… ②玖… Ⅲ. ①动物—普及读物 Ⅳ. ① Q95-49

中国版本图书馆 CIP 数据核字 (2019) 第 149810 号

四川省版权局
著作权合同登记号
图字：21-2019-115

THE IMPOSSIBLE ZOO
Copyright © Leo Ruickbie, 2016
First published in Great Britain in 2016 by Robinson, imprint of Little, Brown Book Group.
This Chinese language edition is published by arrangement with Little, Brown Book Group, London.
Through Big Apple Agency, Inc., Labuan, Malaysia.
Simplified Chinese edition copyright © 2019 Ginkgo (Beijing) Book Co., Ltd.
All rights reserved.
本书中文简体版由银杏树下（北京）图书有限责任公司出版。

HUANSHOU DONGWUYUAN
## 幻兽动物园

| | |
|---|---|
| 著　　者 | ［英］利奥·鲁伊克比 |
| 译　　者 | 玖　羽 |
| 选题策划 | 后浪出版公司 |
| 出版统筹 | 吴兴元 |
| 编辑统筹 | 梅天明 |
| 特约编辑 | 石儒婧 |
| 责任编辑 | 熊　韵 |
| 装帧制造 | 墨白空间·杨雨晴 |
| 营销推广 | ONEBOOK |
| 出版发行 | 四川人民出版社（成都槐树街 2 号） |
| 网　　址 | http://www.scpph.com |
| E - mail | scrmcbs@sina.com |
| 印　　刷 | 北京盛通印刷股份有限公司 |
| 成品尺寸 | 143mm × 210mm |
| 印　　张 | 13.5 |
| 字　　数 | 310 千 |
| 版　　次 | 2019 年 11 月第 1 版 |
| 印　　次 | 2019 年 11 月第 1 次 |
| 书　　号 | 978-7-220-11510-3 |
| 定　　价 | 80.00 元 |

后浪出版咨询(北京)有限责任公司常年法律顾问：北京大成律师事务所　周天晖　copyright@hinabook.com
未经许可，不得以任何方式复制或抄袭本书部分或全部内容
版权所有，侵权必究
本书若有质量问题，请与本公司图书销售中心联系调换。电话：010-64010019